Libros por James DeMeo

* *Saharasia: The 4000 BCE Origins of Child Abuse, Sex-Repression, Warfare and Social Violence In the Deserts of the Old World,* Revised Second Edition, Orgone Biophysical Research Lab, Ashland, Oregon, 2006

* *In Defense of Wilhelm Reich: Opposing the 80-Years' War of Mainstream Slander Against one of the 20th Century's most Brilliant Physicians and Natural Scientists,* Natural Energy Works, Ashland, Oregon 2013.

* *Preliminary Analysis of Changes in Kansas Weather Coincidental to Experimental Operations with a Reich Cloudbuster: From a 1979 Research Project,* Orgone Biophysical Research Lab, Ashland, Oregon, 2010

* (Editor) *Heretic's Notebook: Emotions, Protocells, Ether-Drift and Cosmic Life-Energy, with New Research Supporting Wilhelm Reich,* Orgone Biophysical Research Lab, Ashland, Oregon, 2002

* (Co-editor con Bernd Senf) *Nach Reich: Neue Forschungen zur Orgonomie: Sexualökonomie, Die Entdeckung der Orgonenergie,* Zweitausendeins Verlag, Frankfurt, 1997

* (Editor) *On Wilhelm Reich and Orgonomy,* Orgone Biophysical Research Lab, Ashland, Oregon, 1993

Para obtener nueva información sobre el acumulador de orgón, además de la contenida en este *Manual,* consultar:
www.orgonelab.org/orgoneaccumulator

Manual del Acumulador de Orgón

La Energía Vital de Wilhelm Reich.
Descubrimientos y Herramientas de
Curación para el Siglo XXI
con Planos para su Construcción

Tercera Edición Revisada y Aumentada, con Nuevas
Secciones sobre el Agua Viva y el Éter Cósmico del Espacio.
Con Muchos Enlaces Web para Información Adicional.

James DeMeo, PhD

Prólogo de Eva Reich, MD

Traducción al Español:
Víctor Milián Sánchez

Orgone Biophysical Research Lab (OBRL)
Natural Energy Works
OBRL Greensprings Center
Ashland, Oregon, USA
www.naturalenergyworks.net

Publicación y derechos de distribución en todo el mundo:

OBRL / Natural Energy Works
OBRL Greensprings Center
PO Box 1148, Ashland, Oregon 97520 USA
http://www.naturalenergyworks.net
Email: info@naturalenergyworks.net

Manual del Acumulador de Orgón, Copyright © 1989, 1996, 1999, 2010, 2013 by James DeMeo.

ISBN: 978-0-9891390-0-7   0-9891390-0-X

Tercera Revisión Revisada y Ampliada

140104

Cubierta: fotografía de la NASA de un astronauta del Apolo 12 caminando sobre la superficie de la Luna. El campo de energía orgónica de su cuerpo brilla suavemente en el vacío de la Luna, debido posiblemente a la excitación del campo por su equipo de comunicación de alta frecuencia. Esta coloración azul del campo de energía en la foto, que se ha podido ver en algunas imágenes de astronautas en la Luna (pero que a menudo se han omitido en las publicaciones), se han ignorado sistemáticamente, o se han explicado como efecto del "polvo lunar", del "vapor de agua" o de las "manchas en la lente de la cámara. De hecho, es una expresión visible del campo de energía orgónica (vital) humano. Para más información ver: http://www.orgonelab.org/astronautblues.htm

Contracubierta: estimulación por el acumulador de la germinación simientes de judías mungo, experimento del autor, ver página 164.

AGRADECIMIENTOS

Este libro es el producto de muchos años de estudio y de investigación experimental sobre anteriores descubrimientos de Wilhelm Reich y otros médicos, sanadores y científicos, sin cuyos esfuerzos no hubiera sido posible. El lector encontrará sus nombres y sus trabajos de investigación en la sección de referencias de este libro. Personalmente, a través de los años he mantenido correspondencia, y he aprendido de muchos de estos investigadores. En particular doy las gracias a Eva Reich y Jutta Espanca por sus críticas constructivas de la primera edición de este *Manual*. Además quiero expresar mi agradecimiento a mis propios mentores Robert Morris, Robert Nunley y Richard Blasband, de cada uno de los cuales aprendí diferentes cosas sobre la energía vital. Mi agradecimiento también para Theirrie Cook y Don Bill, amigos fieles que me han ayudado de muchas maneras en todo el proceso de mi trabajo de investigación de muchas maneras, y también para James Martin por sus ideas iniciales y su estímulo para que transformara el pequeño *Manual* original en la presente y más detallada edición. James preparó también la tipografía y la mayoría de los gráficos de ediciones anteriores, ofreciendo su estimable ayuda en muchos puntos a lo largo de todo el trabajo. También agradezco la colaboración de Víctor Milián Sánchez por esta nueva traducción al español de la anterior edición revisada de 2010 de mi Manual. Mi agradecimiento también a todos los investigadores y doctores de Alemania, quienes están trabajando hoy en día abiertamente con el acumulador, de una manera actualmente imposible en los Estados Unidos. De ellos he aprendido las posibilidades y limitaciones de la terapia física con el acumulador de orgón. Gracias también a Vince Wiberg, por los métodos sencillos y económicos para detectar las perturbaciones electromagnéticas, presentados aquí. Agradecer profundamente a mi esposa Daniela Bruckner, por sus valiosas correcciones de las pruebas y traducciones de muchos documentos del alemán al inglés. Y finalmente, mis mayores gracias a Wilhelm Reich, por el descubrimiento de la energía orgónica y el acumulador de orgón.

James DeMeo, PhD
Greensprings, Oregon
1989 (Revisado 2013)

Manual del Acumulador de Orgón

"Consideramos que el descubrimiento de la energía orgónica es uno de los mayores acontecimientos en la historia de la humanidad." – extraído de una carta dirigida a la Asociación Médica Americana, firmada por 17 médicos doctores en 1949.

"EL ACUMULADOR DE ORGÓN ES EL DESCUBRIMIENTO SENCILLO MÁS IMPORTANTE EN LA HISTORIA DE LA MEDICINA, SIN EXCEPCIÓN." –Theodore P. Wolfe, MD de *La Plaga Emocional versus La Biofísica Orgónica, 1948.*

"Es justificable que el descubrimiento de la energía orgónica y sus aplicaciones médicas por medio del acumulador de orgón, el disparador orgónico, la tierra biónica y el agua orgónica han abierto un gran número de nuevas y asombrosas buenas perspectivas." – Wilhelm Reich, MD de *La Biopatía del Cáncer (Descubrimiento del Orgón, Volumen 2), 1948.*

"¿Qué podemos decir de estos importantes filósofos a quienes, miles de veces, he ofrecido, por iniciativa propia, mostrarles mis trabajos, pero quienes, con la perezosa obstinación de una serpiente que se siente completamente llena, se han negado a mirar los planetas, la luna, o el telescopio? Para tales personas la filosofía es una especie de libro... donde la verdad hay que buscarla no en el universo o en la naturaleza, sino (usando sus propias palabras) en la comparación de textos." – Galileo Galilei, astrónomo italiano del siglo XVII quien demostró que la tierra se movía, poco tiempo antes de ser procesado y amenazado de tortura por la Iglesia Católica. De una carta a Kepler, el 19 de agosto de 1610.

"... la energía orgónica no existe."
– El juez John D. Clifford, de una sentencia de un tribunal americano en 1954 por la que todos los libros y revistas de investigación del Dr. Reich fueron prohibidos y se ordenó que fueran quemados en incineradores; Reich fue enviado posteriormente a una penitenciaría federal, donde murió.

Manual del Acumulador de Orgón

ÍNDICE Página

Parte III:
Planos para la Construcción
de Instrumentos Acumuladores de Orgón

Prefacio del Autor

En los años siguientes a la publicación en 1989 de *El Manual del Acumulador de Orgón* en inglés, *(The Orgone Accumulator Handbook)*, ha habido un lento pero constante aumento del interés por los descubrimientos de Wilhelm Reich. La terapia con el acumulador de orgón se ha extendido alrededor del mundo, desde sus humildes comienzos con el Dr. Reich y un pequeño círculo de sus alumnos hasta ahora, donde se aplica por todo tipo de practicante de la salud y también por personas corrientes de manera personal. Además, las recientes investigaciones acerca de la muerte de bosques adyacentes a instalaciones nucleares, y de la naturaleza tóxica de las radiaciones atómicas y electromagnéticas de bajo nivel de las líneas eléctricas, de las torres de comunicaciones por microondas y radiofrecuencia, han confirmado fehacientemente los descubrimientos de Reich, analizados bajo el término *efecto oranur*, (véase Capítulos 8 y 9). Este libro no es el sitio para un análisis completo de estos temas, pero subraya la necesidad para cualquier estudioso de las funciones de la energía orgónica en la naturaleza de tener en cuenta estos factores ambientales. Sin embargo una crítica hecha a las primeras ediciones inglesas que puede tener todavía alguna validez, es el énfasis demasiado cauteloso sobre los posibles peligros de usar el acumulador en ambientes contaminados.

Por ejemplo, en el texto se informa al lector que no es adecuado utilizar el acumulador si en un radio de 30 a 50 millas hay alguna instalación nuclear, o que tampoco se debe usar si hay líneas eléctricas de alto voltaje o torres de emisoras de ondas de radio a unas pocas millas. Para las personas preocupadas por el correcto uso del acumulador, estas advertencias pueden parecer demasiado cautelosas y quizás les disuadan de usarlo en dichas condiciones. Pero esta cautela no se debe tomar de forma tan literal. En Alemania, por ejemplo, los clínicos tratan a los pacientes con acumuladores en entornos que yo podría haber considerado previamente "muy contaminados", tales como habitaciones o sótanos localizados en grandes ciudades. Viviendo en la Costa Oeste de EEUU, en un entorno relativamente limpio

Prefacio del Autor

y en un bosque natural, uno tiene claramente una perspectiva diferente de aquellos que viven en el corazón de las ciudades, pero que no quieren ser excluidos de los beneficios del acumulador a pesar de su entorno. De estas críticas constructivas he aprendido que el acumulador puede ser usado de manera beneficiosa en esos entornos difíciles. Por otra parte, en estos últimos años hemos visto un aumento considerable del uso de las radiaciones de microondas, en los teléfonos móviles y sus torres de emisión, en las redes Wi-Fi y en cualquier tipo de tecnología "sin cables". Nadie puede predecir los efectos energéticos a largo plazo y sus consecuencias en la salud. En caso de duda, lo mejor es obtener medidores de campo electromagnético y detectores de radiaciones nucleares[1] para hacer evaluaciones personales del lugar donde se vaya a usar y guardar el acumulador de orgón – midiendo también el lugar donde se vive, duerme y trabaja ya que nosotros también estamos compuestos de esta energía vital – o consultar con alguien que tenga ese tipo de experiencia. También he observado que algunos de los más sensibles experimentos de energía orgánica, proporcionan mejores resultados cuando se siguen las restricciones más estrictas del entorno. Retrospectivamente, si me equivoco, es por tomar demasiadas precauciones.

Aunque no haya cambiado los textos originales en las ediciones posteriores y siga viendo los *moderados o fuertes* campos electromagnéticos y la contaminación nuclear como incompatibles con el uso del acumulador, el lector debe ver mis precauciones como una invitación a evaluar su entorno local. Hay numerosas posibilidades para el uso personal y la experimentación con el acumulador orgónico, e incluso en entornos algo contaminados el acumulador se puede limpiar con agua, colocarlo a cubierto bajo un porche o tenerlo en una habitación o sótano ventilados, y proporcionar una sana y fuerte energía (ver Capítulo 9).

He ampliado la introducción en la que incluyo *Nueva Información sobre la Persecución y Muerte de Reich*, identificando a los culpables principales y que la gente desconoce. El Capítulo 9 incluye ahora un estudio sobre la "Comparación Espectral de Diferentes Bombillas y la Luz Natural Solar" llevado a cabo en mi instituto, el Orgone Biophysical Research Lab (OBRL) que

---

1. Por ejemplo, ver: www.naturalenergyworks.net

literalmente será muy revelador, si uno ha sufrido los nuevos y horrorosos tubos fluorescentes que son perjudiciales para la vida. El Capítulo 10 ha sido revisado para realzar la cuestión del *Agua Viva* que es un complemento importante para el uso del acumulador de orgón por las personas. Un nuevo Apéndice proporciona detalles adicionales y hallazgos sobre el *Éter Cósmico del Espacio*. En el Capítulo 11 he incluido unos estudios y anotaciones de experimentos con el acumulador de orgón y ratones con cáncer. Algunas discusiones adicionales se dan en la sección de preguntas acerca de lo que *no es* la energía orgónica, para tratar la tendencia creciente de mistificación destructiva de los descubrimientos de Reich por varios "halcones" en Internet. La sección de preguntas también proporciona un poco de información acerca de la "curación psíquica", que a su vez necesita alguna clase de medio de transmisión similar o idéntico a la energía orgónica. Se han añadido muchos gráficos nuevos e imágenes para reflejar los nuevos hallazgos de las investigaciones en el OBRL, pero para ver los datos completos y los detalles científicos, el lector deberá consultar las publicaciones originales dadas en las referencias. En general, las informaciones científicas, históricas y terapéuticas se han concretado considerablemente dada la abundancia de nuevos hallazgos. Anticipo al lector, que en muchos casos deseará saber más detalles. Para ello doy muchos enlaces en Internet y referencias de publicaciones.

Esta actualización era necesaria. Creo que mejora el libro, y lo hace más preciso y de mayor ayuda.

James DeMeo, PhD
Greensprings, Oregón, USA
Abril 2010

1. Prólogo

Por fin, treinta y dos años después de la muerte de Wilhelm Reich en 1957, los seres humanos pueden empezar a estudiar la orgonomía igual que cualquier otro campo de conocimiento, con la ayuda de este *Manual del Acumulador de Orgón*. Este libro informativo y conciso contiene de forma resumida información clara y condensada sobre el descubrimiento del acumulador, poniéndola a disposición de todos aquellos interesados en la energía vital cósmica. En este *Manual* se exponen: la definición científica de energía orgónica; la historia de cómo los diferentes estadios de observación, experimentación y percepción teórica condujeron a Reich a aplicaciones prácticas; los principios para la construcción y usos experimentales del acumulador de energía orgónica, con sugerencias detalladas del material necesario, distribución y dimensiones; y finalmente, una lista de referencias de gran utilidad. El profesor J. DeMeo muestra un profundo conocimiento del tema, el cual está todavía prohibido y apartado del currículo académico del siglo XX, con la excepción de algunos pocos cursos pioneros en Nueva York, San Francisco y Berlín Occidental.

Wilhelm Reich dijo que aunque la energía de la vida había sido conocida durante miles de años, él había hecho que pudiera usarse de forma concreta, y que la era de sus aplicaciones acaba de empezar. Sin embargo, este *Manual* es el primer material impreso en los últimos años que trata específicamente de cómo concentrar la energía de la atmósfera terrestre. Puede servir para un curso experimental sobre el tema de la energía vital cósmica. Este material podrá ser útil para estudiantes de la escuela secundaria o de la universidad. Este *Manual* satisface mi vieja esperanza de casi 50 años de ver incluidos los hechos de la energía de la vida en el campo de conocimiento que todas las personas cultas deberían adquirir en su proceso de formación.

Mi agradecimiento a James DeMeo.

Eva Reich, MD
Berlín (Oeste), Marzo 1989

1

Wilhelm Reich, MD 1897-1957

2. Introducción del Autor

Cuando yo tenía 12 años, mi tío favorito tuvo una dolorosa muerte de cáncer de pulmón. Los médicos habían extirpado uno de sus pulmones, y sobrevivió unos pocos meses, sufriendo grandes dolores, y siendo incapaz de hablar o de moverse demasiado. Mis tías no permitieron que los niños le viesen en semejante estado tan lastimoso, excepto una vez, cuando se le vistió y compuso para aparecer ante toda la familia, que se había reunido para una tranquila despedida. Cuando murió me entristecí mucho. Más tarde, cuando yo tenía 15 años, a mi madre le diagnosticaron un cáncer de pecho. Yo estaba junto a su cama en el hospital cuando al despertar de la operación le dijeron que su pecho había sido amputado mediante una mastectomía. Nunca olvidaré la expresión de su cara. Ella sobrevivió a la operación, pero el estasis sexual y la resignación emocional que llevaba consigo y que precedieron a su cáncer durante varias décadas nunca fue diagnosticado o discutido. Unos amigos de la familia nos habían instado a buscar algún tratamiento alternativo para el cáncer, pero todos tenían más confianza en los médicos del hospital. Clasificada como una "superviviente" en las estadísticas sobre el cáncer, mi madre se deterioró progresivamente después de la operación, y murió unos ocho años después, habiendo rechazado que le practicasen otra intervención quirúrgica.

Mi experiencia con familiares fallecidos de cáncer no es algo inusual, pues las enfermedades degenerativas se encuentran actualmente a niveles de epidemia. Las estadísticas demuestran que la guerra contra el cáncer se ha perdido, y que a pesar de todas las cirugías radicales, drogas y tratamientos con radioterapia, los pacientes de hoy día no sobreviven más tiempo, o más frecuentemente, que en los años 50. De hecho, los desórdenes degenerativos se han extendido entre sectores de la población y grupos jóvenes, donde antiguamente raramente se daban. No hay evidencia científica que dé soporte a la afirmación de que la cirugía, la radiación, y la quimioterapia sean formas efectivas de tratamiento del cáncer, y la medicina convencional da poco más que buenas palabras sobre consideraciones preventivas. Estos hechos preocupantes lo son aún más cuando se comienzan a estudiar las diferentes terapias alternativas, no invasivas y no tóxicas. Rechazadas durante décadas por la medicina convencional, por ser consideradas "charlatenería", la mayoría de estas terapias parecen ser razonablemente, o incluso considerablemente eficaces. Sus defensores y practicantes han corrido, con frecuencia, grandes riesgos para ofrecer a la gente enferma lo que consideran que es un tratamiento seguro y eficaz. Y con frecuencia, los mismos métodos sirven para prevenir enfermedades degenerativas. La comunidad médica organizada, con vínculos económicos con la industria farmacéutica, no se ha preocupado de estudiar seriamente estas técnicas. Por el contrario, han sido atacadas gratuitamente, y se han realizado pseudo-investigaciones con resultados previsibles: los tratamientos han sido denunciados, clínicas cerradas por la fuerza policial mediante órdenes judiciales; se han requisado informes médicos e investigaciones médicas para impedir la llegada al público de la evidencia positiva; sentencias de cárcel; incluso, quema de libros. En este contexto se puede decir que la gente y los tribunales y el sistema legal americanos han sufrido un gran fraude por parte de las grandes asociaciones médicas y las burocracias gubernamentales relacionadas con ellas.

En este breve *Manual no* puedo hacer el relato exhaustivo de todos estos abusos anticientíficos y faltos de ética, pero menciono algunos artículos y libros sobre esta cuestión en la sección de referencias. Claramente, la razón más importante de la impotencia de la medicina moderna para tratar las enfermedades degenerativas reside en el hecho de que la comunidad médica oficial ha usado métodos policiales de estado para destruir descubrimientos importantes, así como para destruir al profesional no ortodoxo, ignorando cualquier evidencia científica existente. De hecho, las terapias no ortodoxas mejor documentadas y más efectivas han sido las más ferozmente atacadas.

También vemos actualmente un fenómeno nuevo, cómo antiguos grupos que estaban a favor de las reformas sociales y que, una vez, estuvieron en contra de las tendencias autoritarias gubernamentales, actualmente se juntan y dan apoyo a las despóticas burocracias médicas. En esto, ellos reciben mucho apoyo de los principales medios de comunicación, con tendencia de izquierdas que también están inclinados hacia la industria

Introducción del Autor

farmacéutica con propaganda cara y a menudo insana sobre nuevos medicamentos cuyos efectos secundarios son el doble de lo que dicen para los beneficios que según ellos se obtienen. Los medios principales, al igual que la ciencia oficial, apoyarán y alabarán todo medicamento o procedimiento quirúrgico nuevo - sin importar cuán tóxico o morboso pueda ser- mientras que prediciblemente martillearán con desprecio todo tipo de método curativo natural que la gente pueda desear probar, pero que no requiera de la prescripción de un médico.

La motivación en estos casos parece más bien dirigida a crear una burocracia gubernamental aún más masiva, mediante la cual "regular nuestras vidas hasta en la ropa interior" (una queja común de los alemanes del este que vivían como prisioneros en la utopía comunista), y aumentar el poder gubernamental para su propio beneficio. No se trata ya de la medicina y la salud. En este proceso, la verdad ha sido pisoteada, y los métodos de la ciencia descartados.

El ejemplo más claro e ilustrativo de cómo estas fuerzas sociales se combinan para acabar con un descubrimiento nuevo, y con su descubridor, es el caso del doctor Wilhelm Reich y su acumulador de energía orgónica. Reich había sido uno de los más jóvenes colaboradores de Freud y un promotor importante del primer movimiento psicoanalítico de Viena y Berlín. Sin embargo, sus ideas eran más revolucionarias que las de los más viejos psicoanalistas. Reich defendió fervientemente que la miseria humana y la enfermedad mental eran *traumas reales* como consecuencia de las condiciones sociales, y que éstas se podían cambiar para prevenir la neurosis.

Reich escribió extensamente sobre estas cuestiones en los años 20 y 30, y expuso que las raíces tanto del movimiento nacional socialista como de la internacional socialista (comunista), a los que llamó *fascismo negro* y *fascismo rojo* respectivamente, se encontraban en las estructuras familiares alemana y rusa, basadas en la obediencia, patriarcado, malos tratos a la infancia[1] y en la negación del sexo. Por sus escritos y conferencias anti-fascistas, que se referían tanto a la sexualidad humana como a la necesidad natural de libertad y auto-regulación, Reich fue etiquetado como un "creador de problemas" por casi todos los

1. Ver, por ejemplo, sus libros: *The Mass Psychology of Fascism, People in Trouble, The Sexual Revolution, y Reich Speaks of Freud.* Las citas completas están en la sección de referencias.

5

grupos y organizaciones poderosos. Aunque admiraba algunos aspectos del pensamiento marxista (cuyos escritos más inhumanos y violentos nunca llegaron a ser conocidos por Reich), y por algunos años usó al Partido Comunista como plataforma para difundir sus agendas sobre la reforma sexual, y trabajó con los comunistas en contra del hitlerismo, Reich enfatizó posteriormente, y repetidamente, que él nunca fue marxista o comunista[2]. Ciertamente, los comunistas alemanes pronto expulsaron a Reich por no ser lo suficientemente obediente o comprometido con la doctrina del Partido. También fue expulsado del círculo cercano a Freud y de la Asociación Psicoanalítica Internacional (IPA) por sus críticas verbales de los compromisos sociales de Freud. El psicoanálisis alemán se inclinaba, por entonces, hacia una distensión con los nazis, y algunos analistas como Carl Jung, incluso, se hicieron portavoces y apologistas del nacional socialismo[3]. Reich fue finalmente incluido en las listas de muerte de Hitler y de Stalin en los años 30 y tuvo que huir a Escandinavia, y más tarde, desde allí a los Estados Unidos. Sus escritos fueron prohibidos y condenados a las llamas tanto en la Alemania nazi como en las regiones bajo control comunista.

Trabajando en Dinamarca y Noruega, Reich efectuó descubrimientos muy importantes en la biofísica de las emociones humanas y de los procesos degenerativos. Efectuó algunas de las primeras investigaciones sobre bioelectricidad humana, midiendo el fenómeno de la excitación sexual, para entender mejor la naturaleza de los procesos psíquicos y somáticos. Efectuó descubrimientos exhaustivos y rigurosos sobre el problema "mente-cuerpo" que solo han ganado reconocimiento en años recientes. Reich estudió también otras criaturas, correlacionando la naturaleza expansiva-contractiva del cuerpo-entero de los gusanos y amebas con un proceso similar en los humanos, lo que a su vez correlacionó con las reacciones de placer-ansiedad. En el proceso de este trabajo descubrió los microscópicos y vesiculares *biones,* y el proceso de *desintegración biónica* de las células – lo que actualmente se denomina de modo mecanicista *apoptosis-* un descubrimiento que eventualmente contestaba las dos constantes cuestiones sobre el *origen de la célula cancerosa y de*

---

2. Ver las claras afirmaciones de Reich en 1952, en *Reich Speaks of Freud*, Farrar, Strauss and Giroux, NY 1967
3. Ver el capítulo "Jung Among the Nazis" en el libro de Jeffrey Masson, *Against Therapy*, para documentación sobre este asunto.

la biogénesis, el origen mismo de la vida. Sus descubrimientos fueron verdaderamente extraordinarios, y fundamentados en las mejores tradiciones de la investigación científica. Estos descubrimientos constituyeron avances científicos de la mayor importancia que llevaron a establecer las bases de su posterior trabajo sobre enfermedades biopáticas degenerativas, así como al descubrimiento de la energía orgónica y del acumulador de energía orgónica. Esos descubrimientos llevaron también a establecer las bases de una manera científica más moderna de pensar sobre la naturaleza sistémica del cáncer y de otras enfermedades degenerativas, sobre la investigación del campo-energético humano, aunque típicamente bajo una terminología diferente, sin recibir Reich ningún reconocimiento.

Como ejemplificación del axioma de que "ningún buen trabajo debe quedar impune", Reich fue atacado por sus descubrimientos en la prensa danesa y noruega, en una campaña de calumnias tanto de la prensa de izquierdas como de derechas. Su formación freudiana e interés en las reformas políticas sobre la sexualidad, su respaldo a mayores libertades sociales, sus investigaciones en el laboratorio sobre la sexualidad y la emoción y descubrimientos sobre el origen de la vida y del cáncer, -no importaba lo que hiciese- su trabajo enfurecía a casi todo el mundo, aunque a cada uno por diferentes razones. Esto añadido a sus antecedentes judíos, que en aquellos tiempos cosechaban enemistades entre todos los pensadores fascistas de todos los tipos. Con los ejércitos de Hitler y de Stalin invadiendo Europa y con el poder creciente del fascismo, la vida y el trabajo le fueron imposibles, por lo que se embarcó en uno de los últimos barcos que zarparon de Europa hacia los EEUU.

Cuando Reich llegó a Nueva York en 1939, su reputación como investigador serio, que había efectuado nuevos e importantes descubrimientos, ya le había precedido y rápidamente atrajo un grupo de jóvenes y entusiastas científicos y médicos para trabajar con él y ayudarle en su trabajo. La época de sus investigaciones en América, que duró hasta su muerte en 1957, fue especialmente productiva, a pesar del posterior tratamiento abusivo por parte de los periodistas americanos y funcionarios del gobierno. Fue durante este período en el que Reich clarificó experimentalmente e hizo uso en la práctica de la energía vital biológica y atmosférica, a la cual denominó *energía orgónica.* Las primeras corrientes bioeléctricas que objetivamente midió con milivoltímetros se explicaron como pequeñas expresiones de una más potente y móvil energía vital en el interior del organismo, que se ponía de manifiesto en la emoción, en la sexualidad, en el trabajo y en la afectividad de todo tipo. También se aclaró que se trataba de una nueva energía radiante descubierta en cultivos especiales de biones obtenidos de la arena de la playa. Ellos emitían una potente energía azulada que podía ser sentida y vista, la cual velaba las placas fotográficas y generaba anomalías electrostáticas y magnéticas. A partir de esto, y durante los esfuerzos por amplificar y acumular esa energía para su estudio, se desarrolló el acumulador de energía orgónica. Y de ahí provino el descubrimiento de la *energía orgónica atmosférica*, la cual se podía absorber y contener directamente dentro del acumulador. Gran cantidad de nuevos descubrimientos vinieron en aluvión a partir de los anteriores; "demasiado", tal y como observó Reich, lo que exigía estudiar y seguir el *hilo rojo de la lógica y la razón* (como en el mito griego de Ariadna), que le había llevado de un descubrimiento a otro. La energía vital, el orgón, tal y como él la llamó, era completamente nueva y diferente de los demás tipos conocidos de energía. Obedecía a leyes funcionales y no se podía entender en contextos mecanicistas o místicos. Mucho antes de que Albert Einstein buscase intuitivamente, en vano, una *Gran Teoría Unificada,* fue Reich quien efectivamente efectuó este tipo de descubrimiento – uno del que Einstein supo posteriormente en encuentros personales con Reich. Un Einstein asombrado observó realmente y pudo confirmar el fenómeno de la energía orgónica, que Reich le demostró con aparatos especiales. En capítulos posteriores desarrollaré con más detalle estos descubrimientos y hechos.

La energía orgónica que Reich observó era una energía real, física, que cargaba e irradiaba tanto de la materia viva como no viva de todas las variedades: microbios, animales, humanos, y podía ser amplificada mediante sencillos montajes de materiales específicos. Para entender esto, se tienen que considerar ejemplos comparativos, por ejemplo cómo funciona un telescopio o las alas de un avión. Ambos son sencillos pero muy concretos montajes de materiales, inmersos en un fondo de luz o de aire en movimiento, respectivamente. Los dos realizan proezas sorprendentes. El acumulador de orgón de Reich se puede considerar en el mismo contexto. Es bastante simple, pero funciona sobre la base de una energía que es omnipresente dentro de la atmósfera y del espacio circundante. Los experimentos con el acumulador mostraron numerosas anomalías, tal como el efecto del calentamiento espontánco, efectos electrostáticos, y claras reacciones de organismos vivos. Las personas con enfermedades biopáticas experimentaban con frecuencia una remisión de los síntomas – aunque Reich tenía claro no afirmar nada sobre una "cura para el cáncer". Los dolores crónicos disminuían o desaparecían frecuentemente, y las quemaduras se curaban muy rápidamente mediante la radiación orgónica, la cual potenciaba lo que entonces era conocido como la *resistencia a la enfermedad*, lo que actualmente se denomina, desde la pura teoría bioquímica, como el *sistema inmunitario*. Reich desarrolló un test de sangre especial en el cual se observaba la capacidad de la sangre viva para resistir la degeneración sobre el porta-objetos del microscopio. Eso es algo que actualmente se copia generalizadamente aunque sin hacer referencia a los protocolos originales de Reich. La naturaleza azul-radiante de los glóbulos rojos vivos fue documentada (una expresión visible de lo que actualmente se denomina *potencial-zeta*), y Reich sostenía, que el brillo azul de la bioluminiscencia y en la naturaleza eran expresiones directas del continuo de energía orgónica, que al igual que el protoplasma vivo podía ser excitado a un estado de *luminación resplandeciente*. Reich demostró posteriormente cómo la energía orgónica se movía por la naturaleza en mayores o menores concentraciones, ondeando o pulsando, y afectando al clima en el proceso. Argumentaba, que un movimiento similar de la energía orgónica cósmica en el espacio, creaba las grandes espirales de las galaxias y el movimiento de los planetas, al igual que las espirales de los huracanes y las conchas de los caracoles. Un patrón cósmico similar al movimiento y génesis de la energía vital se podía entender de los descubrimientos de Reich, que se encontraba grabado en toda la creación cósmica, desde el microcosmos al macrocosmos.

En esto, la energía orgónica de Reich es similar a las antiguas ideas del *éter cósmico del espacio,* sobre el cual los astrofísicos afirman que nunca ha sido comprobado (¡falso! ver apéndice), pero que sigue resurgiendo bajo nuevos términos tales como el *mar de neutrinos*, el *viento de materia oscura*, el *medio intergaláctico*, o los *plasmas cósmicos*. En el apéndice y en otros capítulos muestro cómo la energía orgónica de Reich es muy

Manual del Acumulador de Orgón

similar al éter cósmico, objetivamente descrito en los experimentos de Dayton Miller, y de otros, sobre el arrastre del éter. La biología sigue tropezando con el mismo fenómeno bioenergético y biocósmico. Mientras que otras teorías más antiguas y menos desarrolladas sobre *el magnetismo animal* y la *fuerza vital* están actualmente relegadas a la historia, han sido la *acupuntura* de la medicina china y la homeopatía europea las que han puesto directamente de nuevo la energía de la vida ante las puertas de la biología y medicina moderna – ¡incluso aunque los médicos y biólogos siguen intentando mantener la puerta cerrada! No importa cuán a menudo la medicina y ciencia mecanicista moderna, o el espiritualismo y la religión sigan golpeando la energía de la vida, pues nuevas evidencias sobre su existencia aparecen inesperadamente de nuevo con nuevos experimentos – algo así como en el juego mecánico del "whack-a-mole" de los niños, donde un topo de juguete es golpeado con un palo de goma para hundirlo en su agujero, solo para que salte otro topo de un agujero distinto. A lo largo de este libro proporcionaré los detalles básicos, y daré orientaciones basadas en mis propios años de estudio e investigación.

Nueva información sobre la persecución y muerte de Reich

Desafortunadamente, Wilhelm Reich fue una de las víctimas aplastadas por el asalto efectuado a mediados del siglo veinte por parte de la medicina académica sobre los descubrimientos no ortodoxos. Existían fuerzas sociales significativas, pero que no empleaban el discurso "políticamente-correcto" en uso. En las décadas posteriores a su muerte, muchas publicaciones difundieron el malentendido de que Reich fue destruido por el conservadurismo americano, la "derecha macartiana" y similares. La investigación histórica ha demostrado que esto no es cierto. Reich fue perseguido tanto por los nazis como por los estalinistas en Europa. En EEUU, sin embargo, fue derribado por una combinación de agentes estalinistas de la Comintern (la Internacional Comunista), periodistas y médicos pestilentes, y finalmente por la Food and Drug Administration (FDA). Actualmente están disponibles libros y artículos académicos que hacen referencia a archivos soviéticos, cerrados durante mucho tiempo, y a archivos internos de la FDA y del FBI desvelados

10

Introducción del Autor

gracias la *Ley de Libertad de Información*, así como otras fuentes. Éstas están citadas en la sección de referencias. Aquí tenemos un resumen de lo que revelan.[4]

Durante el período 1927-1931, como joven psicoanalista y médico que trabajaba en el círculo interno de gente de confianza de Freud, Reich estuvo poniendo en marcha clínicas para la clase trabajadora en Viena, y más tarde en Berlín. En este esfuerzo efectuó prudentes alianzas de trabajo primero con el Partido Comunista (PC) de Austria y más tarde con el PC de Alemania. Esas organizaciones le permitieron efectuar conferencias en sus locales, y vender sus publicaciones en sus librerías. Sus charlas sobre la salud sexual y las necesidades de los niños y sus familias interesaban profundamente a la gente de la clase trabajadora, y por regla general, atraían a mayor número de oyentes que las áridas y anodinas charlas sobre teoría económica marxista proporcionadas por los funcionarios del Partido. Los seguidores de Reich dentro del movimiento *Sex-Pol*, que él creó, aumentaron de modo espectacular, llegando a ser muchos miles de personas, junto con voluntarios adicionales del movimiento psicoanalítico.

Reich vio la posibilidad de prevenir la neurosis masiva por medio de reformas legales que se basaran en principios psicoanalíticos. Por medio de la *Sex-Pol* propugnaba la legalización de la contracepción, el aborto y el divorcio y lideraba los derechos de las jóvenes parejas no casadas a tener una vida sexual sana. Él abogaba por mejorar las condiciones económicas, muchas veces desesperadas, de las madres con hijos abandonadas y luchó contra el estigma de los "hijos ilegítimos" que tenía severas consecuencias para la educación y el empleo futuros. Las mujeres estaban legalmente subordinadas de muchas maneras, y la crueldad y abusos de los maridos y padres tenían pocas consecuencias sociales. Matrimonios compulsivos y frecuentemente sin amor, junto con tasas de natalidad altas

---

4. El autor tiene en preparación en trabajo más largo que trata estos asuntos con mucho mayor detalle. A menos que se indique lo contrario, la mayor parte de lo que sigue proviene de los siguientes libros: *Wilhelm Reich and the Cold War*, de James Martin, *Wilhelm Reich vs. the USA* de Jerome Greenfield, *CSICOP, Time Magazine and Wilhelm Reich de John Wilder*, o del trabajo no publicado de Wilhelm Reich, *Conspiracy: An Emotional Chain Reaction*. Ver la sección de referencias para una información completa sobre las citas. Para una lista completa de los artículos difamatorios mencionados en esta sección, ver: www.orgonlab.org/bibliogPLAGUE.htm.

Manual del Acumulador de Orgón

derivadas de embarazos no planificados además de una mala situación económica tras las Primera Guerra Mundial, llevó a la creación de una permanente clase pobre y marginada con altos niveles de neurosis, resignación emocional, violencia familiar y suicidios. Reich se mostró muy crítico con las familias reales y con la Iglesia, que tenían un gran poder económico y político, y que hubieran podido, por tanto, mejorar estos aspectos de la vida de las personas. De hecho, las instituciones sociales existentes estaban paralizadas e hicieron muy poco por las reformas sociales. Sin embargo, las metas de la *Sex-Pol* de Reich eran ayudar a la gente a salir de esas desesperadas condiciones sociales, familiares y emocionales hacia unas vidas más felices y productivas, y por consiguiente, haciendo con ello *obsoleta la terapia psicoanalítica*. Él se inscribió y empujó al PC a incluir estos puntos en la plataforma del Partido.

Mientras que inicialmente fueron tolerantes con Reich, su crítica pública de las políticas de no libertad y a los jefes del Partido en escritos y conferencias, llevaron a una ruptura total de sus relaciones. Fue tachado de "trotskysta" por sus desafíos a la teoría marxista-leninista y a los dictados estalinistas a favor de sus propias ideas contenidas en la Sex-Pol. Reich criticó eventualmente a ambos, al Partido Comunista y al Partido Nazi, como profundamente psicopáticos, especialmente en su obra *Mass Psychology of Fascism* (Psicología de Masas del Fascismo).

En esa época, Reich también perdió el apoyo de su mentor, Freud, siendo expulsado por la IPA. Psicoanalistas muy influyentes rechazaron sus ideas contenidas en la *Sex-Pol*, sintiéndose ofendidos por sus críticas contra el letargo de la IPA para encarar esos inmensos problemas sociales. Ellos también consideraron como provocaciones innecesarias sus conferencias públicas contra el movimiento nazi.

Reich corría por tanto un gran riesgo y tenía muy pocos apoyos si permanecía en Alemania. Huyó a Escandinavia poco antes de que Hitler consiguiera el poder y a los pocos años ya estaba en las listas de condenados a muerte tanto por el Comintern como por los nazis, siendo sus libros prohibidos, confiscados y quemados por ambos bandos, los comunistas y la Gestapo.

Tras su llegada a Escandinavia, Reich se vió pronto abiertamente atacado por los periódicos nazis y del PC. Peor aún, era, sin saberlo, seguido por el NKVD soviético (precursor del KGB). Un documento del Comintern/NKVD clasificado como

Introducción del Autor

Alto Secreto de 1936, obtenido de los archivos soviéticos tras el colapso de la URSS,[5] que identificaba a *"Trotskystas y otros elementos hostiles en la comunidad emigrante del PC alemán"*, incluía su nombre. Esto era equivalente a una orden de detención por los soviéticos y una sentencia de muerte, una lista de condenados a muerte del Comintern/NKVD. Aunque Reich nunca fue un seguidor de Trotsky, solo la acusación fue suficiente para que su nombre y el nombre de otro de sus contactos en Dinamarca y Noruega, Otto Knobel, apareciera en la lista oficial del NKVD en varios sitios. El delito de Knobel era ser un conocido asociado a Reich, indicándose que Reich era el objetivo principal. El documento tenía anotaciones de otras personas que ya habían sido detenidas y enviadas a prisión o enviadas a un gulag siberiano o ejecutados. De hecho, Knobel fue detenido posteriormente y enviado a prisión o "desaparecido" (ejecutado).

Durante su estancia en Escandinavia, Reich desarrolló nuevas líneas de investigación, huyendo a USA en 1939, un poco antes del comienzo de la Segunda Guerra Mundial. En USA los simpatizantes nazis eran pocos y fueron neutralizados, así que se encontraba relativamente a salvo de sus agentes. Por el contrario, el Comintern Americano tenía una larga red de organizaciones, grupos de vanguardia, seguidores y espías del Comintern y del NKVD y *compañeros de viaje* (agentes del Comintern que no pertenecían formalmente o públicamente al PC, de manera que podían llevar a cabo más fácilmente labores de espionaje para planes soviéticos). Mientras que al principio Reich fue ignorado, los izquierdistas americanos y el Comintern se volvieron más tarde contra él con furia.

Durante cerca de dos años, a Reich le dejaron trabajar solo, sin molestarle. Abandonó el trabajo público de la Sex-Pol de sus años en Viena y Berlín y se centró en la investigación natural y médica que había comenzado en Escandinavia, construyendo un centro de investigación del cáncer, un laboratorio de biofísica y

5. Ver el Documento 20, *"Memorandum on Trotskyists and Other Hostile Elements in the Emigre Community of the German CP, Cadres Department"*, fechada el 2 de sep. de 1936, en los archivos de la universidad de Yale:
  www.yale.edu/annals/Chase/Documents/doc20chapt4.htm
Este documento está también parcialmente reproducido como "Document 17" *Enemies within the Gates? The Comintern and the Stalinist Repression, 1934-1939*, por William J. Chase, Yale Univ. Press 2001, p. 164-174.

Manual del Acumulador de Orgón

un centro de formación de terapeutas en Forest Hills, NY. Tras el ataque japonés a Pearl Harbor en diciembre de 1941, que llevó a América a implicarse más directamente en la Segunda Guerra Mundial, el FBI le detuvo, siendo investigado como otros emigrantes alemanes, italianos y japoneses. Reich fue uno de ellos, permaneciendo encarcelado durante un mes aproximadamente, periodo que el FBI comprobó que estaba en contra de Hitler y no constituía una amenaza. Reich continuó su vida segura y productiva en USA sin acosos significativos durante los siguientes seis años. Continuó sus investigaciones sobre la energía orgónica en sus aspectos clínicos, biomédicos y físicos, fundó un nuevo instituto y editó publicaciones para dar a conocer sus hallazgos – *International Journal of Sex-Economy and Orgone Research*, a la que siguió más tarde *Orgone Energy Bulletin* y otra más titulada *Cosmic Orgone Engineering*. Los títulos de estas publicaciones reflejan el creciente interés en la biofísica orgónica.

Un grupo de médicos, científicos y educadores estudiaron con Reich apoyando sus esfuerzos y ayudándole en su trabajo. Se trasladó a otras instalaciones en el campo, en Rangeley, Maine, a las que dio el nombre de *Orgonon* que albergaba un gran edificio como observatorio y un laboratorio para estudiantes. Sus planes incluían la construcción de una clínica para tratamientos médicos centrados en el acumulador de energía orgónica.

Los experimentos de Reich sobre la energía orgánica provocaban ocasionalmente comentarios hostiles de algunos médicos de la comunidad médica y los escritos de Reich sobre la libertad sexual también atraían las quejas de algunos moralistas. Pero estos no tuvieron efecto en su trabajo. Sus libros, por ejemplo *Function of the Orgasm*, (Función del Orgasmo) tuvo críticas despreciativas en las revistas médicas ortodoxas ya en 1942, estimulando una campaña de rumores que combatió mediante presentaciones públicas y refutándolas en su nueva revista *Journal*. No se produjeron ataques legales ni persecuciones organizadas tras estas primeras críticas americanas. Sin embargo esta situación cambió. En 1946, tras la aparición en USA de la primera edición en inglés de su libro *Mass Psychology of Fascism* (Psicología de Masas del Fascismo) – una de sus obras de 1930 que le llevó a estar en la lista de condenados a muerte por los nazis y el Comintern en Europa- fue objeto, una vez más, de serios ataques por los comunistas.

14

Introducción del Autor

La revista *New Republic*, era un centro importante en la renovada campaña contra Reich. Esta revista, fue creada gracias a la fortuna familiar de Williard Straight, un banquero de inversiones americano, y era originalmente una revista liberal-progresista, pero pro-americana en apariencia. En la época de Reich, sin embargo, fue tomada por el joven Michael Whitney Straight, que admitió posteriormente haber sido reclutado como espía soviético en 1935 mientras estaba en la universidad de Cambridge. Straight era un miembro americano importante del grupo de espías controlados por el NKVD *"Los Cinco de Cambridge"*, que trabajaron principalmente fuera de Gran Bretaña, y que incluía a los notables Anthony Blunt, Guy Burgess y Kim Philby. Juntos facilitaron a la Unión Soviética altos secretos atómicos y de otro tipo durante la Segunda Guerra Mundial hasta alrededor de 1952 cuando fueron descubiertos. Straight mantuvo sus conexiones ocultas con la Unión Soviética con éxito hasta 1962.

Como propietario de *New Republic* y agente del NKVD-KGB, Michael Straight incorporó a su equipo a muchos comunistas ocultos y públicos, como el vice-presidente de EE.UU, Henry Wallace (1941-1944) que estuvo como editor. Las abiertas simpatías de Wallace por los soviéticos y el Partido Comunista, su justificación de los gulags soviéticos, sus mítines públicos con miembros operativos del Comintern y otros factores, forzaron al presidente Roosevelt a cesarlo como vice-presidente en 1944, en favor de Harry Truman. Materiales nuevos de los archivos soviéticos confirman que Wallace trabajaba de hecho para los soviéticos de manera encubierta.

Bajo la supervisión de Straight y con Wallace como editor, la revista *New Republic* obtuvo el encargo del Comintern y del KGB de conducir los viejos y sanos sentimientos liberal-democráticos americanos hacia las consignas pro-soviéticas y del Comintern. En este ámbito, las agresiones a luchadores liberales y anticomunistas como Wilhelm Reich, que había visto personalmente y había escrito acerca del venenoso fascismo rojo, era una parte central de su misión. Aparentemente, la aparición en 1946 de la edición inglesa de la obra de Reich *Mass Psychology* (Psicología de Masas) llamó la atención del Comintern y del equipo de *New Republic*, disparando un renovado interés en destruirle.

Con Henry Wallace como editor, la revista *New Republic*

Manual del Acumulador de Orgón

publicó primero una difamatoria revisión del libro de Reich *Mass Psychology* cuyo autor era Frederic Wertham, un psiquiatra socialista que había cogido fama escribiendo libros y artículos denunciando el efecto malicioso de los "comics" en la juventud americana, abogando por una censura. El artículo presentaba a Reich como un político radical peligroso, capaz de dañar a los EEUU, acusándole de tener un "desprecio absoluto por las masas", como si las críticas de Reich hacia los asesinos nazis y comunistas estuviesen mal concebidas. El camarada Wertham hizo una llamada a *"los intelectuales de nuestro tiempo...a combatir el tipo de psico-fascismo que los libros de Reich ejemplifican"*.

Pero las calumnias de Wallace-Wertham empalidecen comparándolas con las vertidas en la campaña pública acerca de la sexualidad que empezó el año siguiente, 1947, la escritora comunista Mildred Brady en las revistas *Harper´s* y *New Republic*. Sus calumniosos artículos *"The new Cult of Sex and Anarchy"* (El Nuevo Culto al Sexo y la Anarquía) y *"The Strange Case of Wilhelm Reich"* (El extraño Caso de Wilhelm Reich) con acusaciones injustificadas, estimularon artículos similares en otras revistas, periódicos y publicaciones de aquel tiempo.

Los Bradys – Mildred y su marido Robert – intimaron con las redes de Straight y Wallace de amigos del Comintern y con los agentes del KGB. El puesto académico de Robert Brady en el campus de la Universidad de California (UC), Berkeley, fue identificado por el FBI como un centro de reunión para los contactos e intermediarios que se extendía hasta la Unión Soviética. Los Bradys también tuvieron una larga relación con la mayor y más exitosa red de espías soviéticos que operaba en USA, establecida por *Nathan Gregory Silvermaster*, que estuvo involucrado en la cesión de secretos atómicos a la Unión Soviética. Los Bradys estuvieron años antes centrados en fundar la organización *Consumers Union* (Unión de Consumidores) que tuvo una poderosa influencia en la FDA y en las organizaciones médicas. Ellos escribieron algunos de los escritos en lenguaje específico usados posteriormente en las leyes por la FDA para atacar a los métodos curativos naturales, tales como las cláusulas "transporte interestatal" y "etiquetaje incorrecto". Creada en principio para supervisar la seguridad de los alimentos, medicamentos y cosméticos, posiblemente la parte central de su trabajo en el principio y en los primeros años, al parecer debido

16

en parte a los subterfugios del Comintern, se concentró en el control por el Gobierno Federal de grandes sectores de la economía, el comportamiento público y la salud.

Los Bradys tuvieron un papel clave en la creación de esa infraestructura dictatorial de "salud" a pesar de haber sido despedidos de sus puestos de trabajo, en 1941, en la *Oficina de Administración de los Precios* en la Administración Roosvelt, debido a sus abiertas simpatías por el Partido Comunista Soviético. El *Dies Committee* (Comité Dies) del Congreso de los EEUU identificó públicamente a los Bradys como agentes soviéticos, siendo expulsados de sus empleos. Uno de los empleados de la *Consumers Union* (Unión de Consumidores) (que más tarde publicó la revista *Consumer´s Report*) fue también identificado, según los archivos del FBI, como agente soviético y el conductor del coche de la huida del asesino de Leon Trotsky en 1940 en la ciudad de México. Una vez que Wilhelm Reich fue considerado como una posible amenaza para los objetivos del Comintern en EEUU, la misma red de agentes soviéticos y simpatizantes comenzó a orquestar un serio y mortal asalto contra él.

Los calumniosos artículos de Brady denunciaban a Reich atribuyéndole falsedades, acusándole de que dirigír un fraude sexual y repitiendo las viejas difamaciones usadas por los viejos periódicos socialistas y comunistas que le habían atacado diez años antes en Escandinavia. Brady denunció a Reich por su postura crítica en contra de la represión sexual stalinista – de hecho, los bolcheviques y la posterior dictadura estalinista traicionaron progresivamente los derechos humanos y la libertad que existía en los primeros años de la auténtica Revolución Rusa o las que quedaban de la época zarista. Brady, como escritor hábil, mintió claramente acerca de todo, incluso diciendo que Reich anunciaba su acumulador orgónico como algo que lo curaba todo, lo que nunca fue así. Su artículo utilizó métodos estándar soviéticos de desinformación pública, con medias verdades mezcladas con mentiras ridículas con el fin de destruir su objetivo. Ella acabó con una abierta llamada a una investigación gubernamental.

Las calumnias de Brady fueron rápidamente recogidas y reproducidas, palabra por palabra, sin comprobar la veracidad de las afirmaciones, por otras publicaciones, incluidas revistas médicas hostiles. La influyente revista *Bulletin of the Menninger*

Clinic reprodujo todo el artículo de Brady, ya que Karl Menninger había sido fuertemente influenciado por varios psiquiatras y psicoanalistas anti-Reich cuya postura se remontaba a la época europea de Reich. La revista *Journal of the American Medical Association* también se unió a la campaña publicando un despectivo artículo basado en el de Brady y extendiendo su acción en contra de cualquier método de curación natural, favoreciendo así su querido y provechoso negocio de los medicamentos. Aparecieron versiones cortas del artículo de Brady y otros nuevos derivados de él, salpicados con comentarios más denigrantes en *Colliers, The New York Post, Everybody´s Digest, Mademoiselle, Consumer´s Report* y otros, así como en secciones o capítulos de nuevos libros médicos y revistas psicoanalíticas. Estas publicaciones llegaron a decenas de millones de personas.

Las calumnias de Brady se amplificaron unos años más tarde por el "humanista" marxista Martin Gardner (más tarde famoso en el CSICOP[6]). Su artículo aparecido en 1950 en la revista *Antioch Review*, presentaba a Reich al mundo académico como un chiflado equivocado. En el influyente libro de Gardner de 1952 *"Fads and Fallacies In The Name of Science"* (Modas y Falacias en el nombre de la Ciencia), que contenía un capítulo dedicado a la "Orgonomía", Reich fue tratado como lo que más tarde sería una marca registrada de Gardner y el CSICOP – una letanía de falsas y exageradas caricaturas de un trabajo serio con calumniosas distorsiones de peligro público que causaban risa por lo ridículas. Reich fue etiquetado como un chiflado y un charlatán. Ambos, Brady y Gardner mantuvieron las hogueras anti-Reich avivadas y calientes. El acumulador de energía orgónica fue denominado por ellos "caja de sexo" en las revistas masculinas como *Sir!,* y Reich se convirtió en víctima de desdén y ridículo público con llamadas a "una acción del gobierno para proteger al público del curanderismo médico". Era, como Reich hizo notar, una *conspiración comunista* jugando sobre las ansiedades sexuales con una *posterior reacción en cadena.*

En el punto culminante de la campaña difamatoria en prensa

---

6. CSICOP: *Committee for Scientific Investigation of Claims of the Paranormal.* Hoy en día tiene otro nombre, *Committee for Skeptical Inquiry,* pero no ha cambiado su carácter. Un grupo "escéptico" sin ética dirigido contra los métodos curativos naturales, contra Reich y la orgonomía. Ver: www.orgonelab.org/csicop.htm   y www.orgonelab.org/gardner.htm

Introducción del Autor

anti-Reich, los artículos de Brady llegaron a manos de altos oficiales de la FDA gracias a médicos influyentes, que provocaron el comienzo de una "excesiva" investigación oficial. ¿Qué era la FDA en aquel tiempo?

Alrededor de 1940, la FDA era una organización financiada y orientada por los socialistas, una organización orientada hacia "haz el bien", "activista en el consumo" y "anti-corporación" con una considerable cantidad de recursos dedicados a fisgonear y erradicar pioneros médicos independientes de todo tipo con el propósito de "acabar con el curanderismo médico." Incluso sin agentes del Comintern trabajando dentro, tenía un marcado acento socialista y no necesitaba demasiado empuje para ir detrás de cualquier médico heterodoxo, disponiendo de departamentos preparados para esta tarea. El mandato de la FDA también incluía el trabajo y relaciones conjuntas con médicos de hospitales y compañías farmacéuticas. Sus motivaciones económicas y su ideología mecanicista y alopática influenciaron a la FDA extensamente, de tal forma que se convirtió en un agente para destruir muchas de las clínicas de curación natural barata y también destruir los métodos que aplicaban los practicantes de salud que no eran médicos. Respecto a esto, se convirtió en un gigantesco poder burocrático que podía aplastar a cualquiera que ellos quisieran. Los agentes del Comintern, los médicos de los hospitales y los burócratas del FDA compartían las mismas metas.

La FDA había destruido previamente las populares clínicas para el tratamiento del cáncer de Harry Hoxsey, cuyos tratamientos con hierbas procedentes de los americanos nativos eran muy usados y con mucho éxito. Ellos destruyeron también muchos de los *balnearios de agua sanadora* que existían por toda la nación, donde el *agua con resplandor azul cargada de orgón*, (ver Cap. 10) fluía de la tierra, como en Lourdes (Francia), que era usada y aceptada por muchos sanadores y gente común en esa época. Históricamente, las tribus indias fumaban la pipa de la paz y tomaban esas aguas y estaban alrededor de ella, para permanecer sanos y curar viejas heridas. Otras clínicas de curación natural y sanadores pioneros, tales como Max Gerson, fueron cerradas con falsedad y fuerza bruta por fanáticos de la FDA trabajando conjuntamente con médicos del sistema hospitalario, los médicos del la *American Medical Association* (AMA, Asociación Médica Americana) y las compañías farmacéuticas. Muchos de estos sucesos ocurrieron años antes de que Wilhelm Reich llamara su atención. El asalto de la FDA a Wilhelm Reich, fue dirigido al principio por W.R.M. Wharton, Jefe de la División Este de la FDA y por el Inspector Residente de la FDA del estado de Maine, Charles A. Wood. Wharton es descrito por otro personal de la FDA y biógrafos como un carácter despiadado y pornográfico, obsesionado por el sexo, que tenía un falo cerámico encima de su mesa, colocándolo provocativamente cuando su secretaria tomaba sus dictados. El escribió cartas y notas internas de la FDA repitiendo las acusaciones lujuriosas de los artículos de Brady. El inspector Wood, que tomó el papel principal de reunir las pruebas en el caso legal contra Reich, también fue influenciado negativamente por los artículos de Brady. Al principio de su investigación comentó ante un empleado de Reich que "el acumulador era falso ... y que el Dr. Reich estaba engañando a las personas con él...", y que iría "pronto a la cárcel". Sus investigaciones por tanto, asumían desde el principio las calumnias de Brady como verdaderas y que Reich estaba cometiendo algún tipo de "fraude sexual."

Por una irónica coincidencia, el nombre de Charles A. Wood también aparece unos diez años antes como juez en el *National Labor Relations Board* (NLRB, Junta Nacional de Relaciones Laborales) establecida bajo la administración Roosevelt. Hoy sabemos por archivos soviéticos, que el NLRB estaba muy infiltrado por agentes soviéticos para llevar el movimiento de los obreros americanos hacia el comunismo. El juez Wood del NLRB legisló en contra de los grupos independientes de obreros americanos y lo hizo a favor del *Congress of Industrial Organizations* (Congreso de Organizaciones Industriales) identificada por el *Dies Committee* en EEUU como una agrupación controlada por los soviéticos. El juez Wood también legisló a favor de los miembros del Partido Comunista expulsados de la organización *Consumer´s Research*,[7] que más tarde formaron *Consumer´s Union,* dirigida por el Comintern (y más tarde editora de la revista *Consumer´s Report*). El juez Wood del NLRB tuvo probablemente contacto con Mildred Brady cuándo se determinó

---

7. *An Inventory to the records of Consumer´s Research, Inc., 1910–1983 bulk 1928–1980* por Gregory L. Williams. Enero 1995. Colecciones Especiales y Archivos de la Universidad, Rutgers University Libraries www.2.scc.rutgers.edu/ead/manuscripts/consumers_introf.html

Introducción del Autor

el caso C. U. (*Consumer's Union*), legislando a favor de los comunistas expulsados unos diez años antes de los más calumniosos y destructivos artículos escritos por Brady atacando a Reich, y que influenciaron a los inspectores de la FDA Wood y Wharton en su investigación contra Wilhelm Reich.

Tras su primera llegada a las instalaciones de investigación de Reich en los campos de Maine, Wood comenzó un romance con la hija del carpintero que fabricaba los acumuladores de energía orgónica para Reich, convirtiéndola en una espía para la investigación de la FDA. Al cabo de tres meses se casó con ella. Durante un tiempo, Reich, que no sospechaba nada, cooperó con Wood hasta que las alegaciones de "estafas sexuales" aparecieron. Legítimamente enfurecido, Reich no concedió más entrevistas ni asistencia a la "investigación" de la FDA. El informe de Wood a las oficinas centrales de la FDA denunciaba a Reich y a su acumulador como "un fraude de primera magnitud".

Otros informes, aparte del de Wood, realizados por funcionarios de la FDA en la central de Boston, que supervisaban el caso Reich, acumulaban gran cantidad de rumores y habladurías procedentes de los calumniosos artículos de Brady, que habían ganado en "respetabilidad" debido a la falta de críticas en las sucesivas publicaciones en las revistas médicas. Sin embargo, como no encontraron evidencias de "estafas sexuales", se centraron en perseguir al acumulador de energía orgónica. En su investigación no encontraron a nadie que se quejara del acumulador, nadie lo encontró como algo que no le ayudara y por lo tanto, no encontraron a nadie que quisiera reclamar contra Reich. Más bien, todo lo contrario. Entonces, los burócratas de la FDA se aseguraron la cooperación de médicos de hospitales previamente manipulados y científicos dogmáticos de sus listas de "charlatanes". Ellos no estaban familiarizados ni tenían interés alguno en los hechos científicos en cuestión, pero podían ser utilizados para montar algún "experimento" con garantías de resultados negativos o para rechazar sus trabajos aún sin haberlos estudiado personalmente.[8]

Por ejemplo, yo tengo en mis archivos una carta del hijo de uno de los primeros científicos que trabajaron con la FDA en aquel

---

8. Ver: Richard Blasband and Courtney Baker: "An Analysis of the United States Food and Drug Administration's Scientific Evidence Against Wilhelm Reich" en tres partes, *Journal of Orgonomy*, 1972-1973. Citas completas en la sección de Referencias, p. 199.

Manual del Acumulador de Orgón

tiempo – el físico Kurt Lion del MIT – en la que constata que recuerda claramente cómo la FDA le pedía a su padre que "probara que la caja [orgónica] era solo una caja y que el Dr. Reich era un fraude." Esto es muy diferente de pedirle que *honestamente investigara el acumulador de energía orgónica*, cosa que nunca hizo ni tuvo intención de hacer. Muchas infracciones legales, morales, éticas y científicas ocurrieron cuando los oficiales de la FDA conjuntamente con psiquiatras, analistas y físicos se unieron para poner fin al trabajo de Reich. Para este fin, fueron guiados por los artículos calumniosos y por el jefe inspector Wood. A finales de 1954, la FDA había gastado alrededor de 10 millones de dólares en su investigación contra Reich, un porcentaje significativo del presupuesto total de la FDA.

Otros topos pro-soviéticos aparecieron en el caso Reich. Uno de los abogados personales de Reich en aquella época, Arthur Garfield Hays, un prominente abogado de Nueva York y miembro fundador de la entonces (y ahora?) organización *American Civil Liberties Union* (Unión Americana de Libertades Civiles) era también pro-soviético y también miembro fundador y asociado a la organización de Brady *Consumer´s Union*.

Hays estaba en muchas y diversas actividades pro-soviéticas, organizaciones de carácter comunista, y actividades de defensa legal. Sin embargo, públicamente Hays figuraba como un importante abogado liberal de derechos civiles. De esta manera, Hays disuadió a Reich de presentar demandas por difamación contra Brady y Gardner por sus artículos calumniosos, y no ofreció sugerencias para parar legalmente la investigación, claramente perjudicial, que llevaba la FDA. Se podrían haber presentado fuertes demandas contra los artículos calumniosos y contra la FDA que habrían hecho fracasar la investigación. Había muchas cosas que un buen abogado podría haber hecho para hacer más lenta y, posiblemente, frustrar la investigación de la FDA y los ataques en los periódicos. Sin embargo, Hays aconsejó mal diciendo que no se podía hacer nada, protegiendo de esta manera poco ética a su confidente en el Comintern Brady y a los médicos conspiradores de la FDA.

Reich no sabía nada de las simpatías soviéticas de Hays y de sus conexiones con los Brady, y Hays no informó nunca a Reich acerca de ello. Reich fue llevado hacia el desastre en momentos críticos. Los artículos calumniosos y la maquinaria legal de la FDA fue creciendo más, con la escasa oposición de las cartas de protesta de Reich a los oficiales de la FDA y a los periódicos, sus artículos en sus revistas tratando de enderezar la situación, haciendo alegatos públicos por la honestidad y por el fin de los rumores.

De todo esto, está claro que la intención de la FDA era "coger" a Reich con las acusaciones que se pudieran lograr, y habían sido apremiados en esa dirección por individuos en altos cargos dentro de la comunidad médica, por artículos calumniosos escritos por agentes del Comintern, y probablemente, por agentes del Comintern en puestos clave de la FDA. Reich era consciente de los antecedentes comunistas de algunos de sus mayores detractores, de sus acciones sin ética, siendo algunos de sus colaboradores afectados profesionalmente por los chismes, las difamaciones y las acciones de la FDA. Tales ataques y traiciones enfurecieron comprensiblemente a Reich.

Cuando en 1954, la FDA buscó una *Complaint for Injunction* (*Querella para la Prohibición*) contra su investigación en la Corte Federal en Portland, Maine, apareció otra traición. Un abogado personal anterior, Peter Mills, apareció como abogado del fiscal del estado. Mills era un oportunista, que quería subir en la escala social, un político menor en la anterior legislatura del estado de Maine y encantado con su nuevo alto puesto de fiscal. Consecuentemente, el mismo rechazó apartarse del caso, que habría sido lo que éticamente tendría que haber hecho. En una entrevista grabada en video de 1986 acerca del caso Reich, Mills dijo que la FDA había llegado a sus oficinas con una documentación completa y preparada para el enjuiciamiento, todo listo y completo, de tal manera que no podía hacer otra cosa que firmar la documentación. Él declaró que no estaba dispuesto a abandonar su trabajo por Wilhelm Reich y se rió nerviosamente y contestó con evasivas cuando fue preguntado acerca de la quema de sus libros, llamando a Reich "loco".

Después de los años de difamaciones y traiciones, y tras la denuncia de la FDA ante la justicia, Reich rehusó aparecer en los tribunales para, como él lo expresó, actuar como *"acusado en un asunto de investigaciones de naturaleza exclusivamente científica"*. En su lugar, escribió una apremiante *Respuesta* ("Moción de Rechazo") al juez, en la que relataba la historia de los abusos sin ética de la FDA y las mentiras difamatorias de los periodistas. También rechazó conceder ninguna autoridad a los tribunales con respecto a la validez de sus investigaciones sobre el orgón, dando razones desde el punto de vista de un científico. Esto impulsó una reacción legal extrema contra Reich que es única en la historia de América, y que tiene una importancia para nuestra protección constitucional mayor que el juicio mejor conocido por *Scopes Monkey Trial* (Juicio Monkey)[9], en el que la enseñanza de Darwin en la escuela pública fue prohibida temporalmente en una pequeña ciudad de Tennessee. El juez simplemente ignoró la *Respuesta* escrita de Reich, la cual debería haber sido aceptada y tenida en cuenta como el documento legal que era, llevando así hacia el siguiente paso en los procedimientos de la defensa. En su lugar, el juez dictaminó que Reich no había respondido en absoluto y por ello perdió el caso por defecto técnico.

A la FDA se le proporcionó entonces todo lo que deseaba. En una disposición judicial se dictaminó que la energía orgónica "no existe" y reclasificó todos los libros que llevaban la palabra prohibida "orgón" como "literatura de propaganda", prohibiendo su transporte interestatal. Esto incluía los libros en los que aparecía ese término tabú solo en el prefacio, o en las observaciones introductorias. Además se ordenó que todos los libros o artículos de investigación que tratasen la energía orgónica en detalle fueran *destruidos* y que los aparatos que usaran esta energía fueran desmantelados o destruidos.

De esta forma, a finales de los años 50 y a principios de los 60 los libros de Reich y sus diarios de trabajo, incluso aquellos que "sólo" habían sido prohibidos, fueron requisados periódicamente por agentes de la FDA y los alguaciles federales y quemados en incineradores en Maine y Nueva York. Ninguna organización científica o profesional, ningún sindicato de periodistas o escritores o "libertades civiles" se opusieron públicamente a la quema de los libros, ni dieron ningún paso para ayudar a Reich, el cual había sufrido, como insulto final, la invasión de agentes de la FDA en su laboratorio, quienes con hachas destrozaron los acumuladores de orgón que allí había. Además de las acciones mencionadas, los tribunales ordenaron a Reich que cesara de "propagar información" sobre la energía orgónica, censurando así tanto sus escritos como sus comentarios verbales sobre el tema.

Varios años después Reich fue acusado de *Desprecio a la Justicia*, cuando un ayudante suyo, sin su consentimiento, envió

9. Un juicio americano famoso en el que primeramente se prohibió la enseñanza de Darwin y que luego se hizo legal. N del T.

24

Introducción del Autor

Caso #1056, 19 de marzo 1954, Tribunal de Distrito de EEUU, Portland, Maine, juez John D. Clifford, Jr.

"PROHIBIDOS, hasta que toda referencia a la energía orgónica sea eliminada:
The Discovery of the Orgone (El Descubrimiento del Orgón)
Vol. I, The Function or the Orgasm
(Función del Orgasmo)
Vol. II, Tha Cancer Biopathy (La Biopatía del Cáncer)
The Sexual Revolution (La Revolución Sexual)
Ether, God abd Devil (Éter, Dios y el Diablo)
Cosmic Superimposition (Superposición Cósmica)
Listen, Little Man (Escucha, Hombrecito)
The Mass Psychology of Fascism
(Psicología de Masas del Fascismo)
Character Analysis (El Análisis del Carácter)
The Murder of Christ (El Asesinato de Cristo)
People in Trouble (Gente con Problemas)

PROHIBIDOS y ORDENADA SU DESTRUCCIÓN:
The Orgone Energy Accumulator: Its Scientific and Medical Use (El Acumulador de Energía Orgónica, su uso Científico y Médico)
The Oranur Experiment (El Experimento Oranur)
The Orgone Energy Bulletin (El Boletín de Energía Orgónica)
The Orgone Energy Emergency Bulletin (El Boletín de Emergencia de Energía Orgónica)
International Journal of Sex-Economy and Orgone Research (La Revista Internacional de Economía Sexual e Investigación Orgónica)
Internationale Zeitschrift für Orgonomie (Revista Internacional para Orgonomía)
Annals of the Orgone Institute (Anales del Instituto del Orgón)"

---

un camión con libros y acumuladores a través de las fronteras estatales desde Maine a Nueva York, quebrantando así la clausula del mandato judicial de la sentencia original. Esto sucedió en un momento en que Reich se encontraba a más de mil kilómetros de

Manual del Acumulador de Orgón

allí, ocupado en un trabajo científico en los desiertos de Arizona. Todavía desconfiando, y con razón, de los abogados, Reich actuó en su propia defensa, pero se le prohibió aportar ninguna evidencia de sus descubrimientos, y fue encontrado culpable del cargo, escasamente definido, de "desacato a los tribunales"; no se le permitió dar ningún otro testimonio sobre el asunto sino solo si el transporte de material prohibido a través de la frontera del estado tuvo lugar o no.

Aunque apeló al Tribunal Supremo de EEUU, Reich perdió el caso sobre cargos por "Desprecio", de nuevo por defecto técnico, y fue encarcelado en la Penitenciaría Federal de Lewisbrug, donde murió menos de un año después, en 1957. Su muerte en prisión tuvo lugar dos semanas antes de la fecha en que debía ser puesto en libertad provisional, cuando anticipaba el momento de su libertad y proyectaba reunirse con sus seres queridos.

Sea lo que sea lo que pensemos de la respuesta de Reich al desafío de la justicia, los principios sobre los que Reich se erigió eran de gran importancia, y nos retrotraen, por lo menos, al proceso contra Galileo por parte de la Iglesia católica. La lección aprendida entonces fue que ninguna corte, tribunal u organización científica o religiosa sobre la tierra tiene la capacidad para determinar, sobre la base de comparaciones textuales o revelación divina, qué es o qué no es ley natural. Los resultados de un experimento no pueden ser juzgados por aquellos que nunca lo han realizado, y las opiniones de científicos no basadas en un verdadero estudio no son más válidas que las opiniones de otras personas cualesquiera, aunque estos científicos sean miembros de la Asociación Médica Americana, la Academia Nacional de las Ciencias o el mismo Club de Campo honrado por la presencia del Presidente. Galileo instó a sus críticos a "mirar por el telescopio" para comprobar sus observaciones de la forma más directa y sencilla. Ellos rehusaron hacerlo sobre la base de principios morales y de forma irrespetuosa se mofaron de él. Los críticos de Reich actuaron de igual manera, rehusando de forma inexorable reproducir sus experimentos y, en muchos casos, incluso negándose a revisar los testimonios publicados. Hoy en día, muchos años después de la muerte de Reich en prisión en 1957, sus críticos más feroces todavía adoptan la misma actitud anticientífica y condenan aquello que no han leído o investigado personalmente.

Resumiendo: los principales responsables de la campaña

26

Introducción del Autor

contra Reich fueron: 1) escritores de propaganda del Comintern publicando calumnias falaces en revistas editadas por agentes soviéticos del KGB; 2) burócratas gubernamentales de la FDA orientados al socialismo y a la "protección del público", borrachos de poder, influenciados por las calumnias de Brady que de manera predecible condenaron a Reich como un "fraude"; 3) psicoanalistas, psiquiatras y doctores en medicina maliciosos y sus aliados de la "Gran Medicina" en la FDA; 4) un abogado comprometido con las simpatías soviéticas y otro demasiado ocupado por escalar puestos en la escala social para tener en cuenta la ética; 5) además, periodistas sin ética maquinando escándalos sexuales para publicar. Los agentes soviéticos del NKVD/KGB se destacaron en sus esfuerzos para detener y matar a Reich en Europa y después en la calumniosa campaña de prensa en América con un entusiasta soviético dándole un cuestionable asesoramiento legal. Cuando el caso pasó a los juzgados vemos otros elementos que aparecen en juego, principalmente la lentitud y el letargo burocrático dentro del sistema de justicia de EEUU, donde Reich fue lentamente aplastado dentro del engranaje de la maquinaria legal. Los jueces mostraron una adhesión exacta a la *"Letra de la Ley"* y una negación patológica del *"Espíritu de la Ley"* que no hubiera permitido echar a la papelera el escrito de respuesta de Reich *Moción de Rechazo* (la *Respuesta* de Reich), y mucho menos, la quema de sus libros. Esto era igual de malo o peor que cualquier acto hecho por los agentes soviéticos o la FDA, donde los rígidos jueces, por razones hoy todavía desconocidas, ignoraron la Constitución de los EEUU referente a la *Libertad de Prensa*, permitiendo la quema de sus libros y el encarcelamiento de un científico por defender sus hallazgos experimentales. Y todo por un incumplimiento técnico de una despreciable ley de etiquetado cosmético!

Por todo esto, nadie puede ser excusado. Nadie excepto Reich, que estuvo rodeado por un gran número de traidores. Él solo tuvo el soporte de unos pocos amigos y asociados profesionales que escribieron cartas por su cuenta para tratar de ganar mayor soporte y ayuda de cualquiera con el que pudieran contactar. Incluso una vez rellenaron una *Revisión del Caso Judicial* a la Corte Suprema de Justicia de los EEUU a favor de Reich. Nada funcionó. Mientras que la prensa y la FDA estaba inundada de simpatizantes soviéticos y fanáticos del sistema de médicos

Manual del Acumulador de Orgón

hospitalarios, *cada fiscal y cada juez sabia que la quema de libros no estaba permitida y era ilegal*, como lo era llevar a médicos a la cárcel solo por sus ideas y por el desarrollo con éxito de nuevas terapias – pero, sea como fuere, todos ellos ignoraron voluntariamente su juramentos *de proteger y defender la Constitución.*

Hoy en día tenemos una situación similar, dónde continúan nuevas calumnias y ataques contra el *legado de investigación* de Wilhelm Reich, casi sin perder el ritmo después de su muerte. Tenemos unos nuevos actores, bien organizados y financiados, los "grupos escépticos", que aparecen en el panorama social y cuya sola misión en la vida consiste en borrar los nuevos descubrimientos científicos bajo la falsa bandera del "racionalismo científico". Estas organizaciones fueron fundadas por viejos escritorzuelos del viejo Partido Comunista o marxistas de la línea dura envueltos bajo los lemas de "proteger al público contra el curanderismo médico", o el lema de la FDA: "hazlo bien". Algunas de las mismas personas vuelven a aparecer en este pogromo post-Reich contra la orgonomía, tales como Martin Gardner del CSICOP, pero también hay nuevos escritores calumniadores que han aparecido. Por consiguiente, no es accidental, que los medios de izquierdas – *New York Times* y *Time Magazine* como principales entre ellos – frecuentemente ataquen a Reich y a la orgonomía con mentiras, muchas veces repitiendo las calumnias originales de Brady, de manera poco ética.

Los hechos referentes al papel jugado por los comunistas y los soviéticos en la persecución y muerte de Reich, se dieron a conocer en nuevos estudios realizados alrededor del año 2000 y también proceden de varios archivos soviéticos. Esto se puso de manifiesto tras la escritura de importantes biografías de Reich. Destaca en la exposición de este nuevo material el libro *Wilhelm Reich and the Cold War* (Wilhelm Reich y la Guerra Fría) escrito por James Martin, que muestra detalles y abundante documentación. Yo mismo he examinado algunas de las mismas fuentes documentales encontrando soportes adicionales a las conclusiones de Martin y puedo atestiguar su autenticidad.

Los anteriores biógrafos de Reich, que eran todos liberales o izquierdistas en sus puntos de vista particulares, simplemente no descubrieron lo que había detrás de los más importantes detractores de Reich. Ellos frecuentemente consideraron erróneamente el anti-comunismo racional de Reich como "fuera de lo establecido" en el mejor de los casos, y como una "paranoia" en el peor. Hoy en día, mucha gente que sabe acerca de Reich culpará, reflexivamente, de su muerte y de la quema de sus libros a la "derecha americana", "conservadores cristianos" o al "macartismo". Pero hay escasas evidencias que soportan esta acusación, así como también eran escasas las evidencias que había contra las acusaciones a Reich. Se sugería que los sentimientos anti-comunistas eran algún tipo de prueba de una enfermedad emocional (y que por extensión, los comunistas que mataron a 100 millones de personas en el siglo XX, estaban "emocionalmente sanos"!). Sin embargo hay muchas evidencias que condenan al Partido Comunista y sus cuadros de simpatizantes izquierdistas del malicioso y destructivo terrorismo social durante la vida de Reich y en las décadas posteriores a su muerte. En el pasado hemos aceptado estos hechos para saber solo quien es amigo y quien no lo es en la lucha actual contra el irracionalismo político y la represión de nuestras libertades sociales, que costaron tanto de ganar.[10]

Sobre la base de estos hechos históricos, es evidente **que la FDA, y en realidad, todos los tribunales, cuerpos académicos y agencias gubernamentales de toda clase han perdido para siempre cualquier derecho a manifestarse acerca de lo que el ciudadano medio puede hacer o no hacer con respecto al acumulador de energía orgónica.** El descubrimiento del orgón se encuentra en mejores manos con el ciudadano medio que en las manos de diversos políticos, academias de ciencias y organizaciones médicas. Este *Manual,* por lo tanto, no está dirigido a un público académico o médico. En su lugar, el caso del Dr. Reich y el acumulador de energía orgónica es llevado directamente al público en general. Al igual que la luz del sol, el aire y el agua, la energía orgónica es parte de la naturaleza, está en todas partes, y debe estar disponible para todo el mundo, sin controles o regulaciones restrictivas. El acumulador orgónico es un invento que pertenece ya al dominio público, que no es patentable y no puede ser monopolizado por un solo individuo o corporación. Asimismo es *totalmente legal* que los ciudadanos construyan, posean y usen acumuladores de orgón.

Desde luego, este derecho conlleva una gran parte de

10. Ver también el artículo del autor sobre las represiones continuadas de la FDA en   www.orgonelab.org/fda.htm

Manual del Acumulador de Orgón

responsabilidad, dado que el propio uso y mantenimiento de un acumulador supone para su poseedor un nivel de exigencia, tanto social como medio-ambiental. El océano de energía orgónica cósmica puede, al igual que nuestro aire, alimentos, y agua, ser perturbada y contaminada de modo que pierda algunas de sus propiedades favorecedoras de la vida. Es imperioso saber cómo evitar tal contaminación. Este *Manual* ofrece una visión básica de la energía orgónica, del acumulador, y la construcción y uso apropiado de aparatos acumuladores de orgón. Para una información científica más detallada y precisa se aconseja al lector la lectura del material publicado mencionado en las secciones de referencia e información.

Después de unos años de la muerte de Reich su casa y laboratorio se abrieron al público como el *Museo de Wilhelm Reich*. Hoy, la mayoría de sus libros han sido publicados de nuevo en muchas lenguas, o están disponibles en bibliotecas y librerías por todo el mundo. Comenzando a finales de los años 60, los colaboradores de Reich también fundaron nuevas organizaciones y revistas de investigación tales como el *Journal of Orgonomy* y los *Annals of the Institute for Orgonomic Science*. Estos esfuerzos se reflejaron en nuevas investigaciones y en estudios académicos documentando la legitimidad científica de los descubrimientos de Reich. El *Orgone Biophysical Research Laboratory* del autor fue igualmente fundado en 1978, junto con una nueva revista de investigación *Pulse of the Planet*, (ver la sección de referencias). El interés en la obra de Reich ha ido aumentando gradualmente a lo largo de los años, y se han efectuado muchos estudios experimentales en todo el mundo que han verificado sus descubrimientos sobre la energía orgónica y el acumulador. Actualmente existen cursos en escuelas universitarias sobre su vida y trabajos, y sus experimentos con energía orgónica se han reproducido y verificado en universidades o clínicas médicas, dando resultados positivos a favor de Reich. Él también ha sido objeto de muchas revisiones, biografías y cortometrajes (así como de continuas difamaciones). A pesar de algunas distorsiones místicas y continuas calumnias por parte de los "escépticos", una nueva generación de científicos, médicos y ciudadanos normales interesados, están redescubriendo al auténtico Wilhelm Reich.

Se han publicado importantes trabajos de investigación sobre el acumulador de orgón, con nuevos descubrimientos sobre el éter cósmico del espacio (ver el apéndice), que tiene similitudes con el orgón descubierto por Reich. Estos estudios, junto con otros nuevos, han añadido importancia y urgencia a la revisión de los descubrimientos de Reich con nuevos ojos.

El esfuerzo por matar el descubrimiento del orgón ha fracasado.

Parte I: Biofísica de la Energía Orgónica

3. ¿Qué es la Energía Orgónica?

La energía orgónica es la energía cósmica de la vida, la fuerza creativa fundamental, bien conocida por las personas en contacto con la naturaleza. Los científicos han especulado acerca de su existencia, pero actualmente esta energía ha sido físicamente demostrada y objetivada. El orgón fue descubierto por el Dr. Wilhelm Reich, quien identificó muchas de sus propiedades básicas. Como por ejemplo, la de que la energía orgónica se encuentra e irradia de toda la materia viva o no viva. Puede también penetrar toda clase de sustancia, aunque a diferentes velocidades. Todos los materiales tienen un efecto en la energía orgónica, o bien atrayéndola y absorbiéndola, o bien repeliéndola o reflejándola. La energía orgónica se puede ver, sentir, medir y fotografiar. Es una energía física real, y no solamente una fuerza hipotética o metafórica.

El orgón existe también de forma libre en la atmósfera y en el vacío. Es excitable, compresible y espontáneamente pulsátil, capaz de expandirse y contraerse. La carga de orgón dentro de un cierto medio o dentro de una cierta sustancia varía con el tiempo, generalmente, en forma cíclica. El orgón es atraído de una manera más intensa hacia las cosas vivas, hacia el agua y hacia él mismo. La energía orgónica puede fluir libremente de un lugar a otro de la atmósfera, aunque generalmente mantiene un movimiento de oeste a este, siguiendo, aunque algo más rápidamente, el movimiento de rotación de la tierra. Es un medio ubicuo, un océano de energía dinámica en movimiento, que interconecta todo el universo físico; todos los seres vivos, los fenómenos atmosféricos y los planetas reaccionan a sus movimientos y pulsaciones.

Aunque diferente, el orgón guarda relación con otras formas de energía. Puede, por ejemplo, impartir una carga magnética a los conductores ferromagnéticos, aunque él en sí no sea magnético. Asimismo puede impartir una carga electroestática a materiales aislantes, sin ser tampoco de naturaleza completamente electroestática. Reacciona con gran agitación, a la presencia de materiales radioactivos, o al electromagnetismo intenso, de forma similar al protoplasma irritado. Puede ser registrado por contadores Geiger especialmente adaptados. El orgón es también el *medio* a través del cual se transmiten las perturbaciones

Manual del Acumulador de Orgón

electromagnéticas, a la manera del viejo concepto del éter cósmico aunque en sí mismo no es de naturaleza electromagnética.

Las corrientes de energía orgónica en la atmósfera terrestre provocan cambios en el modelo de circulación del aire; las funciones del orgón en la atmósfera constituyen la razón fundamental de la formación de potenciales tormentosos e influye en la temperatura del aire, la presión y la humedad. Una actividad energética orgónica parece también tener lugar en el espacio, afectando los fenómenos solares y gravitacionales. Sin embargo, la energía orgónica, libre de masa, no es ninguno de estos factores físico-mecánicos, ni siquiera la suma de ellos. Las propiedades de la energía orgónica derivan de la vida misma, a la manera de los conceptos más tradicionales de *fuerza vital,* o *élan vital;* pero, a diferencia de estos conceptos, se ha descubierto orgón en forma libre de masa en la atmósfera y en el espacio. El orgón es la *energía vital* cósmica primaria, primordial, mientras que todas las demás formas de energía son de naturaleza secundaria. El científico detecta la energía orgónica como éter o energía del plasma, y la describe como algo muerto, mientras que la persona ordinaria siente la energía orgónica como amor, en el abrazo sexual y en el orgasmo, o cuando está en la naturaleza, o durante las meditaciones o rezos, pero la mistifica como si fuese de otro mundo.

En el mundo vivo las funciones de la energía orgónica están en la base de procesos vitales fundamentales; la pulsación, la corriente y la carga del orgón biológico determinan los movimientos, acciones y comportamiento del protoplasma y los tejidos, así como la intensidad de los fenómenos "bioeléctricos". La emoción es el flujo y reflujo, la carga y descarga del orgón dentro de la membrana de un organismo, así como el estado atmosférico es el flujo y reflujo, la carga y descarga del orgón en la atmósfera. Tanto el organismo como el fenómeno atmosférico responden al carácter y estado prevaleciente de la energía vital. Las funciones de la energía orgónica aparecen en toda la creación, en microbios, animales, nubes de tormenta, huracanes y galaxias. La energía orgónica no solamente carga y anima el mundo natural; nosotros estamos inmersos en ella, al igual que los peces están inmersos en el agua. Aún más, la energía orgónica es el medio que comunica la emoción con la percepción; es el medio a través del cual los seres humanos estamos en conexión con el cosmos y en relación con todo aquello que vive.

4. El Descubrimiento de Wilhelm Reich de la Energía Orgónica y el Invento del Acumulador de Orgón

Los primeros trabajos de Reich sobre la cuestión de la energía biológica comenzaron en los años 20, cuando Reich era alumno de Sigmund Freud, el creador del psicoanálisis. Las primeras teorías de Freud sobre el comportamiento humano trataban en términos metafóricos la energía de los impulsos, la cual Freud denominó *líbido*. Mientras que Freud y gran parte de otros analistas dejaron finalmente de utilizar este término, a Reich le pareció un concepto muy útil y siguió buscando pruebas de esta fuerza, la cual gobernaba la emoción, el comportamiento y la sexualidad humana.

El extenso trabajo clínico de Reich le condujo a la observación de *flujos vegetativos o corrientes* de energía emocional en el cuerpo humano, los cuales tenían lugar en personas sanas durante estados de gran relajación, resultantes de una fuerte descarga emotiva, o subsiguientes a un orgasmo genital muy satisfactorio. La expresión desinhibida y libre de la emoción, la excitación sexual natural y la gratificación durante el orgasmo fueron identificadas por Reich como expresiones de un movimiento energético libre en el cuerpo. Cuando la persona sufría un gran dolor causado, por ejemplo, por un trauma infantil, cuando las emociones eran rígidamente reprimidas y contenidas ("los niños mayores no lloran", "las niñas buenas no se enfadan") o cuando se sufría un estasis y privación sexual crónicos, entonces todo el sistema nervioso y la musculatura participaban en el proceso de reprimir las emociones y de rechazar los sentimientos. Esta represión de los sentimientos iba también acompañada de una huida, con mayor o menor ansiedad, de situaciones placenteras o, incluso, potencialmente placenteras. Reich observó que esta clase de respuesta a los sentimientos y al placer se hacía crónica, la persona experimentaba una desensibilización y una rigidez crónicas, junto con una reducción del nivel de respiración y de su capacidad de contacto.

Esta *coraza* neuromuscular crónica, como Reich la llamaba, no era una condición natural, pero tenía un cierto sentido racional de supervivencia ante situaciones de dolor y de trauma. Sin embargo, cuando la coraza se hacía crónica, se convertía en una *forma de vida,* obstaculizaba el funcionamiento biológico natural de la persona y afectaba su comportamiento, incluso en circunstancias en las que el dolor y el trauma no eran probables. La coraza perpetuaba, de forma efectiva, la actitud de la persona de evitar el placer y de censurar la emoción. Los temores profundamente anclados y las presiones para amoldarse a la forma de vida social prevaleciente basada en el acorazamiento, impedían por lo general al individuo el avanzar hacia la salud emocional o el dar pasos efectivos para cambiar su situación. La mayor parte de los primeros trabajos de Reich se centraban en estos aspectos sociales, sexuales y emocionales.

Reich sostenía también que el orgasmo genital heterosexual cumplía una función central reguladora de la economía energética del individuo; era como un medio de descarga periódica de la tensión bioenergética. Cuanto más intensa era la descarga orgástica de la bioenergía acumulada, más satisfecho, relajado y placenteramente expansivo se sentía uno después. Sin embargo, cuando los impulsos sexuales y otras emociones eran frustrados, contenidos y reprimidos repetidamente, la tensión interna podía crecer hasta un punto de explosión, en que podían aparecer síntomas neuróticos o impulsos sádicos. Reich desarrolló técnicas terapéuticas para liberar la energía emocional contenida, técnicas que conducían a la liberación de sentimientos largo tiempo soterrados y a una mayor capacidad de placer en la vida, especialmente del placer genital. A medida que sus pacientes resultaban sexualmente más sanos, y a medida que hablaban de un aumento de su satisfacción genital, Reich observó que los síntomas neuróticos desaparecían, a la vez que la cantidad de emoción contenida y de tensión sexual se reducía. Algunas de las primeras contribuciones de Reich a la técnica y teoría psicoanalítica fueron, al principio, bien recibidas. Sin embargo, más adelante, a medida que se iba centrando progresivamente en las consecuencias del abuso de los niños, y de la represión sexual, los analistas más ortodoxo le rechazaron y atacaron. Finalmente, Reich abandonó el psicoanálisis y articuló su trabajo

Energía Orgónica y e Invención del Acumulador

bajo un nuevo término, el de *Economía Sexual.* Las primeras observaciones de Reich respecto al comportamiento humano, las emociones, el orgasmo y las sensaciones de corrientes vegetativas atribuían a la energía emocional una naturaleza real y tangible. Más adelante, Reich utilizó milivoltímetros sensibles para confirmar este punto de vista y para cuantificar las corrientes de energía bioeléctrica y las emociones asociadas a ellas. Sin embargo, Reich estaba convencido de que los bajos niveles observados por él de actividad bioeléctrica no explicaban, del todo, la potente fuerza energética observada en el comportamiento humano. Esto era particularmente cierto al observar los trastornos de inmovilidad psíquica crónica en pacientes catatónicos y en otros enfermos mentales completamente enajenados. Cuando sus emociones eran finalmente liberadas, estos pacientes experimentaban una enorme irrupción de tristeza o rabia. Más tarde experimentaban una manifiesta relajación de los músculos, una intensificación espontánea de la respiración y una mayor lucidez y contacto. En estos casos, la energía emocional del paciente había estado contenida hasta ser finalmente liberada en el espacio clínico. Estas observaciones acerca de la energía contenida y energía liberada fueron reforzadas por observaciones paralelas relativas a la función de descarga del orgasmo. A partir de esta clase de observaciones, la cuestión de cómo y dónde adquiría el organismo su energía emocional, y su exacta naturaleza, se hizo más y más importante.

Fue en este punto de sus investigaciones cuando Reich tuvo que huir de Alemania hacía Escandinavia, tras la ascensión de Hitler al poder. En Noruega, Reich intentó encontrar la manera de confirmar su modelo sobre el funcionamiento humano. Observó que el placer se identificaba por una carga bioeléctrica creciente en la superficie de la piel, mientras que la ansiedad era acompañada de una pérdida de esta misma carga bioeléctrica periférica. Las personas con una respiración profunda y una actitud relajada marcaban índices más altos en el milivoltímetro que las personas contraídas, con ansiedad y fuertemente acorazadas, las cuales a lo largo de su vida habían sufrido un historial de malos tratos, traumas, emociones reprimidas y sexualidad insatisfecha. A medida que el niño se hacía adulto y se acostumbraba, o era condicionado a actitudes, bien de búsqueda del placer o bien de evitación de ese placer (búsqueda del dolor),

Manual del Acumulador de Orgón

también la carga de la piel, y otros índices fisiológicos, reflejaban una mayor o menor carga energética respectivamente. Este movimiento del organismo y de su carga energética, en dirección *hacia* o *alejándose* del mundo, tal como afirmaba Reich, era el resultado de la historia de cada uno. La vida de modo natural tendía hacia el placer y se alejaba y retraía del dolor. La experiencia dolorosa crónica causaba finalmente un acorazamiento del organismo y hacía difícil a estas personas el salir al mundo, para ellos, doloroso. A partir de este núcleo central de observaciones, Reich postuló que un proceso similar podía observarse en organismos menores, tales como el caracol, el gusano o, incluso, la ameba microscópica.

Reich notó que aunque la ameba no tenía "sistema nervioso" o "cerebro" como los animales mayores, sin embargo, se expandía hacia, o se retraía lejos de su entorno de forma similar a otros animales mayores. Reich pensaba que muchas de las funciones atribuidas al cerebro eran en realidad funciones de todo el cuerpo, que implicaban la participación del sistema nervioso autónomo, pero que eran principalmente el resultado de las fuerzas energéticas sobre las que Reich había experimentado en su trabajo clínico y de laboratorio. Afirmaba que estas corrientes de energía biológica funcionaban de la misma forma en todos los seres vivos, y trataba de probar esta idea haciendo mediciones de la ameba con el milivoltímetro, durante los estados de expansión y contracción. Reich acudió al Instituto Microbiológico de Oslo para pedir un cultivo de ameba. Se le informó que esta clase de organismos simples no se encontraban nunca en cultivos almacenados, ya que podían ser cultivados directamente de una infusión de musgo o de césped. Aunque Reich estaba bien enterado de la teoría de germinación por el aire, quedó sorprendido por la respuesta, ya que esta teoría no había sido, por entonces, utilizada para explicar la génesis de microbios más complejos como la ameba y el paramecio. Estos microbios más complejos no pueden ser cultivados directamente del aire, por ejemplo.

Reich hizo infusiones de musgo y hierba, pero también realizó observaciones prolongadas y esmeradas al microscopio de los procesos por los cuales se desarrollaba la ameba. No observó esporas en las hojas de la hierba hinchándose para convertirse en nueva ameba. En lugar de ello, observó que el musgo y la hierba se desintegraban y dividían en pequeñas vesículas de un color azul-verdoso. En un periodo de varios días, estas pequeñas

Energía Orgónica y e Invención del Acumulador

vesículas se desarrollaban y agrupaban entre ellas, tras lo cual, alrededor de este grupo se formaba una nueva membrana; el grupo de vesículas se movía dando vueltas y pulsando dentro de la membrana durante un tiempo, hasta que finalmente todo el conjunto se movía por él mismo, habiéndose *convertido en una nueva ameba*. Reich observó, además, que un gran número de materiales, tanto orgánicos como inorgánicos, dejados a desintegrar y crecer en una solución estéril nutritiva, formaban estas pequeñas vesículas azul-verdosas. Estas observaciones fueron recibidas con escepticismo por los microbiólogos de la universidad, por lo que Reich realizó una serie de pruebas y controles rigurosos con el objeto de rebatir sus objeciones y demostrar de una forma más clara el proceso observado. Estos controles conllevaban el autoclave prolongado de soluciones nutritivas y el calentamiento hasta el punto de incandescencia de los materiales puestos en el medio nutritivo estéril. Estas mismas pruebas fueron repetidas por otros científicos de su tiempo y las conclusiones de Reich sobre esta cuestión fueron confirmadas y llevadas a la Academia Francesa de la Ciencia en 1938. Pero esto no fue suficiente para satisfacer a sus críticos, quienes vergonzosamente se negaron a reproducir sus experimentos, al mismo tiempo que le atacaban en la prensa noruega.

En sus observaciones al microscopio, Reich hacía uso de grandes aumentos, alrededor de 3500 a 4500 de potencia, y en lugar de las tinturas o procedimientos más corrientes, que destruían la vida del especimen, veía las muestras en vivo. Esto hacía que las preparaciones de Reich fueran muy diferentes de las de los otros microbiólogos, quienes, hasta la fecha, todavía matan y tiñen sus preparaciones con fervor religioso y encuentran poco valor en observar microbios vivos en los microscopios de más de 1000 de potencia. Por ejemplo, no pueden realizarse imágenes estándar de especímenes vivos al microscopio electrónico.

Reich dio el nombre de *bión* a la inusual vesícula microscópica que había descubierto. Al someter diferentes materiales a un proceso de hinchamiento y desintegración en el microscopio aparecían biones de tamaño, forma y movilidad similar. Lo mismo sucedía cuando ciertas sustancias eran calentadas al punto de incandescencia y posteriormente sumergidas en soluciones nutritivas estériles. Hervir, macerar o calentar las muestras hasta el punto de incandescencia no eliminaba los biones de los cultivos, pero liberaba gran cantidad de ellos. Reich estudió también el proceso de desintegración y putrefacción de trozos de comida en el microscopio, y observó que tenían lugar procesos biónicos similares. Los biones mostraban una coloración *azulada,* observándose también efectos de radiación energética. Fue durante estas observaciones microscópicas del bión cuando Reich descubrió por primera vez la radiación orgónica y, más tarde, el principio del acumulador de energía orgónica.

Al igual que sus descubrimientos en materia de comportamiento humano, los experimentos sobre el bión son demasiado complejos e importantes para ser explicados aquí con extensión, pero se debe resaltar que estos experimentos han sido reproducidos por diferentes científicos de todo el mundo. La microbiología clásica de hoy en día ha descubierto pequeñas

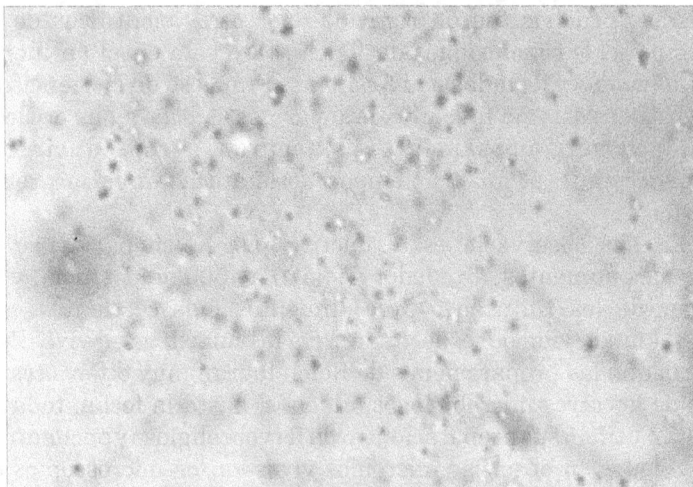

Biones microscópicos de agua de autoclave, 300x. Son de acerca 1 micrón de diámetro, y muestran una clara y tenue luz azulada, apareciendo como diminutos huevos de petirrojo. Esta diapositiva fue preparada en el laboratorio del autor, el Orgone Biophysical Research Lab (OBRL) siguiendo los protocolos de Reich, usando un microscopio Ortholux con óptica apocromática. (Los críticos de Reich dicen típicamente con desprecio: "Solo los 'reichianos' pueden ver los biones"

Energía Orgónica y e Invención del Acumulador

vesículas similares a las observadas por Reich, aunque todavía no ha sido reconocido que fue pionero en estos descubrimientos.

Sus descubrimientos sobre los biones resolvieron dos enigmas paralelos, el del origen de los protozoos provenientes de la desintegración de los tejidos de las plantas sin vida en un ambiente natural, y el origen de las *células cancerosas* protozoarias de los tejidos energéticamente (emocionalmente) muertos del cuerpo humano. Reich observó procesos similares en la hierba sin vida y en el tejido animal muerto: la desintegración en biones, seguida de una reorganización espontánea de los biones en formas protozoarias. Reich sostenía que en ambos casos, bien fuera de la tierra o de los tejidos, el proceso era iniciado por una *pérdida de la carga de energía vital* de los tejidos, seguido de una putrefacción y desintegración.

Una preparación biónica especial, hecha de arena oceánica pulverizada y calentada hasta la incandescencia, y sumergida en una solución nutritiva estéril, produjo un fenómeno de fuerte radiación energética. Los trabajadores del laboratorio padecían conjuntivitis si observaban las preparaciones durante mucho tiempo, a la vez que se podía producir una inflamación de la piel si ésta estaba cerca de la solución biónica durante un tiempo. A causa de su trabajo continuado en el laboratorio, Reich adquirió, aún a través de sus ropas, un fuerte bronceado, en pleno invierno. La radiación impartía una carga magnética a los instrumentos de hierro o acero que se encontraban cerca, y una carga estática a los materiales aislantes como, por ejemplo, guantes de goma. Se velaron espontáneamente películas que estaban guardadas en armarios metálicos cercanos. Reich observaba que fuera lo que fuera esta radiación biónica era atraída rápidamente hacia los metales, pero igual de rápidamente era desviada o disipada en el aire. Sin embargo, los materiales orgánicos absorbían esta radiación y la retenían. Los intentos para identificar la nueva radiación usando detectores tradicionales de radiación nuclear o electromagnética fracasaron.

Reich observó también que el aire de las habitaciones que contenían cultivos de biones se notaba "pesado" o cargado. Por la noche, en plena oscuridad, el aire centelleaba visiblemente y brillaba con una energía pulsante. Reich intentó capturar la energía que radiaba de los cultivos de biones en un recinto cúbico forrado con una lámina de metal, el cual, pensaba que reflejaría y atraparía las radiaciones. Como había esperado, este recinto

41

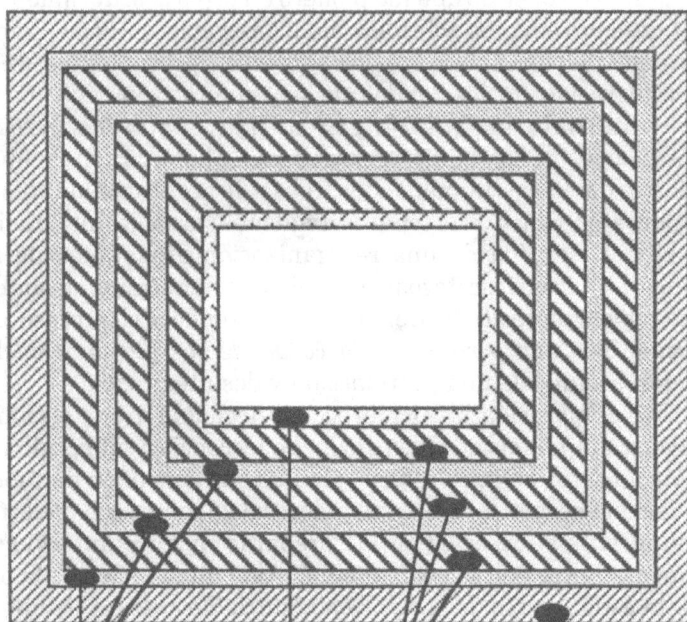

3 capas de
lana, algodón,
o fibra de
vidrio

3 capas de
lana metálica

capa interior
metálica de
hierro
galvanizado
(ferromagnetico)

cubierta
exterior de
madera o
fibra
vulcanizada

*Diagrama Simplificado de un
Acumulador de Energía Orgónica*

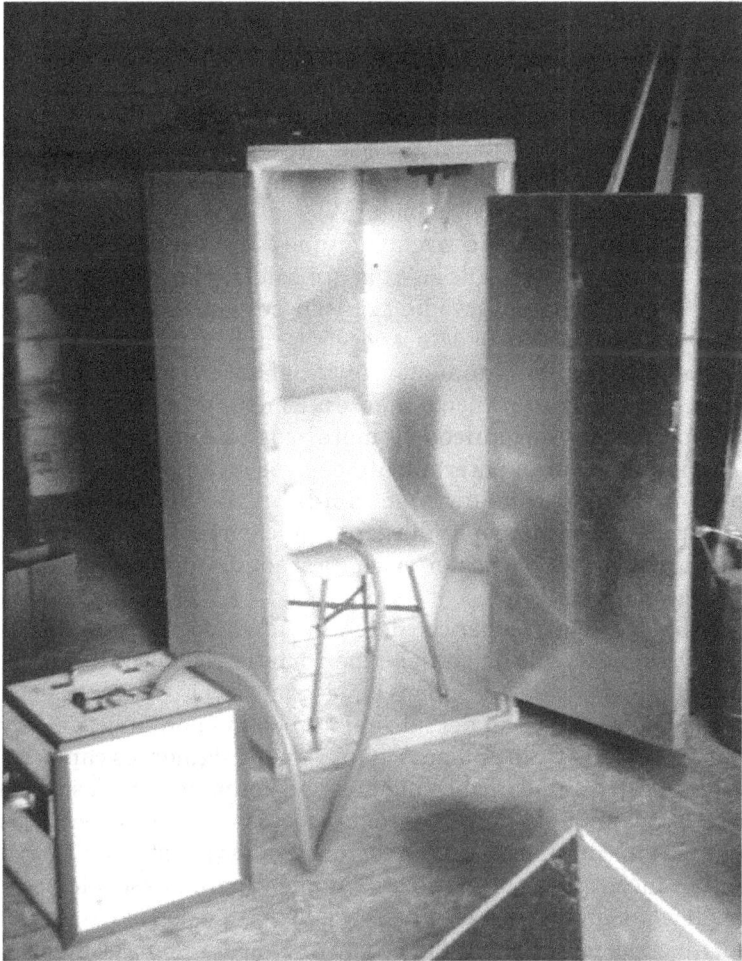

En el centro, un acumulador de orgón de tres capas con dimensiones para personas, en el laboratorio del autor, con un cargador más pequeño de diez capas en la parte inferior izquierda. Un tubo hueco y flexible de metal transmite la carga de orgón desde la caja-cargador al embudo-disparador grande que está en la silla de dentro del acumulador, para aplicaciones locales. La Sección III da los planos de construcción para todos estos sencillos dispositivos.

especial atrapaba y amplificaba los efectos de la radiación biónica. Sin embargo, para su sorpresa, descubrió que la radiación se encontraba también presente en el recinto experimental, *incluso cuando los cultivos de biones eran retirados.* En efecto, no se podía hacer nada para eliminar la radiación. Este recinto especial forrado de metal parecía atraer la misma forma de radiación del aire que la que previamente había observado que provenía de los cultivos de biones.

Reich finalmente se convenció de que estos recintos especiales capturaban una forma de energía atmosférica libre idéntica a la que, según había observado, también provenía de organismos vivos. Llamó *orgón* a esta energía acabada de descubrir, y desarrolló formas para aumentar los efectos acumuladores de energía del recinto, principalmente por medio de múltiples capas de materiales orgánicos y metálicos. Estas estructuras acumuladoras eran enteramente pasivas en su diseño, esto es, no se emplearon ni electricidad, ni magnetismo o electromagnetismo, ni radiaciones nucleares. Estos recintos especiales recibieron posteriormente el nombre de *acumuladores de energía orgónica.*

No es posible explicar con detenimiento todo el alcance de los descubrimientos de Reich, sus experimentos con bioelectricidad, los biones, sus investigaciones en biogénesis y los orígenes de la célula cancerosa, y su descubrimiento de la energía orgónica y del acumulador. Sin embargo, aquí y en los siguientes capítulos ofrecemos, resumidamente, algunos de estos puntos. Se descubrió que el acumulador de orgón tenía efectos positivos específicos para la vida de plantas y animales que eran expuestos a la fuerza vital concentrada dentro de él. También fueron descubiertos y explicados numerosos efectos sobre las propiedades físicas del aire u otras materias cargadas dentro de acumuladores. Reich y sus colaboradores publicaron numerosos artículos sobre el acumulador de orgón, sus extraordinarias propiedades físicas y sus efectos biomédicos beneficiosos para la vida. Estos efectos han sido confirmados repetidamente, y una tradición de investigación en biofísica orgónica continúa hasta la fecha. Brevemente, identificaremos algunas de las propiedades más conocidas de la energía orgónica y de los efectos del acumulador de energía orgónica.

Energía Orgónica y e Invención del Acumulador

Propiedades de la Energía Orgónica:
A) Ubicua, llena todo el espacio.
B) Libre de masa; cósmica, de naturaleza primordial.
C) Penetra toda clase de materia, pero con diferentes tasas de velocidad.
D) Pulsa espontáneamente, se expande y contrae, y fluye con un movimiento ondular-circular característico.
E) Directamente observable y medible.
F) Negativamente entrópica.
G) Fuerte afinidad y atracción mutua con el agua.
H) Acumulada de forma natural por los organismos vivos a través de los alimentos, el agua, la respiración y la piel.
1) Excitación y atracción mutua de corrientes separadas de energía orgónica, o de sistemas separados cargados con orgón (*superposición cósmica*).
J) Excitabilidad por vía de energías secundarias (nuclear, electromagnetismo, chispa eléctrica, fricción), hasta el punto de una brillante luminiscencia.

Efectos físicos de una carga orgónica fuerte:
K) Temperatura del aire ligeramente superior a la del entorno.
L) Potencial electrostático más alto, con una descarga electroscópica más lenta, comparados a los del entorno.
M) Mayor humedad e índices de evaporación de agua menores que los del entorno.
N) Anulación de los efectos de ionización en el interior de tubos de ionización Geiger-Müller llenos de gas.
O) Desarrollo de los efectos de ionización en el interior de tubos al vacio no ionizables (0.5 micras, o menos, de presión), llamados *tubos vacor*
P) Capacidad para obstaculizar y absorber el electromagnetismo.

Efectos biológicos de una carga orgónica fuerte:
Q) Efecto general vagotónico, parasimpático y expansivo en todo el sistema.
R) Sensaciones de hormigueo y calor en la superficie cutánea.

S) Aumento de la temperatura de la piel y del interior del organismo , y enrojecimiento.

T) Moderación de la presión sanguínea y del pulso.

U) Aumento peristáltico; respiración más profunda.

V) Aumento de la germinación, brote, florecimiento y producción frutal de las plantas.

W) Incremento en los índices de crecimiento del tejido, reparación, y curación de heridas, como se desprende de los estudios realizados con animales y de las pruebas clínicas llevadas a cabo con personas.

X) Incremento de la fuerza de campo, carga, integridad de los tejidos e inmunidad.

Y) Mayor nivel de energía, actividad y vitalidad.

Caja Cargadora de Energía Orgónica, en la que se ha acoplado una lente óptica y una cámara de fuelle, para la observación directa del fenómeno de la energía orgónica. Fotos obtenidas en el laboratorio del autor, Orgon Biophysical Research Lab (OBRL).

Habitación Oscura de Energía Orgónica. Acumuladores con dimensiones para personas al fondo.

Nueva instrumentación: Una versión a base de circuitos integrados, disponible comercialmente, del Medidor del Campo Orgónico original de Reich. Es el único medidor conocido que proporciona una medida sostenida, sin-contacto, de la intensidad del campo de energía o carga de las criaturas vivas.

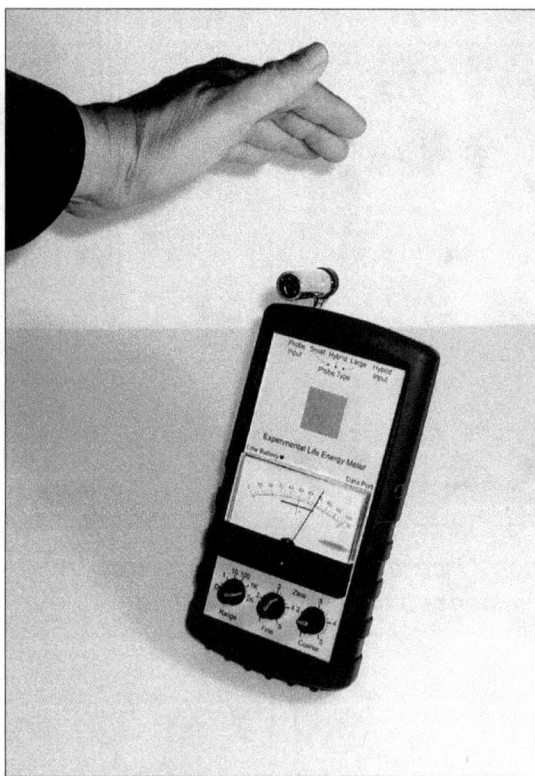

www.naturalenergyworks.net

5. Demostración Objetiva de la Energía Orgónica

A lo largo de los años se han desarrollado, tanto por Reich como por otros, un gran número de técnicas para documentar, medir y objetivar la energía orgónica. Estas técnicas son enumeradas brevemente más abajo, pero el lector interesado puede ir al capítulo 13 de *Experimentos* y a la sección de referencias para una información más detallada y específica.

A) Campos bioeléctricos: Reich identificó varios fenómenos bioeléctricos, los cuales, según él, demostraban la existencia de una energía más potente que operaba en el cuerpo humano. Reich aducía que los pequeños potenciales del orden del milivoltio debidos a la "bioelectricidad" sólo eran una pequeña porción de esta energía más potente, la cual Reich identificó como de naturaleza sexual y emocional, y que más tarde fue identificada como energía orgónica.

B) Efectos radiantes de cultivos de biones: cultivos especiales de biones derivados de arena oceánica emitían una radiación intensa que se podía ver y sentir en una habitación oscura. Esta radiación no podía ser registrada mediante instrumentos usados para detectar energías nuclear o electromagnética. Además, la radiación podía velar una película, inducir una carga estática a materiales aislantes y una carga magnética a instrumentos de acero del laboratorio.

C) La cámara oscura y observaciones atmosféricas, el orgonoscopio: Reich observó y categorizó también varios fenómenos observables, que podían ser vistos por el ojo adaptado a la oscuridad en las habitaciones oscuras. Podía observarse una especie de neblina centelleante y puntos luminiscentes que bailaban. Se desarrollaron numerosas técnicas que demostraban la naturaleza real y objetiva de estos fenómenos. Una de estas técnicas implicaba el desarrollo de un nuevo instrumento, el orgonoscopio, para el que se utilizaron tubos huecos, lentes y una pantalla fluorescente, los cuales aumentaban los diferentes fenómenos subjetivos luminosos. También se construyeron acumuladores orgónicos de gran tamaño y las observaciones efectuadas en estos amplificaron y clarificaron muchos de los efectos. Se identificó una unidad orgónica corpuscular especial, cuyo comportamiento variaba según factores cósmicos y meteorológicos. Estas partículas macroscópicas podían ser observadas también a la luz del día simplemente con el ojo, sin la ayuda de ningún instrumento. Este era un fenómeno corriente, visible para muchas personas, una vez habían sido alertadas. Se observó que la Tierra poseía su propia envoltura de energía orgónica, o campo energético, de modo similar a los seres vivos.

D) Fotografías de rayos-X: Reich observó que el fenómeno "fantasma" de los rayos-X (velamiento espontáneo e inexplicable de las películas de rayos-X) podía explicarse como un efecto de la radiación orgónica, o energía vital. Publicó varias fotografías en las que los fantasmas eran creados de manera intencionada mediante la excitación de energía orgónica dentro del campo del aparato de rayos-X.

E) Fotografías de luz visible: Reich había observado que sus cultivos especiales de biones radiantes velaban las películas guardadas en armarios metálicos cercanos. Los recipientes con los cultivos de biones puestos directamente sobre la película reproducían una imagen del recipiente del cultivo y del contenido. Más recientemente, Thelma Moss de UCLA ha demostrado que se pueden hacer fotografías del campo energético vital sin necesidad de estimulación eléctrica (como con las técnicas Kirlian), mediante la intensificación del campo energético; objetos vivos colocados directamente sobre una película durante unos días en un acumulador orgónico oscurecido, bajo las condiciones apropiadas, producen una imagen.

F) El medidor del campo de energía orgónica: Reich desarrolló este aparato para medir la fuerza de los campos energéticos. Usando una espiral Tesla y unas chapas metálicas especiales para acumulador, este aparato podía cuantificar las diferencias de nivel energético entre personas u objetos. Hoy día está disponible una versión actualizada construida con circuitos integrados; (ver última figura del capítulo 4).

Demostración Objetiva de la Energía Orgónica

G) El verificador de la pulsación energética orgónica: Reich demostró que las pulsaciones del campo energético de una esfera grande de metal eran capaces de poner en movimiento un péndulo metálico/orgánico más pequeño que estuviera suspendido en las inmediaciones.

H) El diferencial de temperatura del acumulador (To-T): Un acumulador desarrolla de forma espontánea una temperatura ligeramente superior a la de su entorno o la de un recinto de control, en los días soleados y claros, cuando la carga orgónica en la superficie de la tierra es alta. El efecto desaparece en tiempo tormentoso y lluvioso, cuando la carga de orgón en la superficie terrestre es débil (pero alta en la atmósfera). Los resultados de este experimento sobre la temperatura, que ha sido reproducido posteriormente muchas veces, demuestran que la energía del orgón funciona en oposición a la segunda ley de la termodinámica.

I) Los efectos electrostáticos del acumulador: Un electroscopio puesto dentro de un acumulador de orgón disipará su carga más lentamente que uno idéntico, pero colocado al aire libre o dentro de un recinto de control. Un electroscopio estático parcialmente cargado, o sin carga, el cual es colocado dentro de un acumulador, se cargará espontáneamente algunas veces. Al igual que ocurre con el efecto diferencial de temperatura, los efectos electrostáticos desaparecen con tiempo lluvioso o nublado, cuando la carga de orgón en la superficie terrestre es débil.

J) El efecto del acumulador de supresión/amplificación de la ionización: Los tubos y contadores Geiger-Müller cargados dentro de un potente acumulador durante varias semanas o meses tienden a quedarse "muertos" durante un tiempo, pero pueden también, con el tiempo, ofrecer unas medidas erráticas de la radiación de fondo. Los tubos especiales de vacío que Reich había construido y denominado *tubos vacor* (abreviatura de "vacío-orgón", los cuales son similares a los tubos Geiger-Müller, pero con la diferencia de que son vaciados muy por debajo del nivel de ionización), inicialmente no indicaban contaje alguno cuando estaban conectados a un detector de radiación. Pero después de ser cargados dentro de un potente acumulador durante semanas o meses, sin embargo, estos mismos tubos vacor empiezan a dar como fondo índices muy altos de cuentas por minuto, incluso con voltajes de baja excitación. Los resultados de este experimento contradicen la interpretación clásica del efecto de ionización dentro del tubo Geiger-Müller, y por lo tanto, la interpretación clásica de la desintegración radioactiva.

K) El efecto (EVo-EV) de evaporación de la humedad/agua del acumulador: Estudios más recientes sugieren que el acumulador tiende a atraer hacia sí una humedad ligeramente superior, y a suprimir la evaporación del agua de un recipiente abierto en su interior. Al igual que con otros fenómenos, este efecto se reduce o desaparece con tiempo lluvioso.

L) La pulsación energética de la atmósfera y el potencial orgonótico inverso: Basándose en observaciones de las características térmicas, electroscópicas y de ionización del acumulador de orgón, Reich identificó un ciclo energético que funcionaba regularmente en la atmósfera y en el campo energético de la Tierra. Estas observaciones condujeron asimismo a la identificación de un potencial inverso en la energía orgónica que se oponía a los principios de la termodinámica, y el cual explicaba por qué los sistemas orgonóticos naturales (organismos, sistemas atmosféricos, planetas) mantenían una concentración de energía mayor que la de su entorno. El más fuerte de dos sistemas orgonóticos absorbe la energía del sistema más débil y aumenta su propio potencial o carga, hasta que el sistema más débil es agotado, o el más fuerte alcanza su máximo nivel de capacidad. Una descarga puede ocurrir a partir de ese momento. En tiempo claro y soleado la carga de orgón en la superficie de la tierra es bastante alta y se encuentra en estado de expansión, evitando un aumento significativo de nubosidad. Cuando el campo de energía orgónica de la tierra pasa a un estado de contracción general, se produce una mayor carga en la atmósfera lo que conlleva la formación de nubes de lluvia y una disminución de la carga en la superficie de la tierra. Esta pérdida de carga en la superficie terrestre en tiempo lluvioso reduce la actividad de los seres vivos. Por lo que respecta al acumulador, éste no funciona bien durante esos períodos.

M) El milivoltímetro: Prácticamente todos los objetos y organismos en un medio dado, incluidos el aire, el agua y la tierra, poseen una carga orgónica (OR) que crece y decrece de

Demostración Objetiva de la Energía Orgónica

forma cíclica o pulsante, de acuerdo a factores cósmicos y meteorológicos. En los seres vivos, los potenciales altos de OR tienen efectos físicos y emocionales de mayor actividad, mientras que potenciales bajos de OR indican períodos menos activos. En la naturaleza, altos potenciales atmosféricos de OR indican períodos nublados con fuertes tormentas, mientras que potenciales altos de OR en la tierra indican condiciones libres de nubosidad. Estos potenciales de OR producen pequeñas cargas eléctricas, detectables con un milivoltímetro sensible, y son excelentes pronosticadores de unos procesos biológicos y ambientales más intensos y que yacen en un nivel más profundo. Pero los milivoltios son expresiones secundarias, y son demasiado débiles para ser el agente causante. Reich, y otros investigadores que han estudiado estos pequeños potenciales eléctricos (tales como H.S. Burr), los consideraron como indicadores de fenómenos naturales más poderosos y de naturaleza ubicua, que conectan energéticamente en un todo al Sol, la Luna, la Tierra, los sistemas atmosféricos y todos los seres vivos.

N) <u>Estudios para el aumento del crecimiento de las plantas</u>: Las semillas y las plantas que son correctamente cargadas en el interior de un acumulador muestran índices mayores de crecimiento y de producción frutal. Este es uno de los experimentos con el acumulador más contundente y más veces reproducido. En mi propia experiencia, he comprobado que unos brotes de judías crecían seis veces más en el interior de un acumulador, comparadas con un grupo de brotes de control. Los índices de germinación, crecimiento, brote, florecimiento y producción frutal pueden ser aumentados cargando las semillas o las plantas en desarrollo directamente dentro del acumulador. Las semillas pueden ser dejadas directamente dentro del acumulador o pueden ser cargadas durante unas horas, días, o semanas, antes de ser plantadas. Los efectos de potenciación del crecimiento y desarrollo pueden también tener lugar cuando sólo el agua está cargada y ésta se usa para regar las plantas.

O) <u>Estudios con animales</u>: Se han realizado estudios controlados sobre los efectos de la radiación orgónica de un acumulador en ratones con cáncer y ratones heridos. Estos estudios de modo general corroboran las primeras teorías de Reich de que los tejidos que poseen una carga energética mayor

53

curan más rápidamente y producen tumores más lentamente, o no los producen de ninguna forma, que aquellos tejidos con una carga energética más débil. Estos descubrimientos invalidan muchos aspectos de la teoría del DNA en la diferenciación celular, la cual parece estar más directamente bajo la influencia estructural del propio campo energético del organismo.

P) Estudios con personas: Aparte de las pruebas clínicas realizadas por Reich y sus colaboradores en los años cuarenta y cincuenta, muy pocas cosas se han hecho en los Estados Unidos con relación a los bio-efectos del acumulador en los seres humanos. Toda investigación sobre estas cuestiones fue abortada por la acción policial-médica en los años cincuenta. Estudios recientes llevados a cabo en Alemania, Austria e Italia, han confirmado tales efectos. En general, una persona en el interior de un acumulador siente una variedad de sensaciones de calor, de bienestar o, incluso, una especie de hormigueo en la piel; la temperatura de su cuerpo aumenta y se produce un enrojecimiento en la piel, al tiempo que la presión sanguínea y las pulsaciones tienden a ser moderadas, ni demasiado altas ni demasiado bajas. Cuando se usa de manera apropiada, el acumulador tiene un efecto vagotónico, vivificador. El capítulo 11 sobre *"Efectos fisiológicos y biomédicos"* ofrece información más detallada sobre estas cuestiones.

6. Descubrimiento Por Otros Científicos De Una Energía Inusual

Reich no estaba solo en su descubrimiento de la energía vital. Estudios realizados durante años por diferentes científicos demostraron principios energéticos en funcionamiento en el mundo natural que son similares a la energía orgónica. La medicina china primitiva reconocía la existencia de tal fuerza, llamada *Chi*, y el método tradicional de la acupuntura se basa en la existencia de tal principio energético en el cuerpo humano. Los puntos de acupuntura no se corresponden directamente con terminaciones nerviosas, y los acupuntores más expertos no confían en los modelos de la fisiología de Occidente para explicar sus efectos. Dada la ausencia de un principio de energía vital, la medicina occidental no puede explicar la acupuntura, y durante años no se pudo adoptar en los Estados Unidos. Además, la acupuntura funciona también con los animales, invalidando así cualquier apelación al llamado efecto placebo. Textos antiguos de la India se han referido también a la energía vital, llamada *prana*, y presentan mapas de los *puntos Nila* (similares a los puntos de acupuntura) en los elefantes. Textos de la antigua China e India hablan de una energía que se adquiere a través de la respiración y que fluye por el cuerpo a lo largo de los diferentes meridianos. La salud se constituye por el flujo libre y sin impedimentos de esta energía, mientras que la enfermedad tiene lugar cuando el flujo de la energía vital es bloqueado. Esta teoría es similar a las ideas de Reich sobre la energía orgónica, aunque las fuentes asiáticas no hablan sobre la expresión libre de las emociones e incluso muy a menudo abogan por un control consciente de las emociones y del sentimiento sexual (*evitación del orgasmo*). En contraste, Reich demostró que tal restricción o autocontrol crónicos es la razón principal de que la energía vital quede bloqueada.

En la tradición de Occidente, los vitalistas de los siglos dieciocho y diecinueve también discutían sobre la existencia de una energía biológica o fuerza vital, la cual fue llamada *magnetismo animal, fuerza ódica, fuerza psíquica, élan vital, etc.*

Manual del Acumulador de Orgón

Mesmer hablaba del magnetismo animal como un fluido atmosférico que rodeaba, cargaba y animaba a los seres vivos, el cual podía ser proyectado a través de una distancia por un terapeuta. Mesmer fue profesor de Charcot, quien a su vez lo fue de Freud, y este uno de los primeros maestros de Reich. Reich también estudió con otros vitalistas como Kammerer y Bergson. La tradición vitalista ha continuado como representante de una visión minoritaria en biología. Aparte de Reich, entre los más recientes defensores de un principio energético vital o dinámico en la naturaleza, se encuentra el profesor Harold S. Burr de la Universidad de Yale. Burr defiende la existencia de un fuerte *campo electrodinámico* en la naturaleza, que afecta tanto a la climatología como a los seres vivos. El biólogo Rupert Sheldrake ha desarrollado de forma similar una teoría sobre los *campos morfogenéticos* basada también en la misma hipótesis. Al igual que el trabajo de Burr, la teoría de Sheldrake ofrece una explicación de la herencia basada en el concepto de energía dinámica, convirtiendo así la teoría bioquímica del DNA en innecesaria. Más recientemente, los editores de la publicación *New Scientist* opinaron sobre el libro de Sheldrake que era el "más prometedor candidato a ser devorado por las llamas" que ellos habían visto en mucho tiempo.

El cirujano Robert O. Becker desarrolló estos principios hasta alcanzar un grado extraordinario de perfeccionamiento, como se detalla en su libro *The Body Electric*. Sus primeras investigaciones le llevaron a la creación de una serie de aparatos para la estimulación eléctrica del tratamiento de huesos y el alivio del dolor. Sus últimos trabajos se basaban en estos principios y los desarrollaban hasta el punto de que podía estimular artificialmente *el crecimiento regenerativo de miembros amputados de ratones de laboratorio*, de forma similar a la manera en que el miembro amputado de una araña o una salamandra vuelve a crecer. Esta clase de crecimiento regenerativo está limitado por naturaleza a criaturas menos complejas y no se da entre los mamíferos tales como ratones, conejos y humanos. La regeneración de un miembro amputado no había sido nunca demostrada en un ratón, o en otro mamífero de esta forma. El trabajo de Becker supuso por lo tanto un fuerte golpe tanto para la teoría bioquímica del DNA de la regulación celular, como para la teoría de que el campo bioeléctrico de una criatura era simplemente un subproducto sin sentido del

Descubrimiento De Una Energía Inusual

metabolismo químico, como el campo eléctrico alrededor del motor de un automóvil en marcha. Su trabajo demostró que el campo energético de un animal era un determinante primario de crecimiento y capacidad de recuperación, como ya indicaban los trabajos de Reich. Becker estaba preparando la reproducción de sus experimentos sobre regeneración de miembros perdidos traumáticamente en seres humanos, cuando la comunidad biomédica reaccionó contra él con gran violencia, recurriendo a todo tipo de artimañas para que se cancelaran los fondos para sus investigaciones y para que su laboratorio fuera cerrado.

Otro vitalista importante de nuestra época es Bjorn Nordenstrom, director del Instituto Radiológico Karolinska en Suecia. Al igual que Reich, Nordenstrom estudió el fenómeno "fantasma" de los rayos-X, el cual es un velado inusual espontáneo de las películas de rayos-X. Aparece como una neblina fina o como una mancha en las imágenes de rayos-X de los pacientes. A veces, se puede ver también en los monitores de los equipos de rayos-X que hay en los aeropuertos para el control de equipajes. Este fenómeno no es predecible y la mayoría de los radiólogos lo consideran un inconveniente. Sin embargo, Nordenstrom estudió este fenómeno y observó que había diferentes modelos dependiendo de los diferentes campos bioeléctricos de sus pacientes. También como Reich, descubrió y midió corrientes de bioelectricidad en el cuerpo humano. Sus meticulosas investigaciones están resumidas en un libro titulado *Biologically Closed Electric Circuits: Clinical, Experimental and Theoretical Evidence for en Additional Circulatory System* (Circuitos eléctricos biológicamente cerrados: Evidencia clínica, experimental y teórica para un sistema circulatorio adicional). Aunque el libro fue extensamente anunciado en revistas médicas americanas, se vendieron menos de 200 copias, lo que demuestra un desprecio entre los principales médicos por cualquier nuevo descubrimiento que confirmara el principio de una energía vital, incluso en el caso de ser de naturaleza puramente biológica. Siendo incapaz de encontrar apoyo para su trabajo en Occidente, Nordenstrom recientemente se vio obligado a ir a China para continuar allí sus investigaciones clínicas.

Otros biólogos han deducido la existencia de tal principio energético vital sobre la base de sus trabajos experimentales. Cuando estos científicos han presentado pruebas definitivas confirmando la existencia de tal principio entonces han sido atacados fervientemente. El científico francés Louis Kervran, por ejemplo, invirtió varios años realizando sencillos experimentos que demostraban que los elementos básicos de la química estaban siendo *transmutados* por criaturas vivas. Los pollos que eran alimentados con una dieta libre de calcio, por ejemplo, no ponían huevos blandos o frágiles, a menos que se restringiera la sílice dietética. Sin embargo, con una ingestión restringida de sílice, los pollos ponían huevos blandos y frágiles no importando la cantidad de calcio tomada. Del mismo modo, ratones de laboratorio con huesos rotos se curaban muy rápidamente cuando se les alimentaba con una dieta alta en sílice orgánica y, en cambio, no se curaban tan pronto cuando la sílice era reducida y sólo se les daba calcio. Estos experimentos indican firmemente que la sílice dietética estaba siendo transmutada en calcio en el cuerpo de los animales. Kervran demostró también experimentalmente otras transmutaciones probables, y otros científicos en Europa y Japón confirmaron sus descubrimientos. Finalmente llegó a la conclusión de que debía existir alguna forma desconocida de energía biológica que llevaba a cabo las transmutaciones. Sin embargo, cuando escribió a un prominente científico americano pidiéndole ayuda para la obtención del material necesario para un importante experimento, se le respondió con descortesía que "leyera algún libro de texto de introducción a la biología". En los Estados Unidos Kervran es más conocido entre los médicos homeopáticos y entre los agricultores orgánicos que entre los profesores universitarios. Sin embargo, si Kervran tiene razón,- y las pruebas experimentales indican que sí que la tiene- entonces los libros de texto de bioquímica deberían ser escritos de nuevo. Como Kervran señaló, la biología y la bioquímica son dos disciplinas completamente diferentes y no deberían confundirse. La biología tiene que ver con los hechos observables, mientras que la bioquímica trata de explicar los hechos observados por medio de una teoría química, la cual presupone una constancia elemental. Y es en esta asunción básica donde reside parte del error.

Otro científico francés, Jacques Benveniste, demostró un principio energético similar existente en soluciones homeopáticas. Con el fin de satisfacer a sus obstinados críticos algunos laboratorios independientes de otros países reprodujeron con éxito sus experimentos. Sin embargo, esto no fue suficiente. Por realizar este ofensivo descubrimiento, el cual prestaba cierto apoyo a los médicos homeopáticos (quienes con frecuencia son

Descubrimiento De Una Energía Inusual

procesados y encarcelados en los Estados Unidos), la revista científica *Nature* envió una brigada de "investigadores del fraude" no-científicos, y miembros del club-de-escépticos a su laboratorio, con el pretexto de "evaluar" sus procedimientos. Los policías científicos de *Nature* armaron un gran revuelo en el laboratorio de Benveniste, distrayendo al personal, manipulando material y gritando, hasta que finalmente se les pidió que salieran. La revista *Nature* posteriormente trató de mancillar el nombre de Benveniste en sus editoriales, sin embargo, su trabajo no fue refutado de una manera objetiva por medio de la reproducción de sus experimentos. Tal es la verdadera calaña de la ciencia académica tradicional.

En las ciencias meteorológicas, la tradición basada en el reconocimiento de fuerzas energéticas dinámicas que afectan regiones enteras fue mantenida por los meteorólogos más antiguos, quienes se basaban en una teoría aerodinámica en lugar de en una teoría frontal para predecir el tiempo. De una forma más coherente el análisis se centraba en el movimiento dinámico del aire, o corrientes de aire, como se les llama hoy en día. Por ejemplo, si miramos imágenes dinámicas de nubes, tales como se ven desde un satélite en el espacio, no vemos "frentes", sino que vemos corrientes de nubes. Reich descubrió, de forma independiente, la configuración básica de estas corrientes, años antes de que fueran lanzados los primeros satélites meteorológicos. De forma similar, los científicos meteorólogos más viejos a menudo abogaban por la existencia de una gran interconexión en la atmósfera. Charles G. Abbot, jefe del "Smith-sonian Astrophisical Observatory", desde 1906 hasta 1944, usaba conceptos energéticos similares para predecir el tiempo atmosférico con meses de antelación. Sin embargo, a pesar de su extraordinaria precisión y certeza, sus descubrimientos fueron ignorados e incluso ridiculizados. Irving Langmuir, uno de los creadores de las técnicas de provocación de lluvia artificial, objetivamente demostró que la lluvia artificial en Nuevo Méjico provocaría una serie de tormentas que llegarían hasta Ohio, y avisó a la emergente industria de lluvia artificial acerca de este peligro. Los generadores de lluvia artificial de hoy, respaldados en su trabajo por millones de dólares federales, actúan como si el trabajo de Langmuir no hubiera tenido nunca lugar, y se niegan a reproducir su sencillo experimento. Niegan que la técnica de provocación de lluvia artificial pueda tener efectos a larga

Manual del Acumulador de Orgón

distancia, sabiendo que si tales efectos fueran de conocimiento público se verían obligados a abandonar su trabajo.

Entre los físicos, la idea de la existencia de una energía en el espacio fue encarnada en el concepto de un *éter cósmico* (o aether), el cual se remonta a cientos de años atrás. A una edad avanzada, el físico teólogo Isaac Newton argumentaba enérgicamente que este éter *tenía que ser estático*, con el fin de evitar que participara directamente en el movimiento y ordenamiento de los cielos. Esa función, argüía Newton, correspondía únicamente al Dios antropomórfico (quien en ese momento exigía que los no creyentes fueran torturados despiadadamente y quemados en la hoguera). Sin embargo, a través de los años, nunca ha sido detectado un éter estático o sin vida. Por el contrario, la existencia de un *éter con más propiedades dinámicas* fue objetivamente demostrada por el físico Dayton Miller. Miller explicó también por qué los intentos anteriores de medir el éter habían fallado. En primer lugar hizo la observación de que el éter se encuentra estancado en la superficie terrestre y se mueve con mayor velocidad en altas altitudes que en bajas altitudes. Los anteriores intentos de medir su movimiento habían tenido lugar solo en bajas altitudes, o en edificios de piedra o en sótanos. En segundo lugar, el éter es *reflejado por los metales*, y los anteriores intentos de medirlo usaban instrumentos cuyas partes críticas estaban contenidas en partes metálicas. Miller descubrió que al realizar los experimentos en lo alto de una montaña, o en edificios de paredes finas que no contuvieran metales o materiales densos, era posible detectar y medir el éter. Miller realizó cerca de 200000 mediciones diferentes en el curso de 30 años de investigación. En contraste, el famoso experimento Michelson-Morley supuso solamente un tiempo total de cuatro horas de medición y fue realizado en dos días en el año 1887. El experimento Michelson-Morley ha sido por lo general mal interpretado y se ha dicho que falló completamente en la detección del éter. Este fue un momento bisagra en las ciencias, después del cual la idea del éter fue descartada completamente por las teorías del "espacio vacío" de la relatividad y dinámica cuántica.

El amplio trabajo realizado por Miller sobre la cuestión del éter no fue nunca rebatido en vida de Miller, pero sus investigaciones han sido calificadas de forma despreciativa de "una búsqueda del movimiento perpetuo". Tras su muerte, los defensores de la teoría del espacio vacío pudieron respirar con

Descubrimiento De Una Energía Inusual

alivio. Hoy en día cualquier libro de texto de física comienza con la falacia de que "el éter no ha podido ser nunca medido o demostrado". Debemos puntualizar que las teorías de la relatividad y dinámica cuánticas, además de las teorías de la expansión del universo y del "big-bang", quedan completamente destrozadas por el descubrimiento de una energía en el espacio, y muchos físicos, que se aferran a sus teorías religiosamente, simplemente se niegan a considerar cualquier clase de evidencia. Peor aún, la disciplina de la física se ha convertido en una industria que cuenta con fondos de billones de dólares para el mantenimiento de tecnologías muy cuestionables, tales como los reactores nucleares, investigación en la fusión "caliente" (que no ha producido todavía energía suficiente para encender una bombilla), y los aceleradores de partículas gigantescos. Esta clase de investigaciones no han traído consigo ningún beneficio o fruto real para la humanidad, sino que está compuesta por vacas-sagradas, que al igual que la industria hospitalaria-farmacéutica de los doctores en medicina está amenazada hasta el fondo por estos descubrimientos de la existencia de una energía vital primaria y cósmica. Desafortunadamente la comunidad física ha reaccionado a estos nuevos descubrimientos con la misma arrogancia y virulencia que caracterizan la reacción de la comunidad médica a la energía de la vida. Seguidores de Einstein, por ejemplo, han sido acusados recientemente en alguna revista de usar tácticas encubiertas y poco honestas de censura y omisión. Al menos, un nuevo diario, *Scientific Ethics*, comenzó a sacar a la luz, por un corto tiempo, todo este asunto sucio.

De gran interés para el trabajo de Reich es la afirmación de Miller de que el éter dinámico es más activo a mayores altitudes y que es *reflejado por los metales*. La capacidad de ser reflejada por lo metales y de ser más activa en altitudes más altas son propiedades básicas de la energía orgónica, como fue descubierto de forma independiente por Reich. El orgón satisface también muchas de las demás propiedades básicas y funciones de un éter, siendo también ubicuo y libre de masa, y constituyendo un medio de transmisión de excitación electromagnética. Sin embargo, el orgón además posee un movimiento pulsante espontáneo, y se sobrepone y participa directamente en la creación de la materia y la vida. Sin hacer uso de la palabra tabú "éter", o de la palabra más ofensiva "orgón", otro grupo de físicos han detectado la

Manual del Acumulador de Orgón

existencia de corrientes de energía dinámica en el espacio profundo.

Por ejemplo, el astrofísico americano Halton Arp realizó tantas fotografías de puentes de energía/de materia entre objetos del espacio profundo, donde esos puentes de energía/materia no deberían encontrarse, que le fue prohibido el usar grandes telescopios americanos. Sus simples fotos demolían las teorías del espacio vacío, la expansión del universo y el "big bang". Tan grande fue el odio que despertó su trabajo que finalmente tuvo que huir a Alemania para continuar con sus investigaciones. Hannes Alfven, otro famoso físico, ofendió también profundamente a sus contemporáneos al sugerir, al igual que había hecho Reich, que el espacio estaba lleno de corrientes en movimiento de energía plasmática. Científicos del espacio incluso hoy en día rehúsan enviar satélites donde él indica que deberían enviarlos, dado que si lo hicieran corroborarían que ese espacio es energéticamente rico. De hecho, la física de hoy se encuentra en un estado de confusión, e intenta desesperadamente justificar las nuevas pruebas de una energía en el espacio, para así preservar la teoría del creacionismo del "big-bang", la relatividad de Einstein, y la dinámica quántica del "multi-universo". El "espacio vacío" se ha convertido en una religión, con un sacerdocio académico.

Pocas de las ideas expuestas anteriormente o de los descubrimientos sobre las correlaciones entre las manchas solares y el clima han recibido el apoyo económico o el estudio necesario para su desarrollo. Las revistas científicas continúan de forma rutinaria afirmando que no ha sido encontrado "ningún mecanismo" para las correlaciones solar y terrestre, del mismo modo que los textos de física mantienen la falsedad de que "el éter no ha sido nunca detectado". En efecto, es cierto que estas relaciones no son verdaderas, ni tienen ningún sentido, desde el punto de vista de las teorías físicas del "espacio vacío". Estas relaciones requieren un medio en la atmósfera y en el espacio a través del cual puedan pasar las excitaciones y los influjos, independiente de fenómenos térmicos o de presión, una fuerza que se propague en la atmósfera con mayor velocidad que las corrientes de aire, y que de ese modo pueda propagar los influjos rápidamente a través de las profundidades del espacio. De nuevo, la energía del orgón de la que habla Reich, se adecúa a tal descripción.

Descubrimiento De Una Energía Inusual

Se han realizado también otros estudios con el fin de demostrar que los seres vivos y la composición física del agua son sensibles a los factores climáticos o cósmicos, de tal forma que no puede ser explicada según fenómenos mecánicos, tales como luz, temperatura, humedad, o presión. Frank Brown, de la universidad de Northwestern, pasó muchos años demostrando que los ritmos biológicos de los seres vivos eran sensibles al ciclo lunar y fuerzas cósmicas. Nadie rebatió sus afirmaciones mientras vivía, pero hoy en día, después de su muerte, sus descubrimientos son ignorados. Del mismo modo son ignorados los trabajos del químico italiano Giorgio Piccardi, quien demostró que la composición física del agua es modificada por el magnetismo, manchas solares y otros fenómenos cósmicos. Sus trabajos contribuyeron a fomentar el interés por el tratamiento magnético del agua en Europa, lo que condujo al uso de nuevos métodos para reducir el número de depósitos para las instalaciones domésticas, y para calderas industriales. El magnetismo, correctamente aplicado, puede alterar las características de solubilidad del agua, permitiendo que a una temperatura dada las sustancias disueltas en ella permanezcan en solución en concentraciones mayores que las normales. En los Estados Unidos, estos descubrimientos han sido acogidos con gran mofa puesto que todo texto de física afirma que el magnetismo no tiene efecto alguno sobre el agua. También, casi todos los laboratorios de química usan aparatos magnéticos para mezclar las soluciones químicas, en lugar de las varas de cristal "a la antigua usanza"; estos aparatos de remover magnéticos podrían, si la tesis de Piccardi es correcta (y lo es) alterar la química, cantidad de precipitación y curvas de valoración en las reacciones químicas expuestas a ellos. De esta forma, estos nuevos descubrimientos son ignorados en los Estados Unidos, mientras que fuera nuevos productos basados en estos descubrimientos están entrando en el mercado. En Europa son corrientes los sistemas de tratamiento magnético del agua para el hogar, los cuales reemplazan en muchos casos los sistemas para ablandar el agua basados en el intercambio de iones, con sus bolsas y bolsas de sal. Mientras tanto, en los Estados Unidos, la industria para el ablandamiento del agua, en colusión con académicos dogmáticos y políticos, ha conseguido que en algunos estados sean aprobadas leyes que prohíben la venta de sistemas magnéticos de tratamiento del agua.

El trabajo de Piccardi, sin embargo, va más allá de la cuestión

63

Manual del Acumulador de Orgón

del simple tratamiento magnético del agua. En cierto momento intentó aislar una energía cósmica desconocida que estaba afectando sus experimentos químicos, de manera similar a la que produciría un fuerte magnetismo. Con el fin de cerrar el paso a esa radiación desconocida, la cual estaba en correlación con manchas solares, construyó un escudo electromagnético alrededor de sus experimentos, en forma de una caja de metal con conexión a tierra. Entonces, con el fin de estabilizar la temperatura en el interior de la caja de metal, colocó una capa de lana alrededor del exterior. Para su sorpresa, la caja de metal no hizo desaparecer el fenómeno cósmico sino que, por el contrario, lo aumentó. Piccardi y sus colaboradores invirtieron muchos años realizando experimentos químicos en el interior de recintos similares, los cuales son similares al acumulador de energía orgónica de Reich. Esta corroboración, realizada de manera independiente por Piccardi, del principio del acumulador del orgón fue también confirmada, aunque de forma menos directa, por el biólogo Brown. Brown observó que los *recintos de metal* herméticamente cerrados, con una presión, temperatura, luz y humedad constantes en su interior no hacían desaparecer las influencias cósmicas sobre los ritmos biológicos, sino que, en lugar de ello, permitían que fueran observados con mayor facilidad, o incluso añadían una dimensión poco común a su comportamiento. Por ejemplo, dentro de la caja de metal, el metabolismo de las patatas seguía un ciclo que se encontraba en correlación con parámetros solares, lunares y galácticos. Además el metabolismo de la patata mostraba estar en correlación con el tiempo local; ¡*no con el tiempo atmosférico del mismo día, sino con el tiempo de dos días después!* En el recinto las patatas cargadas energéticamente reaccionaban a factores energéticos del medio ambiente, los cuales eran también determinantes de futuros hechos atmosféricos.

Los hechos acabados de mencionar son solamente algunas de las pruebas habidas de la existencia de un principio energético similar o idéntico a la energía del orgón. En muchos casos, estos investigadores no conocían el trabajo de Reich. En unos pocos casos, incluso, despreciaban a Reich profundamente y ni siquiera toleraban la mención de su nombre por parte de sus discípulos. Y sin embargo, los hechos demuestran la confirmación de la energía del orgón de Reich. Debe señalarse, sin embargo, que el descubrimiento de Reich de la energía orgónica es mucho más

Descubrimiento De Una Energía Inusual

completo, extenso y tangible que ninguno de los conceptos arriba mencionados. Además de haber sido cuantificado, fotografiado y medido, el orgón puede verse, sentirse y, como se hace notar en este libro, ser acumulado dentro de recintos experimentales especiales.

Algunas palabras más deberían añadirse respecto a la respuesta de las comunidades académica y científica a estos nuevos descubrimientos. El lector notará que la mayoría, sino todos, de los investigadores arriba mencionados fueron atacados fervientemente, o aislados e ignorados por sus descubrimientos, sin consideración alguna de sus credenciales, reputación o de los testimonios que proporcionaban. Esta reacción emocional de rechazar o atacar nuevas ideas que perturban un orden establecido fue explicada por Reich como el resultado de un desorden emocional específico, al cual llamó la *plaga emocional*. Esta se encuentra en su peor expresión en las instituciones religiosas, donde los herejes y desobedientes son atacados y quemados. Ciertos *caracteres de plaga emocional* son atraídos hacia las grandes instituciones sociales, construyendo su reputación no sobre un trabajo productivo, de investigación y de mejora del nivel de conocimientos de la humanidad, sino sobre un poder político, y sobre la cantidad de trofeos recibidos por la destrucción de otras personas. La murmuración, la calumnia, tácticas políticas, el ataque encubierto e, incluso, la manipulación de la justicia y la policía son tácticas comunes de la plaga. Su objetivo último y secreto, como los Grandes Inquisidores de la Iglesia, es destruir cualquier cosa más viva que sus propios egos emocionalmente muertos, tales como los nuevos e inquietantes descubrimientos positivos de para la vida, y a los hombres y mujeres que los llevan a cabo. La historia de la medicina y de la ciencia está llena de ejemplos de esta clase de comportamientos. Recomendamos al lector la lectura de trabajos de Reich sobre la plaga emocional en sus *Selected Writings* (Escritos seleccionados), *Character Analysis* (3ª edición del Análisis del carácter), *People in Trouble* (Gente con Problemas), y *The Murder of Christ* (El Asesinato de Cristo), dado que todavía constituye el mayor obstáculo para el progreso social humano y el progreso científico.

Para más información, ver mi artículo "The Suppresion of Dissent and Innovative Ideas In Science and Medicine" (La Supresión de las Ideas Disidentes e Innovadoras en Ciencia y Medicina), aquí: www.orgonlab.org/suppression.htm

Parte II:
El Uso Efectivo
y Seguro de los
Equipos Acumuladores
de Orgón

7. Principios Generales para la Construcción y el Uso Experimental del Acumulador de Energía Orgónica

A) La superficie interior de todos los acumuladores tiene que ser metálica. Las pinturas, barnices o esmaltes sobre el metal interferirán en el efecto de acumulación, aunque el zinc galvanizado no lo hace.

B) La superficie exterior de todos los acumuladores estará compuesta de una sustancia generalmente orgánica, absorbente de energía orgónica y no metálica.

C) Los materiales metálicos y no–metálicos pueden alternarse en múltiples capas dentro de las paredes del acumulador para acumular energía más intensamente. Cuantas más capas tenga, más potente será el acumulador, sin embargo no se duplica la potencia doblando el número de capas. Un acumulador de tres capas tendrá un 70% de la fuerza de un acumulador de diez capas (una capa consiste en una superficie metálica junto con otra superficie no-metálica). Los acumuladores de diferente tamaño, pueden ser colocados unos dentro de otros para que desarrollen una carga aún mayor. Sin embargo, los puntos A y B se deben seguir siempre estrictamente. En los acumuladores con múltiples capas, se puede duplicar la superficie final exterior orgánica, no-metálica y la superficie interior metálica aumentar la capacidad adicional de acumular energía.

D) El error más común cuando se reproducen los experimentos con el acumulador de Reich es el uso de materiales inapropiados. Para acumuladores usados con sistemas vivos, particularmente para el uso humano, se evitarán materiales como cobre y aluminio así como otros materiales no-férricos ya que producen *efectos tóxicos*. Análogamente ciertas espumas de poliuretano, rígidas o blandas, no tienen un buen efecto sobre sistemas vivos cuando se usan en un acumulador. No se debe usar cualquier tipo de

Manual del Acumulador de Orgón

material impregnado con formaldehido, o hecho con otros materiales que tengan altos contenidos de pegamentos tóxicos o resinas.

No-metales óptimos
-lana, algodón puro
-acrílicos, estireno (plástico)
-fibra vulcanizada e aislante
-aislante de ruido
-capa de corcho
-lana de vidrio, fibra de vidrio
-cera de abejas, cera de cirios
-laca de cera natural
-tierra, agua

Metales óptimos
-láminas de acero o hierro
-acero galvanizado
  lana de acero
-acero inoxidable
-aleación de acero y hojalata

No-metales inadecuados o tóxicos
-madera sólida o madera contrachapada
-uretano o poliuretano
-cartón prensado, aglomerado
-materiales orgánicos que contengan asbesto u otros materiales o productos químicos tóxicos.

Metales inadecuados o tóxicos
-laminas de aluminio
-plomo
-cobre

Ver también las Notas Adicionales sobre los Materiales de Construcción del Acumulador de Orgón al final de este capítulo.

Un principio general es que la composición del material metálico debe ser *ferromagnético*. Esto significa que un imán normal se quedará adherido a ese material. Las capas aislantes orgánicas deben estar compuestas de materiales con *buenas propiedades dieléctricas*. Esto significa que es un aislante eléctrico muy bueno y que puede mantener una carga electroestática intensa sobre su superficie. Hay otro asunto, que a falta de una palabra mejor, yo lo denomino "factor de esponjosidad" por el que la capa de aislante orgánico da mejor resultado cuando tiene cierta "esponjosidad", con pequeños poros en los que el aire puede permanecer o "respirar" dentro del material. El aire es un buen material dieléctrico. Por lo tanto, materiales orgánicos porosos y fibrosos con recubrimientos de cera parecen ser los mejores.

Una manera de ver el acumulador de orgón es que constituye un *condensador hueco*. Conocemos el condensador eléctrico

Principios Generales para la Acumulador

ordinario, que se usa en electrónica, que almacena una carga eléctrica para devolverla más tarde. La estructura en capas alternantes de materiales metálicos-conductivos y de grandes aislantes dieléctricos en el acumulador orgónico es análoga al condensador eléctrico, excepto que es hueco en su interior y la gente puede sentarse en su interior o puede poner objetos para que se carguen.

E) Algunos individuos han experimentado con acumuladores compuestos de una caja metálica enterrada en tierra rica, oscura, libre de pesticidas y herbicidas. Los acumuladores más grandes de este tipo tienen la apariencia de un sótano o "túmulo". Algunos autores familiarizados con antiguos yacimientos arqueológicos han especulado con que los principios de la energía vital eran conocidos y usados por pueblos antiguos. Ciertos montículos y estructuras antiguas están hechas con capas, usando arcilla o piedras con alto contenido de hierro cubiertas de otras capas de suelos ricos en materiales orgánicos o turba.

F) Un acumulador excepcionalmente potente puede hacerse con cera de abejas u otro material fuertemente dieléctrico para las capas exteriores no-metálicas. Este material puede resultar muy caro para construir grandes acumuladores siendo también muy frágil. Si se usa un material frágil o quebradizo, se puede recubrir la superficie exterior con laca transparente. Este método ha sido probado muchas veces, y no parece interferir con el efecto de acumulación de energía, o con las propiedades de intensificación de esta. Sin embargo, nunca se debe usar laca en la superficie interior.

G) Los experimentos han demostrado que la forma del acumulador es un factor de menor importancia que la composición de sus materiales. Sin embargo, acumuladores con forma de cono, pirámide o tetraedro han causado en algunas ocasiones efectos negativos inexplicables. A menos que uno esté investigando esos efectos negativos, los acumuladores deben construirse con formas rectangulares, cúbicas o cilíndricas. Estas formas han dado los mejores resultados y además son fáciles de construir. Una anécdota: en 1980, el autor estaba en Egipto y fue a visitar la Gran Pirámide de Keops. En su interior, fui abatido por una intensa asfixia y no podía respirar. Alivié

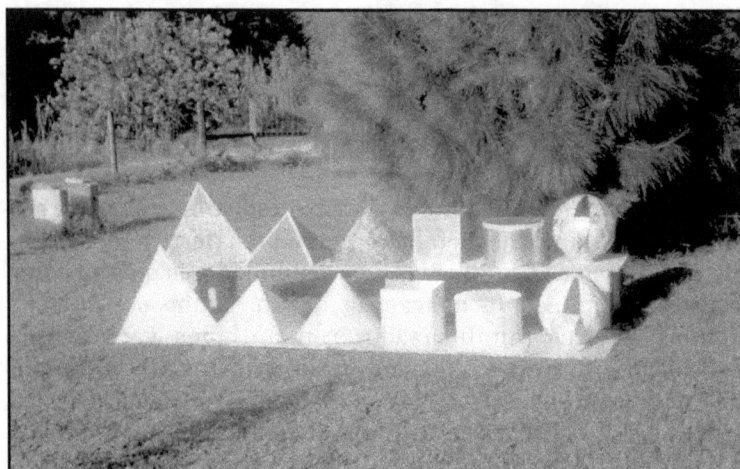

La forma del acumulador orgónico es menos importante que la composición de sus materiales y el entorno. La fotografía superior muestra el interior de láminas de acero galvanizado de seis acumuladores emparejados (fila superior trasera) y sus formas análogas de cartón para su uso como referencia o control (fila inferior frontal), hechas para un experimento con brotes de semillas efectuado por el autor en 1973. De izquierda a derecha: tetraedro, pirámide de Keops, cono, cubo, cilindro y esfera. Las formas más generales de acumulador tales como cubo o caja rectangular o cilindros siempre han dado el mejor resultado en los brotes de semillas. Las formas con punta (tetraedro, pirámide, cono) frecuentemente mataban a muchas semillas antes de que brotaran totalmente. El efecto del acumulador era mayor que el efecto de la forma ya que los mejores resultados con semillas que brotaron en los diferentes acumuladores de control no fue tan bueno como los peores resultados obtenidos en los otros acumuladores. Experimentos similares fueron realizados por el autor ensayando diferentes metales. Los materiales ferromagnéticos siempre dieron los mejores resultados. Si un imán no se pega al material, ¡no lo use!

Principios Generales para la Acumulador

esta sensación vaciando mi cantimplora de agua sobre mi cabeza y pecho. Más tarde oí informes de otros grupos de turistas abatidos de la misma manera, hasta el punto que alguno se desmayó y tuvo que recuperarse fuera. Yo no puedo decir si esto fue una consecuencia de una pobre ventilación o no, pero en mi caso fui el único afectado de un grupo de ocho personas. Dadas mis observaciones de plantas jóvenes que no se desarrollan bien o mueren en el interior de acumuladores cónicos o en forma de pirámide, no me sorprendería que estos efectos fueran el resultado de una acumulación tóxica o de una sobrecarga. Se necesitaría un estudio más detallado para poder clarificar estos factores relacionados con la forma, al igual que con el uso del acumulador en un medio ambiente estancado, tal como el de los desiertos. Ver el capítulo 8 sobre *El Efecto Oranur y Dor* para más detalles.

H) Los ángulos de los acumuladores no tienen porqué estar construidos con gran exactitud, ni las capas tienen que estar perfectamente acopladas o ser impermeables al aire, aunque, por supuesto, uno siempre desea construir el acumulador de la forma más esmerada y pulcra que sea posible. En algunos casos, he visto cajas de metal mal envueltas con capas de lana de acero y algodón, fieltro o lana. También, algunos autores han utilizado latas de hojalata, como las usadas para mantener alimentos, envueltas en plástico y luego 'colocadas dentro de otra lata mayor, la cual, a su vez, estaba envuelta en más plástico. Estas latas eran colocadas unas dentro de las otras para construir acumuladores de cuatro o cinco capas que fuesen mínimamente efectivos, para cargar semillas u otros fines. Estos acumuladores no guardan una apariencia especialmente pulcra, o "científica", pero, sin embargo, funcionan bastante bien.

I) Los acumuladores tienen que mantenerse donde pueda circular el aire fresco. La puerta o la tapa del acumulador debe mantenerse parcialmente abierta cuando no se usa. El interior del acumulador debe mantenerse fresco y limpio, colocando en su interior un recipiente con agua cuando no se use. Periódicamente se debe limpiar el interior y exterior con un trapo húmedo.

J) Los acumuladores grandes usados para humanos o animales de granja deben mantenerse a la intemperie bajo una cubierta que impida que la lluvia les moje. Una buena circulación de aire

71

Manual del Acumulador de Orgón

y la luz del sol ayudarán al efecto acumulador. El mejor lugar para experimentar con el acumulador puede ser en el interior de un gran granero de madera en el campo alejado de líneas eléctricas, aparatos electromagnéticos e instalaciones nucleares. Este hallazgo sobre el entorno más apropiado para la energía vital coincide con los nuevos hallazgos sobre "ecología doméstica", en el que se revisa críticamente la construcción de una casa en busca de efectos tóxicos para sus habitantes. Ver el capítulo 8 sobre el Efecto Oranur y Dor para más detalles.

K) El acumulador no desarrollará una carga fuerte en un tiempo lluvioso o húmedo. Durante esos días, la carga orgónica en la superficie de la Tierra es muy baja, y está desplazada hacia las nubes de tormenta. La carga orgónica más intensa se consigue en los días soleados y claros en los que también la carga sobre la superficie de la Tierra es también bastante fuerte.

L) Los acumuladores de orgón usados en mayores altitudes tienden a producir cargas más fuertes que en menores altitudes; bajas latitudes pueden producir cargas más fuertes que altas latitudes; ambientes con poca humedad tienden a producir cargas más fuertes que ambientes con alto grado de humedad. Períodos con muchas manchas y erupciones solares coinciden con períodos de mayor carga orgónica, en comparación con los de pocas manchas solares y erupciones. Cuando la Tierra, el Sol y la Luna están alineados, durante los períodos de luna llena y luna nueva, parece producirse una carga más fuerte y de mayor excitación en la atmósfera, y también en el acumulador.

M) Si se realiza un experimento controlado con un acumulador, no se debe colocar ningún instrumento importante en las inmediaciones. Se ha de recordar que el acumulador tiene un campo de energía por lo que influirá parcialmente en ellos al igual que en aquellos que estén dentro. Los campos eléctricos o electromagnéticos de algunos instrumentos pueden perturbar o afectar al acumulador, siendo esta precaución doblemente importante para el científico investigador.

N) No se deben usar aparatos electrodomésticos conectados al enchufe en la pared dentro o cerca de un acumulador. Tampoco deben usarse teléfonos móviles, ordenadores portátiles, receptores

Principios Generales para la Acumulador

de TV u otros aparatos que radien. Ellos perturbarán la energía interna del acumulador. Las paredes internas metálicas conducen también la electricidad y puede haber un peligro de descarga eléctrica. En acumuladores de tamaño humano, hay que usar una lámpara de lectura a pilas si se desea tener luz, o poner una lámpara potente en el exterior cerca de la apertura de la puerta. Mucha gente usa ese tipo de luz para leer un libro mientras está sentado en el interior. Los *receptores* de radio no parecen tener ningún efecto negativo si se usan en la habitación, pero no se conocen los efectos producidos por los auriculares de tipo "walkman" y "iP od" el interior del acumulador.

O) En el caso de acumuladores experimentales, debe señalarse que materiales orgánicos o materiales húmedos dentro del acumulador absorben la carga orgónica. Por lo tanto no es conveniente guardar o llevar consigo innecesariamente ningún artículo semejante dentro del acumulador.

P) En el caso de acumuladores para uso humano, es conveniente que las paredes exteriores no estén a más de 5 a 10 cm de la superficie de la piel. Cuando se está sentado en el interior del acumulador es mejor estar parcialmente o totalmente desnudo, ya que la ropa gruesa interfiere con la absorción de la radiación de orgón. Se puede usar como asiento una silla o banco de madera, puesto que la madera seca es relativamente mala absorbente del orgón. Las sillas de metal también son aceptables, pero pueden resultar demasiado frías para sentarse en ellas.

Q) NOTA: Si se usa el acumulador con demasiada frecuencia o demasiado tiempo se pueden sentir síntomas de sobrecarga, tales como presión en la cabeza, nausea ligera, malestar general o mareo. En tal caso, se debe salir del acumulador inmediatamente y descansar al aire libre un rato. Tales síntomas desaparecerán a los pocos minutos. Sin embargo, Reich aconsejó a las personas con un historial de biopatías por sobrecarga (ver capítulo 11), usar el acumulador con precaución, y solamente durante períodos cortos. Estas biopatías debidas a un exceso de carga energética incluyen: hipertensión, enfermedades del corazón, tumores cerebrales, arterioesclerosis, glaucoma, epilepsia, obesidad, apoplejía, inflamaciones cutáneas, y conjuntivitis.

Manual del Acumulador de Orgón

R) La cuestión de "cuánto tiempo es suficiente" está en relación con el propio nivel energético, y es principalmente una cuestión subjetiva, diferente para cada persona. Nadie puede decirnos cuánta agua debemos beber para apagar la sed. Uno simplemente bebe hasta que tiene la sensación de "tener bastante". Lo mismo sirve para el uso del acumulador. Cuando uno tiene la sensación de "tener bastante", entonces debe salir. Con la mayoría de las personas esto ocurrirá algo después de haber alcanzado el punto donde su propio campo energético emite una suave *luminiscencia*, o sienta una sensación placentera de excitación y calor en la piel, acompañada de sudor. Si no se está seguro de haber sentido estas sensaciones, se debe tener paciencia, pues con algunas personas, pueden necesitarse muchas sesiones antes de empezar a sentir realmente los efectos energéticos. Una norma práctica es limitar el periodo dentro del acumulador a alrededor de 30 a 45 minutos. Sin embargo, se puede usar más de una vez al día. No se debe intentar "dormitar" en él durante períodos mayores. Información adicional sobre estos bioefectos se puede encontrar en el capítulo 11 sobre *"Efectos Fisiológicos y Biomédicos"*.

S) El estado cualitativo del orgón, así como su carga absoluta, varían constantemente en cada punto de la superficie de la Tierra. Los ciclos atmosféricos causan variaciones en la carga del acumulador, y las condiciones tóxicas del medio ambiente pueden de forma crónica o periódica contaminar el acumulador (ver más adelante lo referente al oranur y al dor), haciendo que su uso sea potencialmente inseguro. Los experimentos con el acumulador, por lo tanto, requieren el conocimiento adecuado de los ciclos climáticos y otros factores ambientales.

Nueva Información y actualizaciones sobre la Energía Orgónica y el Acumulador de Energía Orgónica.

La investigación sobre la energía orgónica continua a nivel mundial y con las maravillas de internet, la nueva información se puede conseguir rápidamente permitiéndonos efectuar actualizaciones periódicas cuando sea necesario. La siguiente página web se ha creado para tal fin:

www.orgonelab.org/orgoneaccumulator

Principios Generales para la Acumulador

Notas Adicionales sobre los Materiales de Construcción del Acumulador de Orgón.

Desde los años 1940, cuando Reich publicó su hallazgos sobre el acumulador de orgón, él y otros (incluido yo mismo) hemos recomendado *Celotex* para la construcción de la capa exterior no-metálica del acumulador. Sin embargo, "Celotex" es una marca propiedad de la compañía *Celotex* y que no designa hoy en día ningún producto específico. En un principio, la *compañía Celotex* producía *material absorbente* del sonido a partir de materia orgánica como tallos pulverizados y molidos de caña de azúcar y otros residuos herbáceos de plantas agrícolas. El material orgánico molido se mezclaba con aglutinantes y colas, se prensaba para formar una lámina plana y se secaba, pintándose de blanco por una sola de las caras. Era un material razonablemente firme y se podía cortar con un cuchillo tipo "cutter". Este *panel de fibra* o *panel absorbente de sonido* se puede todavía obtener de diferentes fabricantes y se usa, principalmente, como placas acústicas en el techo. Sin embargo, la compañía Celotex produce un número de paneles aislantes rígidos que son inaceptables y tóxicos para la construcción de acumuladores, tales como un panel con una lámina de aluminio y unas placas de espuma aislante. Consecuentemente, el termino "Celotex" ha perdido su significado original y ya no se usa.

Otro excelente material para el exterior del acumulador es el llamado *aglomerado de madera* que es más delgado y más fuerte que el panel de fibra. Es un material denso, duro y más robusto que el panel de fibra o el panel acústico. Está hecho de celulosa y de materiales de madera reducidos a diminutas partículas, mezclado con aglutinantes y colas y comprimido hasta formar hojas delgadas y planas. Ambos paneles, el de fibra y el aglomerado de madera pueden usarse, y ganan una mejor propiedad dieléctrica absorbente de energía orgónica si se recubren con varias capas de laca natural. El recubrimiento de laca es realmente necesario para evitar la humedad, para que dure más y para tener una mejor atracción de la energía orgónica.

Actualmente es posible obtener *lana de oveja* cardada a un coste suficientemente bajo para sustituir a la fibra de vidrio que se usa normalmente en el interior de los paneles del acumulador. Cuando se esquila a la oveja, la lana después se lava suavemente, se carda para quitar impurezas obteniendo un material ligero y esponjoso llamado *lana cardada,* que luego se procesa para obtener hilo o fibra para las telas de lana. La lana cardada se puede estirar y convertirse en capas finas como las que se necesitan usar para el interior de los paneles del acumulador de orgón y no produce polvo ni tiene cualidades tóxicas. Los hallazgos biomédicos recientes sugieren que la fibra de vidrio es mucho más tóxica de respirar y manejar que lo que se creía anteriormente, así que es una idea mucho mejor utilizar materiales más naturales como la lana cardada. Sin embargo, la fibra de vidrio puede usarse todavía ya que posee unas buenas propiedades dieléctricas y absorbentes de la energía orgónica. Además es un material barato y se puede conseguir prácticamente en cualquier sitio. Tan solo hay que tomar precauciones, si se decide usarlo.

Yo sigo recomendando el *fieltro acrílico* para hacer las capas exteriores de las partes del acumulador, pero uno tiene que estar seguro de que es acrílico y no un producto mucho más común, *poliéster*, que no es un material adecuado. Cuando haya dudas, es mejor usar un fieltro de lana 100% de oveja o mantas de lana con una suave esponjosidad y usar lana de relleno, más barata, para las capas interiores.

En general, aquellos materiales con *propiedades electrostáticas o dieléctricas* intensas (tales como la lana de oveja con su aceite natural de lanolina, ciertos plásticos, materiales acrílicos, fibra de vidrio, lacas, cera de abejas, etc.,) son buenos materiales absorbentes de la energía orgónica. Si bien es posible adquirir piezas de metal, fibra de vidrio, armazón de madera y compuestos de fibra de vidrio en la ferretería y carpintería locales, es mejor comprar el relleno de lana o el fieltro de lana en un almacén de textiles para el hogar. Hay que asegurarse de que son 100% de pura lana, y no una mezcla de lana-poliéster. Los almacenes de artículos de camping o de artículos que puedan estar a la intemperie pueden proveer de mantas para el campo, y a veces se pueden encontrar mantas usadas o de secunda mano de lana 100% en tiendas de artículos usados. Los carretes de lana de acero se pueden encontrar a veces en tiendas de pintura o de pavimentos ya que son usados para los grandes discos de las lijadoras. Si no se pudiese conseguir esos materiales en el lugar de residencia, se puede intentar conseguir, por un precio ligeramente incrementado por los gastos de envío, en:

www.naturalenergyworks.net

8. El efecto *Oranur* y el *Dor*

Las observaciones de Reich sobre la energía vital muestran que se encuentra normalmente en un plácido estado de actividad y relativa calma, a la que la vida en el planeta se ha adaptado. Se puede sentir ese estado como el placentero y cálido brillo o incluso el ligero aumento de energía que típicamente se siente en el interior del acumulador, o cuando uno está en la naturaleza. Sin embargo, él también descubrió que en condiciones de exposición a niveles moderados o altos de radiación nuclear o campos electromagnéticos, y algunos otros irritantes, el orgón cambia sus características. El orgón puede pasar a un estado irritado, caótico e hiperactivo, al cual Reich denominó *efecto oranur*.

El oranur – que es la abreviatura de Radiación Antinuclear Orgónica – fue descubierto por casualidad después de que pequeñas cantidades de material nuclear fuesen introducidas en un potente acumulador de orgón. Esto se efectuó durante el período de la guerra fría, como parte de un experimento mayor que pretendía evaluar el acumulador como algo beneficioso contra la lluvia radiactiva y la enfermedad producida por la radiación. Reich tenía algunos acumuladores grandes de 20 capas en el interior de un acumulador aún mayor, de las dimensiones de una habitación, en su laboratorio del Maine rural. Cuando el material radiactivo fue introducido en ese ambiente altamente cargado, el campo de energía orgónica de todo el laboratorio alcanzó rápidamente un estado de salvaje agitación, que pudo ser visto y sentido como una intensa neblina azul rodeando el laboratorio. El oranur atacó el cuerpo de las personas con síntomas de sobrecarga, dando la sensación de quemaduras solares con fiebre y presión en el interior de la cabeza, con náusea, agitación y sobre excitación. En el laboratorio de Reich los trabajadores se pusieron bastante enfermos, y murieron muchos ratones experimentales que estaban en otro edificio. Los efectos del oranur se extendieron entonces a una región mayor que rodeaba su laboratorio del alto de la montaña, causando una gran preocupación.

Manual del Acumulador de Orgón

El oranur tiende a afectar a cada persona en su parte más débil, llevando a la superficie los síntomas médicos latentes. Uno puede sentir una agitación constante con rápidos latidos de corazón. Otros pueden agitarse suavemente en un sudor ansioso, o marearse, mientras que otros pueden sufrir cambios bruscos de humor. Las palmas de las manos pueden exhibir un aspecto moteado, y dormir puede ser casi imposible. Aparece una tendencia hacia la desconcentración en el trabajo u otras actividades. Brevemente, el oranur refleja algunas de las reacciones biofísicas típicamente observadas en personas expuestas a niveles moderados o altos de radiación nuclear o electromagnética. Sin embargo, en el caso del oranur, la radiación atómica no estaba presente más allá de los confines del pequeño acumulador en el cual se habían depositado los materiales radiactivos. Los efectos fueron producidos por la energía orgónica concentrada, que amplificó los efectos y los extendió más allá de los alrededores inmediatos del laboratorio.

La expresión atmosférica del oranur es también de sobrecarga. El cielo puede mantener su color azul, pero el horizonte se vuelve brumoso, generalmente de un color blanco lechoso. Pueden aparecer nubes bien formadas, pero no se funden o crecen bajo esas condiciones de oranur, en parte porque la atmósfera está altamente cargada y agitada; ya no es capaz de pulsar y no se puede contraer. La carga dentro de las nubes no se puede formar a partir de cierto punto. Los vientos pueden ser caóticos bajo condiciones de oranur, como si estuviesen confundidos o agitados. Las tormentas que se acercan, usualmente comienzan a fragmentarse o "extenderse" en estratos planos o disiparse a medida que se acercan a una región afectada de oranur. La atmósfera puede tener una cualidad "tensa" o "tirante", reflejando las condiciones de sobrecarga. Generalmente, las lluvias descienden, y particularmente, a medida que el oranur es reemplazado por su cualidad antitética, de mortecinas condiciones de inmovilidad.

Reich encontró que el efecto oranur persistía incluso después de haber retirado los materiales radiactivos de los potentes acumuladores de su laboratorio. Esto indicó claramente que el fenómeno era debido a la irritación de la misma energía vital, y no del material nuclear. Esto dejó sus instalaciones de investigación prácticamente inutilizables por varios años. Bajo tal situación de persistente agitación de oranur, observó que la

Oranur y Dor

energía orgónica desarrollaba una cualidad de estancamiento, con la sensación subjetiva de haber quedado inmovilizada y quieta, o "muerta". Reich identificó este estado energético como *dor,* que era la abreviatura de *orgón letal* (deadly orgone). Biofísicamente, la exposición a las condiciones *dor* producirá una mortecina cualidad, de inmovilidad. Uno percibe una sensación de letargo, sin vida, un aire cargado, siendo difícil respirar. Uno se siente constantemente deshidratado, dada la naturaleza ávida de agua del *dor.* Algunas personas reaccionan a este efecto padeciendo un edema, y una forma extrema de *enfermedad dor* fue identificada por Reich y sus colaboradores que tuvieron síntomas parecidos a una gripe severa. El organismo responde aletargándose, con inmovilización, dificultad respiratoria, y emocionalmente sin ganas de contactar con nadie. Estos efectos son bastante tangibles, sensibles y en algunos casos mensurables como una disminución de la luz, como si la atmósfera no pudiera lucir o brillar con el sol.

El *dor* tiene también una expresión atmosférica y cuando está suficientemente extendido se asocia con sequía o condiciones desérticas. Aparece en el paisaje como una neblina gris-acero que reduce la visibilidad, dando a la luz del sol una cualidad abrasadora o quemadora. En el punto álgido de la crisis *oranur-dor* en su laboratorio Reich también observó un oscurecimiento en el color de la piel en las personas expuestas prolongadamente al *dor,* y que las superficies de los árboles y las rocas también adquirían ese oscurecimiento, como un depósito de hollín. Este fenómeno combinado de material *oranur* y material *dor* fue observable en el oscurecimiento de las rocas y los árboles alrededor de su laboratorio, y le llevó a concluir que había provocado que la lluvia se hubiese vuelto ácida, siendo además responsable de crear una capa gris opaca en la atmósfera y de bloquear el desarrollo de las nubes y la lluvia. Las nubes bajo condiciones *dor* aparecen como "andrajosas" o "comidas", algo similar al algodón sucio y troceado. O están como bloqueadas y nunca crecen más allá de un cierto tamaño pequeño. En algunos casos, aparecerán pequeñas nubes con un color negro o gris oscuro y mantendrán su oscuro color aun cuando estén iluminadas directamente por el sol. Esas son las que Reich llamaba *nubes dor.* Ellas se forman y conforman continuamente sobre ciertos lugares del paisaje, como si estuvieran atadas energéticamente a ese lugar. También se pueden encontrar sobre regiones enteras, siendo llamadas por los científicos atmosféricos "nubes marrones" o "nubes de polución", aun cuando estén localizadas sobre el campo o el océano, en zonas muy distantes de las ciudades y de la industria. Los científicos marinos describen las "nieblas secas", fenómenos poco frecuentes, que parecen ser nubes *dor* del desierto en zonas costeras asociadas a desiertos.

Se aprendió algo importante acerca de la energía vital atmosférica cuando ocurrió el accidente experimental en el laboratorio de Reich, y su publicación en 1951 de *"The Oranur Experiment"* (*El Experimento Oranur*) describe los dramáticos acontecimientos. De sus observaciones sobre las reacciones de la gente y de otros seres vivos al oranur, Reich señaló analogías con experiencias ordinarias que muchas personas ya conocían. Por ejemplo, el comparó la irritación oranur-dor de la energía vital con las reacciones iniciales y prolongadas que sufre un animal salvaje cuando se le coloca dentro de una jaula. Al principio, el animal reacciona con furia intentando romper el entorno que lo aprisiona. Un león o un oso enjaulado, por ejemplo, reaccionan con furia y rabia, lanzándose contra las barras, mordiéndolas, tratando de romperlas y liberarse. Luego el animal, exhausto, se queda quieto, como en letargo. Se resigna a estar en la jaula, se sienta en una esquina, casi sin moverse. Las jaulas pequeñas de los zoológicos convierten a estos animales en seres emocionalmente muertos. Reich comparó la saludable y con movimientos calmados energía orgónica, con una serpiente que se mueve con su oscilación natural, y al irritado *oranur* con una serpiente que es agarrada y sujetada por un punto de su cuerpo mientras que por sus extremos se retuerce y agita. Lo mismo se puede decir de cierto tipo de vida "civilizada", dentro de una *jaula social,* de una *camisa de fuerza* de conformidad (por ejemplo el sistema escolar con autoritarismo compulsivo) que puede producir resultados similares en humanos. Desde un punto de vista biofísico, se trata del mismo tipo de reacción biofísica natural en el trabajo.

Además de la energía nuclear, Reich identificó más tarde otras fuentes de producción de *oranur*, desde leves a severas, que pueden perturbar la energía orgónica, tales como las luces fluorescentes y los motores con bujías. Hoy en día hay muchos más dispositivos que producen irritación del orgón, y que serán descritos brevemente.

Mientras que el *oranur* y *dor* existen ambos típicamente en

Arriba: Atmósfera sofocante con neblina gris debida al dor, oscureciendo el horizonte e impidiendo el desarrollo de las nubes. Corresponde a los desiertos cercanos a Phoenix, Arizona.

Abajo: El mismo paisaje bajo diferentes condiciones atmosféricas, con nubes bien formadas, y un buen color azul del cielo. La barra negra marca el mismo punto en el horizonte. Los trabajos experimentales tanto de la ciencia clásica atmosférica como de la biofísica orgónica han indicado que solo una parte de la oscura neblina atmosférica – que también aparece frecuentemente sobre los océanos en condiciones de muy baja humedad y que se llama con el contradictorio nombre de "niebla seca" – puede explicarse por la presencia de gases de aerosoles y partículas de polvo. (Ver: DeMeo, J. Journal Am. Inst. Biomedical Climatology, Vol.20, pp 1-4, 1966).

una región determinada, una de las dos expresiones predomina sobre la otra. Inicialmente son efectos radiantes unidos a un paisaje específico. Como tales, el *oranur* y el *dor* no pueden ser "arrastrados" por el viento, pero una buena tormenta de lluvia puede eliminarlos y limpiarlos. Bajo fuertes condiciones excepcionales de *oranur* y *dor* las tormentas se pueden bloquear y desviar, apareciendo sequías prolongadas. Las zonas desérticas, están por lo general cargadas de grandes cantidades de dor, particularmente en las zonas bajas de su topografía, y grandes masas de aire cargado con dor pueden extenderse hacia el exterior de la zona desértica para comenzar una sequía en otro sitio. Las regiones con centrales nucleares y almacenes de basuras o con minas de uranio o fábricas de refino también tienden a ser zonas muy cargadas con *dor* y *oranur*. Periodos secuenciales de sequía ocurren frecuentemente en esas zonas ya que la energía vital está pocas veces en un estado natural, estando periódicamente sobreexcitada o mortecina.

Las descripciones anteriores de las condiciones *oranur* y *dor* contrastan con las condiciones normales de la energía orgónica, que es chispeante y pulsante. Cuando el continuum de orgón mantiene un estado de continua y vigorosa pulsación atmosférica, tienen lugar ciclos regulares de lluvia-sequía-lluvia. La atmósfera está limpia y transparente, brillante y fresca y no se ve ninguna neblina notable. El contraste entre el cielo azul y las nubes se nota en todo el horizonte. El cielo tiene un azul profundo y los contornos de las nubes están bien definidos. Las nubes mantienen una forma redondeada, como brotes de coliflor, desarrollándose verticalmente, sin desviarse lateralmente o derrumbarse. Las montañas lejanas tienen una coloración púrpura o azulada. La vegetación también es brillante y lozana, llena de vida. Los pájaros están activos y volando al igual que cualquier otra vida animal, que también está activa. La luz del sol calienta pero no quema ni hiere. La sensación subjetiva general en las condiciones de buen tiempo es de una gran expansión, energía abundante, mucho contacto con otros y ganas de vivir. Respirar es fácil y parece que el aire se introduce literalmente en los pulmones. Mucha gente se encuentra excepcionalmente viva y alerta y más relajada que normalmente. Parece que toda la vida empuja hacia arriba, en contra de la gravedad, como una expresión de la oleada, del empuje suave y naturaleza expansiva de la energía vital. Durante los periodos de lluvia, uno se siente menos

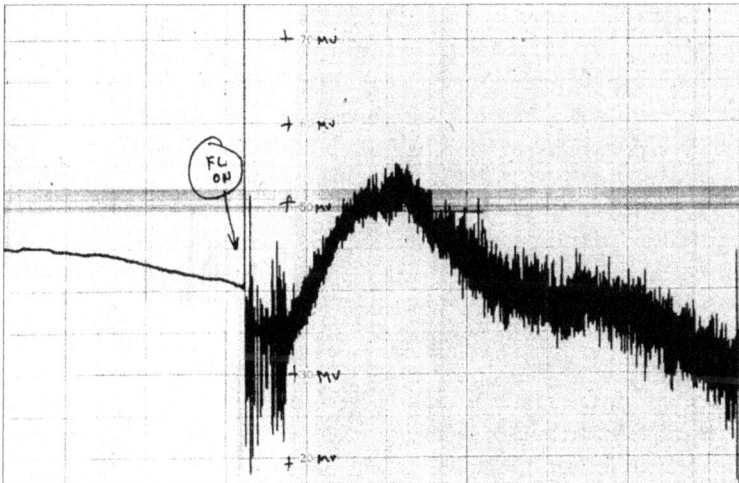

Arriba: Perturbaciones bioenergéticas creadas por la agitación oranur de una luz fluorescente detectadas midiendo el campo bioeléctrico cercano a un filodendro con un milivoltímetro sensible (HP-412-A VTVM) antes y después de encender la luz.
Abajo: Una perturbación similar producida por un televisor con tubo de rayos catódicos. En ambos casos, ninguna luz procedente de los aparatos llegó a la planta ya que estaba protegida detrás de un pesado cartón.

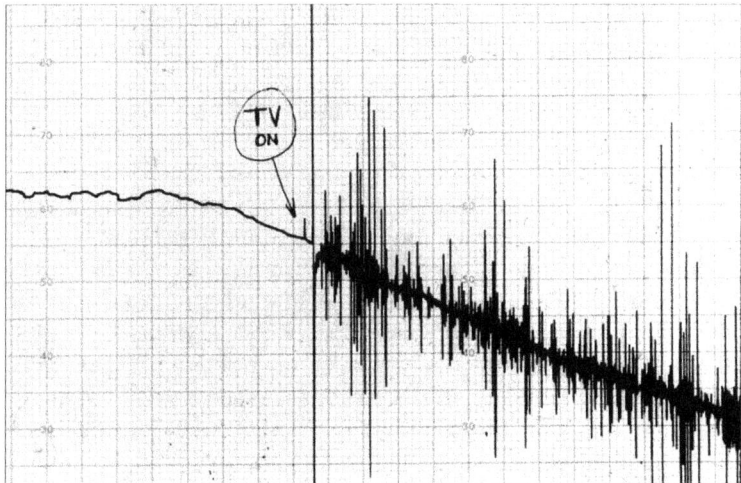

energético, incluso adormecido, pero todavía relajado, cómodo y tranquilo. Llueve con regularidad cíclica. La mayoría de la gente mayor es consciente que esta calidad de la atmósfera es cada vez más rara. Era más común en el pasado que hoy día. Estancamientos brumosos de tipo *dor* son casi la "norma", de tal manera que la gente joven, particularmente de las grandes ciudades con polución, no saben lo que es un día radiante y luminoso. Por ejemplo, los pilotos más veteranos de líneas aéreas recuerdan que la neblina dor solo estaba presente sobre unas pocas áreas industriales cerca de las grandes ciudades. Sin embargo, hoy la neblina dor se puede ver de manera casi continua de costa a costa, ¡y a considerable distancia mar adentro también! De la misma forma, en áreas que sufren una gran deforestación y desertización, el dor de las condiciones desérticas está empezando a manifestarse en regiones que antes eran húmedas y lozanas. En regiones húmedas, cuándo la atmósfera sufre el efecto dor, las tormentas regulares son reemplazadas por lloviznas ácidas y brumosas. Los naturalistas informan que la luminosidad azul sobre las montañas se desvanece dos años antes del comienzo de la muerte del bosque, un fenómeno que está, probablemente, asociado con la polución del aire estancado y neblinoso.

En realidad, la luminosidad azul de los océanos, los ríos, los bosques y la atmósfera es una medida razonable de la predicción de la vitalidad del ecosistema. Justo cuando la energía vital ha sido documentada y objetivada, debemos preocuparnos que no sea contaminada y matada.

Un problema común con el uso del acumulador de orgón es que acumulará la calidad de la energía disponible localmente. Uno tiene que preocuparse de la calidad de las condiciones de la energía en el lugar donde se va a usar el acumulador. La energía orgónica en la atmósfera o dentro de algunos edificios es sensible a ciertos tipos de perturbaciones y agitación. De la misma manera que los protoplasmas vivos, la energía orgónica puede ser *excitada* o *irritada* y ciertas influencias ambientales pueden conducirla a las condiciones tóxicas de oranur y dor. Si la energía atmosférica en la casa o en sus alrededores se ha vuelto tóxica de esta manera, se desaconseja el uso del acumulador; su uso solo se aconseja después de eliminar los agentes irritantes, ya que, de no hacerlo, sería muy difícil no acumular algo distinto de una carga tóxica o irritante.

Oranur y Dor

Por ejemplo, no deben usarse nunca los acumuladores de orgón, particularmente aquellos destinados a experimentos biológicos o uso humano, en habitaciones con los siguientes dispositivos irritantes:

-luces fluorescentes, de tubo largo o bombillas compactas fluorescentes (CFLs)
- televisores, especialmente las variedades con tubo de rayos catódicos
- ordenadores o microordenadores
- otros aparatos con tubo de rayos catódicos
- hornos de microondas u hornos de inducción
- teléfonos móviles y teléfonos inalámbricos
- teclados y dispositivos en red wi-fi
- mantas eléctricas (aunque solo se enchufen y desenchufen)
- aparatos de diatermia y de rayos X
- motores eléctricos que producen chispas, dispositivos de inducción o bobinas
- aparatos de video portátiles, game-boy, playstation, etc..
- otros aparatos electromagnéticos
- detectores de humo radiactivos por ionización
- relojes o relojes de pulsera u otros dispositivos que contienen materiales radiactivos que se iluminan en la oscuridad (se pueden usar materiales fosfoluminiscentes que se basan en el principio de absorber la luz visible)
- otros materiales radiactivos o vapores químicos fuertes

El acumulador de orgón tampoco debe usarse en los mismos edificios en los que se usan potentes aparatos, como los equipos de rayos X anteriormente enumerados. Experimentos realizados por Reich y otros trabajadores clínicos en hospitales han demostrado que los equipos de rayos X destruirán los efectos estimulantes de la vida de la radiación orgónica. Además hay un *efecto persistente* en el que las condiciones tóxicas de la energía permanecen por un tiempo después de que se desconecta el equipo perturbador y se quita de la habitación o edificio. Los acumuladores de orgón tampoco deben ser usados en las cercanías o en las inmediaciones de las siguientes instalaciones:

- sistemas de radar de aeropuertos
- torres de telefonía móvil

- líneas eléctricas de alta tensión
- torres de radiodifusión de AM, FM y TV
- plantas nucleares y sus instalaciones de almacenamiento
- vertederos de material radiactivo, minas de uranio
- instalaciones militares con almacenes de bombas atómicas
- zonas de pruebas nucleares en el presente o en el pasado

Reich y otros asociados con él, advirtieron acerca de estos aparatos en las décadas de 1940 y 1950, pero solo hoy vemos estudios epidemiológicos corroborando estos efectos negativos para la vida.

Parte de este problema depende de la dificultad de que demostrando simplemente la correlación entre dos eventos no se prueba su causalidad. Uno tiene que mostrar o demostrar cuál es el mecanismo, y demostrar objetivamente cada fase entre los dos eventos correlacionados antes de probar que son causa y efecto. Esto es en la mayoría de los casos una política muy sabia. Pero es aplicada de manera desigual en el mundo de las ciencias. Los teoremas ortodoxos son raramente sujetos a revisiones críticas basadas en el incumplimiento de estos estrictos criterios (ej.: "genes deficientes", virus ocultos", etc..) mientras que las teorías heterodoxas son negadas, rechazadas o reprimidas ante cualquier debilidad que muestren. Los contaminadores industriales utilizan este argumento para eludir la responsabilidad del daño medioambiental que han causado.

En lo que se refiere a cuestiones energéticas, de acuerdo con los mejores cálculos de los físicos, la radiación de bajo nivel no debería ser perjudicial para la vida. La energía presente en las radiaciones de bajo nivel, *como se detecta con los instrumentos convencionales de detección de radiaciones*, no es suficiente para causar un daño significativo. Ahora bien, de acuerdo con muchos biólogos, el daño sí se produce. Enfatizo la preocupación acerca de los *instrumentos convencionales de detección de radiaciones*, porque una de las mayores falacias de la física es que si un instrumento no mide la perturbación en un entorno, entonces no hay perturbación en ese entorno. El error radica en la falsa suposición de que los instrumentos que detectan energía, detectarán el 100% de cualquier perturbación. Este supuesto no probado, es desafiado, naturalmente, por evidencias biológicas o epidemiológicas que demuestran que existe un efecto aunque no pueda encontrarse una explicación fácil dentro de las teorías generalmente aceptadas. Además, en las ciencias modernas, hay una gran desconfianza en el cuerpo, en el organismo, pues la gente media que enferma debido a nuestros modernos aparatos con sistemas de radiación no es creída, o es mirada sospechosamente. La gente que vivía alrededor de la planta nuclear de la isla de Three Miles durante su accidente más grave en 1979, por ejemplo, informaron de extrañas nieblas de azul luminoso, sensaciones intensas de quemaduras solares, dolores de cabeza y dificultades para respirar y otras cosas que Reich describió en *The Oranur Experiment* casi 30 años antes. Esta gente fue ignorada por tener "reacciones psicológicas"; no fueron tomadas en serio aun cuando se encontró un gran número de pájaros muertos y que la región permaneció durante bastante tiempo después sin pájaros. Se informó de unos fenómenos similares alrededor de la planta nuclear de Chernobyl durante el tiempo de su accidente en 1986, y las objeciones de las autoridades fueron similares.

Es precisamente aquí, que los hallazgos de Reich sobre la energía orgónica proporcionan una aclaración, ya que la energía

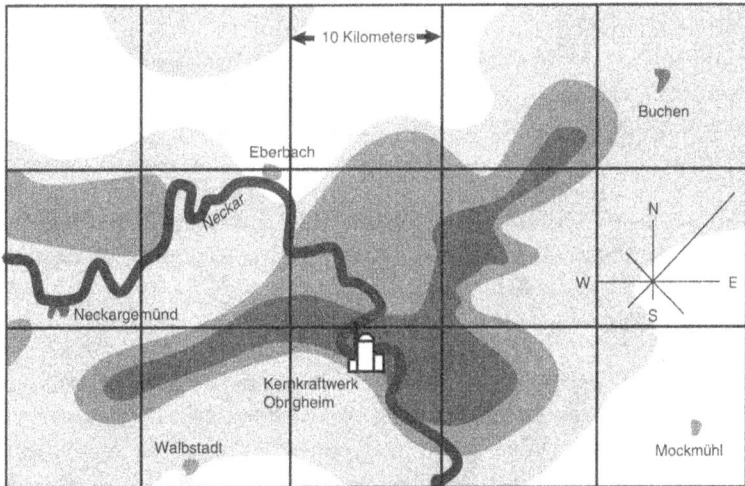

Distribución de la disminución de la zona boscosa y sin vida alrededor de la planta nuclear alemana de Obrigheim, de un estudio del Prof. Günter Reichelt. Otras instalaciones atómicas que incluyen reactores, minas de uranio y refinerías muestran daños similares. (G.Reichelt, *Waldschäden durch Radioaktivität?* 1985; Ver también R. Graeub, *The Petkau Effect*, 1992)

vital (y sus perturbaciones) están documentadas principalmente sobre reacciones biológicas de seres vivos. Hay métodos para detectar experimentalmente los efectos oranur inducidos por la radiación, pero requieren aparatos experimentales especiales no disponibles comercialmente. O bien, se podrá observar un comportamiento extraño en los aparatos normales de detección de radiaciones. Por ejemplo, Reich observó que su contador Geiger se "aceleraba" o se "trababa" o "se moría" cuando era expuesto a los efectos oranur, algo que yo mismo confirmé hace años cuando vivía cerca de los reactores nucleares de Turkey Point en el sur de Florida. Aquellos reactores no tuvieron ningún accidente, solo "emisiones rutinarias" de radiaciones tóxicas de bajo nivel creando una tremenda reacción oranur en sus inmediaciones.

El orgón también es un continuum de energía que proporciona una conexión entre el aparato o instalación que produce la perturbación (planta nuclear, torre de microondas, luz fluorescente, televisor de rayos catódicos) y la criatura viva que es afectada por esa perturbación. Así como se perturba y se agita el campo local de energía orgónica de la Tierra por medio de una radiación nuclear o un dispositivo electromagnético, así también se ve perturbado el campo de energía orgónica de una persona en ese entorno.

La física moderna reconoce en parte estas conexiones ya que todas las bombas nucleares, reactores nucleares e instalaciones relacionadas se dice que radian en cantidades tremendas radiaciones indetectables, sin blindaje posible, de *neutrinos*. Estos neutrinos salen de las instalaciones penetrando en cualquier clase de blindaje afectando a los cuerpos de todos a muchas millas alrededor. Teóricamente, ellos no producen ningún daño o destrozo ya que los neutrinos tienen una masa extremadamente baja, pasan a través de cualquier cosa y requieren, por tanto los dispositivos de detección más sofisticados para detectar su presencia.

¿Pero cómo pueden dañar éstos a los seres vivos? Esto es una suposición puramente especulativa. El hecho observado generalmente, es que, de acuerdo con las mejores teorías de la física clásica, por cada desintegración nuclear emitiendo partículas beta (que es la mayoría de la radiactividad, por así decirlo) se producen un par de neutrinos radiantes. La radiación beta puede ser blindada, pero no los neutrinos. Por lo tanto una

Oranur y Dor

energía significativa se radia constantemente desde el corazón del reactor nuclear a través del pesado blindaje del reactor a la zona de alrededor que no puede ser detectada con los detectores de radiación ordinarios.

Los detectores de neutrinos son aparatos muy grandes, armatostes del tamaño de un almacén que necesitan equipos de científicos para manejarlos, basados en el principio de buscar destellos diminutos de luz azul en enormes tanques de agua oscura o en las profundidades oscuras del océano u observados en las profundas capas de hielo de los glaciares, en los que una serie de detectores de luz se colocan en agujeros profundamente taladrados. Según los cálculos más generalizados, hay una cantidad increíble de neutrinos ocupando nuestro espacio para vivir y respirar. Nuestro Sol produce teóricamente 18 x 10^{37} neutrinos por segundo, un número realmente enorme (18 seguido de 37 ceros!). De esos, la Tierra intercepta 8 x10^{28} neutrinos cada segundo. La Tierra también produce una partícula de la misma familia, el anti-neutrino en una proporción de 1.75 x 10^{26} por segundo. De estos números gigantescos *el humano promedio teóricamente recibe alrededor de tres trillones de neutrinos cósmicos naturales cada segundo, procedentes del la Tierra y del Sol, que atraviesan nuestro cuerpo.* Un gran reactor nuclear también radia anti-neutrinos a un ritmo de 10^{16} neutrinos por segundo. La pregunta es, ¿cuán reactivos son todos esos neutrinos?

De acuerdo con la teoría clásica, los neutrinos son tan "de otro mundo" que, como los fantasmas, pasan a través de la materia sin producir ningún efecto. Ellos tienen tan poca masa, sin propiedades tangibles, que pueden atravesar una capa sólida de plomo de cien mil millones de millas de espesor antes de reaccionar con uno de los átomos de plomo. Y esto no parece siquiera que empieza a tratar la alucinante pregunta sobre qué ha pasado con los neutrinos y anti-neutrinos creados desde el principio de los tiempos procedentes de todos los fenómenos radiactivos producidos dentro del Universo, ¡suponiendo que el tiempo tenga un comienzo! Será un número tan grande, tendiendo a infinito, que no importa cómo se calcule. Realmente, no tiene sentido y te deja sin aliento y tanteando en busca de respuestas, que más bien suenan a meras especulaciones metafísicas.

Consecuentemente, algunos físicos han postulado la existencia de un *mar de neutrinos*, que cada vez suena más al antiguo *éter*

Manual del Acumulador de Orgón

cósmico del espacio, pero con un nombre diferente. Pero incluso esto ha llevado a una adivinanza teórica ya que un Universo infinito o uniforme procedente del "big-bang" no permite un número infinito de neutrinos hacinados en cada centímetro cúbico de espacio. De hecho, toda la teoría de neutrinos – que es esencial para la teoría clásica de desintegración nuclear – está hoy en día tan sobrecargada de contradicciones y complejidades de las que se conoce muy poco, que podemos especular fácilmente que ese "*mar de neutrinos*" es un *océano continuo de energía* y no simplemente un conjunto complejo y apiñado de partículas discretas. Ello nos fuerza a enfatizar la componente ondulatoria del dualismo partícula–onda y nos lleva a preguntar una vez más en *qué medio ondulan las ondas y cuál es su medio de transmisión*. Desde ese punto de vista, podemos ver que el concepto del mar de neutrinos es lo mismo que el *océano de energía orgónica* y similar al *éter cósmico del espacio*.

Desde el punto de vista de la ciencia de Reich, todas las partículas de radiación atómicas, emergen del fondo del océano de energía orgónica, retornando, eventualmente, a él. La desintegración radiactiva con emisión de neutrinos sugiere un camino para la transferencia parcial de materia de regreso al océano de energía cósmica en el que se formó originariamente la misma materia. Todas las estrellas, galaxias planetas y otra materia del cosmos se ha formado lentamente mediante un proceso que Reich describió como *Cosmic Superimposition*, (*Superposición Cósmica*, título de su primer libro que presentaba una nueva cosmología), que implica movimientos en forma de espiral de la energía vital hacia la creación de masa. La teoría de la Superposición Cósmica era en gran medida un conjunto teórico de postulados, pero también se fundó sobre los nuevos hallazgos y observaciones de la biofísica orgónica, por lo que también tiene unos fundamentos empíricos.

Yo especularía, usando la teoría de Reich como punto de partida, que la materia es llevada, por la misma energía cósmica de superposición que tiene funciones gravitacionales y electrostáticas, a agregarse y construir átomos de bajo peso atómico hasta los elementos más pesados, formando también eventualmente elementos inestables o radiactivos. Muy probablemente, el fenómeno de transmutación identificado y medido por Louis Kervran (ver capítulo 6) es lo que actúa en este proceso. La materia se rompe por la desintegración radiactiva

Oranur y Dor

liberando directamente energía vital cósmica primaria de regreso al océano orgónico, en parte como materia de bajo peso atómico o "productos hijos", como se les denomina, pero también como descargas de las variadas partículas atómicas, incluidos los neutrinos y neutrones, permaneciendo la última como una partícula misteriosa, sugerente de las funciones negativamente–entrópicas de la energía orgónica. Por ejemplo, en mi laboratorio en el campo de Oregón, ha sido posible producir "recuentos de neutrones" de hasta 4000 cpm dentro de acumuladores muy potentes de energía orgónica, procedentes tan solo de las fuentes de radiación de fondo. Estos valores tan altos proceden típicamente de una fuente muy potente de radiación como la del núcleo de un reactor nuclear. Esto es un argumento a favor de la teoría de Reich, que relega gran parte de los procesos de desintegración atómica a expresiones de la energía vital, pero no a *"partículas discretas"*.

La energía perdida y casi indetectable de los neutrinos (o neutrones) de la desintegración de la materia radiactiva podría reflejar, simplemente, la interfase entre la materia y el continuum de la energía vital en el que no se descargan partículas *per se*. Desde ese punto de vista, un fenómeno de desintegración nuclear devuelve parte de su energía al océano orgónico. Reich especuló más en esta línea, describiendo la "convulsión de la energía vital" que acompaña a la explosión de una bomba atómica, como producida por reacciones severas de oranur dentro del entorno de energía vital que rodea al material atómico y no solo debido al proceso de fisión. Por ejemplo, las pruebas atómicas en la zona de pruebas de Nevada en los años 1950, trastocaron los experimentos que estaba realizando en energía orgónica en su laboratorio de la zona rural de Maine. Más adelante daré otros ejemplos de estos efectos a larga distancia. Como consecuencia de estos efectos, él se volvió pronto muy crítico con la energía nuclear. Sin embargo, con la teoría de Reich sobre oranur, tenemos también gran cantidad de reacciones biológicas objetivas y subjetivas para entender el fenómeno. La teoría del neutrino de la física moderna es muy incompleta, pero a través de una simple reinterpretación siguiendo la línea de las funciones de la energía orgónica, se sugiere un potente mecanismo conectivo y reactivo por el que las bombas atómicas y los reactores atómicos pueden influenciar la vida y el clima a largas distancias.

Podemos argumentar consecuentemente, que los reactores

atómicos no radian partículas discretas, los neutrinos, al medio ambiente, pero están constantemente radiando energía cósmica primaria devolviéndola al continuum de energía orgónica del medio ambiente, el cual se agita en gran manera y se sobrecarga. Esta es la fuente de la naturaleza del intenso brillo azul en muchos de los procesos atómicos, tales como la "radiación de Cherenkov" vista en cada reactor nuclear y en los graves accidentes de la isla Three Miles y Chernobyl, como se ha mencionado anteriormente. Funciones orgónicas similares actuarán en los "detectores de neutrinos" y en los "detectores de rayos cósmicos" que funcionan registrando un destello de luz azul. Sería algo análogo a como se perturba la atmósfera alrededor de una humeante olla de agua hirviendo, a pesar de que el aire alrededor ya tiene alguna energía térmica y vapor de agua. O como una poderosa máquina generadora de olas colocada en el centro de un gran y calmado lago, que puede crear perturbaciones en sus lejanas orillas. Las perturbaciones artificialmente creadas se propagan hacia el exterior pasando a través del recubrimiento protector del reactor y de cualquier barrera o pared para afectar a cualquier criatura viviente y al clima de la zona circundante. Los efectos disminuyen con el aumento de la distancia.

De la misma forma, se presenta el dilema de las enfermedades provocadas por la radiación electromagnética de bajo nivel. Esta radiación no debería enfermar a la gente, pero lo hace. La dificultad teórica consiste en que la física dice que estas ondas electromagnéticas se transmiten alrededor del entorno y del globo sin ningún medio de transmisión. Esta posición es similar a la de alguien que estudie y trabaje con ondas de sonido u ondas en el agua, pero que niegue la existencia del aire o del agua. Pero las "ondas de partículas" nucleares y electromagnéticas necesitan un medio a través del que se puedan propagar. El gran mito de la física moderna es que este medio nunca se descubrió, pero esta falacia ya se discutió en el capítulo 6 relacionado con los trabajos de Dayton Miller. También dicen que la energía de la radiación electromagnética de bajo nivel es insuficiente para romper las uniones químicas en los seres vivos. La suposición es que la bioquímica es suprema y, al igual que el éter cósmico de espacio, la energía vital no existe.

Los dispositivos electromagnéticos y las instalaciones nucleares tienen efectos perjudiciales sobre la salud de sus trabajadores y sobre la gente que vive en las cercanías, tanto si se acepta como si no el punto de vista bioenergético expresado aquí. En general, las molestias en la salud no están homogéneamente distribuidas entre una población dada. Ciertas personas con mucha energía o con muy poca y, generalmente, las personas muy jóvenes o muy mayores, son más sensibles a estas energías tóxicas y reaccionarán más rápido y más intensamente. En los capítulos siguientes, voy a referir varios casos específicos con sugerencias prácticas de cómo la gente puede protegerse a sí misma y a sus acumuladores de los peligros ambientales. Pero primero deberemos perfilar el problema.

En un hogar medio, los elementos más comunes que irritan el orgón son los televisores de rayos catódicos, los hornos de microondas, los ordenadores con tecnología wi-fi y los tubos fluorescentes de cualquier clase (el amplio espectro en la variedad de modelos reduce el problema pero no lo elimina). Los tubos fluorescentes producen frecuentemente plantas hiperactivas con hojas grandes y sobredimensionadas que inducen a la gente a pensar que ese tipo de luz es "buena". Algunos estudios incluso han mostrado que personas deprimidas pueden ser estimuladas y llevadas a un mayor grado de actividad cuando se las expone a la luz de tubos fluorescentes. Los ejemplos los constituyen las personas con depresión estacional en invierno, recién nacidos deprimidos, u oficinistas deprimidos; a todos ellos, debido a los efectos oranur de los tubos fluorescentes, se les pueden provocar un aumento temporal de la actividad. En muchos casos, el aumento de actividad era atribuido al color de la luz o a su frecuencia y esto tiene también su influencia. Pero el problema de la excitación oranur producida por este tipo de tubos fluorescentes no se contempla como un factor en estos estudios. El oranur es producido, sin embargo, por todo tipo de tubos de luz fluorescente, televisores, computadores, dispositivos wi-fi, teléfonos móviles y hornos de microondas. Su efecto puede ser medido a través de la perturbación del potencial eléctrico de una planta de la casa expuesta a estos dispositivos, y, a veces mediante el uso de un contador Geiger estándar o cargado de orgón. O se puede hacer una evaluación científica mediante mediciones de las funciones del acumulador y observando la perturbación que ocurre durante las condiciones oranur y dor.

En los alrededores de cualquier ciudad, las torres de emisoras de radio, los radares del aeropuerto, y las torres de telefonía móvil también constituyen un peligro y son productores de

Manual del Acumulador de Orgón

oranur. A aparatos como los hornos de microondas y televisores de rayos catódicos, se les permite emitir al ambiente cercano cantidades relativamente altas de radiación. Los nuevos televisores con pantalla de LCD y los monitores de los ordenadores con pantallas de este tipo son más seguros a este respecto, pero no lo son totalmente.

Algunas de las primeras versiones de los mandos de apertura de puertas automáticas por infrarrojos y de los interruptores automáticos de la luz, también emitían una señal *activa* que era detectada por sensores que ponían en marcha o apagaban los dispositivos. Muchos de ellos se han reemplazado hoy en día por *tecnología pasiva*, que detecta el calor del cuerpo. Los dispositivos electromagnéticos pasivos no plantean problemas, solo lo hacen los dispositivos activos que radian energía. Sin embargo, en este sentido, los detectores para evitar pequeños hurtos en librerías y comercios, y actualmente usados para la identificación de los ID-chips en los productos, sí que plantean problemas significativos para la gente que trabaja en ese entorno. Plantean un peligro para los trabajadores que se sientan cerca día tras día; el riesgo actual es simplemente desconocido. Al igual que los hornos de microondas y los televisores de rayos catódicos, está permitido que expongan a la persona "promedio" con una radiación "promedio" que se supone irracionalmente que no es dañina. Hasta que no se conozca más sobre sus efectos, se debe tomar precauciones. No hay que colocar un acumulador en la proximidad de esos aparatos.

De la misma forma, las centrales nucleares, tienen permitido ventilar (o más bien verter) cantidades significativas de radiación en el agua de refrigeración y en el aire de ventilación que pasan por sus instalaciones. Aparte del hecho de que la población local respira y a menudo bebe estos residuos, que se pueden acumular en la cadena alimenticia, existe además, el problema del oranur y del dor. Ambos están creados por estas centrales nucleares, afectando la energía atmosférica de esas áreas, predominando un estado cualitativo sobre el otro. La gente sensible puede literalmente sentir la diferencia en una región después de que un reactor nuclear haya estado funcionando por un tiempo, y efectuando observaciones cuidadosas se revelan algunas veces cambios en los patrones climáticos.

Las pruebas subterráneas de bombas atómicas son, o eran, quizás los peores delincuentes ya que golpean y agitan el campo

Oranur y Dor

de energía orgónica del planeta entero. Hay alguna evidencia que sugiere que después de esas pruebas atómicas subterráneas, se han desencadenado fenómenos climáticos de una severidad extrema (véase la sección de Referencias). El ejemplo más grave de esto proviene de una secuencia de diez pruebas atómicas llevadas a cabo por los gobiernos de Pakistán e India en mayo de 1998. Tras pocos días una gran ola de calor recorrió la región indo-paquistaní y un terremoto de magnitud 6,9 sacudió la vecina Afganistán. Varios miles de personas murieron por esos acontecimientos y se desarrollaron otras reacciones climáticas globales en un corto espacio de tiempo. Para el pensamiento ortodoxo, todo esto es "imposible" pero tiene sentido cuando se considera una extensa perturbación del campo terráqueo de la energía vital. Otra evidencia, aportada por los investigadores japoneses Kato y Matsume, sugiere que la Tierra es perturbada en su dinámica rotacional y la atmósfera superior se perturba y sobrecalienta debido a las pruebas de bombas atómicas subterráneas. El geógrafo Gary Whiteford documentó cambios en los patrones de terremotos globales tras las pruebas atómicas subterráneas (ver otra vez la sección de Referencias para las citas). Todos estos efectos no tienen sentido desde el punto de vista de la biología, geología y física clásicas, que niegan la existencia del principio de la energía vital y suponen que el espacio está "vacío". Sin embargo, desde el punto de vista de la biofísica orgónica, estos efectos encuentran una explicación razonable. Es muy similar a nuestra discusión anterior sobre la energía vital en el león o en el oso, que está agitado por la cautividad o porque le pinchan. Recuerdo también a los toros torturados en las plazas de toros españolas donde son picados con pinchos afilados en el lomo. Parece que la carga de energía vital de la Tierra y su atmósfera reacciona y se irrita de igual manera como un protoplasma.

De hecho, las primeras reacciones de agitación y las posteriores reacciones letárgicas y enfermizas de la energía vital en los seres vivos, originariamente documentada por Reich en el experimento oranur, ha sido maravillosamente corroborada por John Ott en su libro *Health and Light* (Salud y Luz). Ott demostró que los ratones de laboratorio expuestos a la radiación agitadora de los televisores con tubo de rayos catódicos, se sobreexcitaban y eran hiperactivos en primer lugar, pero más tarde, el mismo ratón se volvía letárgico y se quedaba quieto, desarrollando eventualmente

95

Manual del Acumulador de Orgón

enfermedades degenerativas. Ott dio muchos ejemplos en los que el comportamiento agresivo de animales de cría, como visones y peces de acuario, se eliminaba quitando los tubos fluorescentes de luz que producen oranur y aumentando al mismo tiempo su exposición a la luz solar. Efectos similares se han obtenido con escolares que tenían tubos de luz fluorescente en su aula. Ott demostró esto usando la filmación a cámara lenta. Las imágenes más alarmantes se pueden ver en el vídeo *Exploring the Spectrum* (Explorando el Espectro). Algunos profesores de escuela han encontrado que este comportamiento alterado en el aula se elimina fácilmente apagando la luz de los tubos fluorescentes.

He observado reacciones similares entre niños a los que permiten pasar mucho tiempo "viendo" la televisión o navegando por internet. Estos efectos se notaban más con los antiguos televisores con tubo de rayos catódicos, que también tenían los monitores de los ordenadores, pero parece ser no tan dramático con las nuevas pantallas planas de LCD. En cualquier caso al principio de la exposición del niño al televisor u ordenador, se presta poca atención al contenido del programa. Los niños tan solo desean que la televisión esté en marcha, estando frecuentemente ocupados con otras cosas mientras están sentados frente a él. La adicción al ordenador también muestra un síndrome similar. Uno ve, a veces, este extraño comportamiento en familias enteras en las que toda la actividad familiar de la tarde o del fin de semana se desarrolla alrededor de la gran pantalla del televisor de tubo de rayos catódicos. Parece que nadie presta atención al programa que se emite mientras el televisor está *encendido*. O especialmente, los niños que están sentados, inmóviles, frente a la pantalla del televisor o del computador, teniendo poca actividad exterior a la casa y poco contacto humano. Al igual que los ratones de laboratorio que comen cocaína, los adultos y niños, pueden convertirse en *adictos* a los efectos oranur del televisor o computador. Posteriormente, como ocurría a los ratones de Ott, ellos entran en una fase inmóvil, inerte, letárgica, conocida popularmente como *síndrome del sillón y patatas,* que puede correlacionarse y ser un precursor de la obesidad y otras enfermedades degenerativas. Naturalmente hay una componente emocional en este comportamiento en el que los adultos y niños que lo han contraído usan la televisión e internet como un medio de escapar de una desgraciada situación social o familiar. Pero hay que recordar el descubrimiento de Reich, de que el orgón es la energía de las emociones. Los televisores y computadores que radian intensamente, y para los niños la"game-boy", la "playstation" o los teléfonos móviles para "escribir mensajes", así como otros aparatos similares, son más que un escape "cognitivo". Tienen *distintos efectos bioenergéticos que pueden, al final del análisis, ser lo que les hace tan adictivamente atractivos a sus usuarios.*

Esta forma bioenergética de adicción electromagnética/oranur se ve más claramente cuando uno trata de apagar el televisor o el computador. Niños agitados o letárgicos que están inmersos en la radiación de la pantalla que están viendo, pero quietos o con el "cerebro paralizado" pueden ponerse súbitamente a gritar cuando se intenta apagar estos aparatos. También los adultos que sufren este síndrome, se molestan con la idea de desconectar los aparatos electrónicos, y si se apagan se les fuerza a salir de ese suave estado catatónico a otro más directamente emocional (bioenergético) contactando con otros seres humanos. Uno ve una superposición de refuerzo de este *murmullo bioenergético* en los adultos con el consumo de alcohol, como ocurre en los bares deportivos, donde las grandes pantallas electromagnéticas de TV están siempre encendidas con una sensación bioenergética similar a la que se tendría en un departamento de televisores de un gran almacén. Naturalmente, las imágenes en color te dan la sensación de subir el ánimo, y muchas veces la atmósfera social en los bares deportivos puede ser más agradable que la soledad o la hostilidad velada que la persona tiene en su hogar, en el seno de una familia disfuncional. En algunos casos, esto puede ser un *escape temporal* real y bastante racional, y no solo *escapismo.*

Naturalmente, el contenido de los programas que se emiten también juega su papel. Cuanto más excitante y fantástico o violento y cruel o sexualmente excitante, más incidirá sobre las emociones reprimidas, y las ansias sexuales, y destapará la ira del individuo alimentando más el síndrome. Yo no deseo condenar la televisión de manera general ya que hay algunos programas de contenidos excepcionalmente buenos entre el océano de la *basura mental* que fluye por las ondas.

Otra respuesta que corresponde a esta categoría es el uso tan extendido de video-juegos portátiles o fantásticos teléfonos celulares por adolescentes propensos a la ansiedad que consumen grandes cantidades de tiempo con ellos. Podríamos llamarlos

Manual del Acumulador de Orgón

aparatos de oranur portátiles, donde el individuo adquiere una "fijación" bioenergética personal parecida a la adicción del fumador de cigarrillos. La pérdida de uno de estos juguetes adictivos puede dar lugar a una gran angustia o incluso a un ataque violento. Ott ha mostrado que estos aparatos, televisores (o monitores de rayos catódicos) y luces fluorescentes, en particular, son frecuentemente causa de hiperactividad en la infancia. Otros investigadores han observado actualmente desórdenes de comportamiento similares, intensificando el aislamiento social y la retracción emocional, entre los niños que son adictos a sus juguetes electrónicos. Las sensaciones tangibles de oranur de las luces fluorescentes en las aulas junto con la presencia de computadores en ellas, o en los grandes departamentos de televisores de los grandes almacenes, que también tienen luces fluorescentes, asaltan a los que pasan por allí.

Yo vi un caso claro de adicción a la radiación del televisor en niños de tres años hiperactivos que permanecían muchas horas delante de la pantalla, pero que no prestaban atención a los contenidos de los programas. En el momento que volvían a casa de la escuela, el televisor se ponía en marcha. Cuando se apagaba finalmente el televisor (la frustrada madre tuvo que cortar el cable de alimentación para vencer a los inteligentes niños), entonces había unos lloriqueos agonizantes de protesta y un periodo de comportamiento más agitado. Sin embargo, tras una semana, los niños empezaron a desarrollar nuevas amistades y actividades *desapareciendo completamente su hiperactividad.* La madre eliminó el gran televisor en color con tubo de rayos catódicos y compró, más tarde, un televisor más pequeño de pantalla plana LCD, que produce perturbaciones electromagnéticas bastante menores. A pesar de que más adelante, se les permitió a los niños ver la televisión en el televisor de pantalla plana tanto tiempo como querían, no cayeron de nuevo en la misma trampa y el síndrome de hiperactividad no volvió a ocurrir. En estos casos, el sistema energético humano se había convertido en adicto a la agitación electromagnética oranur, lo que necesitó un esfuerzo claro y consciente para superarlo.

Cuando se usa el acumulador de orgón en un ambiente con oranur o dor, todas las consideraciones anteriores son de máxima importancia, ya que el acumulador amplificará cualquier condición de la energía presente en ese ambiente local. Si hay oranur o dor en el ambiente, el acumulador amplificará esas cualidades, proporcionando a su carga una cualidad tóxica y negativa para la vida. En algunos casos, los efectos oranur y dor son persistentes y están muy extendidos, y no les afecta que simplemente cambiemos las cosas en nuestras casas. Este puede ser el caso en grandes ciudades con polución y ciertamente en las regiones cercanas a centrales nucleares. Con respecto a las centrales nucleares, se requiere una distancia mínima de seguridad de 30 a 50 millas respecto a los efectos biológicos de la radiación de bajo nivel y para usar el acumulador. (Ver mi nota sobre condiciones del factor de distancia en el Prefacio del Autor). Análogamente, si uno se encuentra a pocas millas de las líneas de transmisión eléctrica de muy alto voltaje o torres de emisoras de radio, no se aconseja el uso del acumulador. Igualmente no debe usarse el acumulador si la zona ha sufrido un accidente nuclear y está presente el polvillo radiactivo. Sin embargo, las mismas precauciones se aplican al propio sistema bioenergético. Al igual que el acumulador orgónico, el propio sistema bioenergético de energía vital estará afectado por esos mismos factores. Por esta razón, algunas personas siguiendo sensaciones que han tenido, deciden marcharse con sus familias a lugares más seguros, como al campo, donde la vida se mueve más despacio con ritmos naturales. Aprender acerca de la energía orgónica será beneficioso y plenamente satisfactorio, pero también nos hace conscientes de los aspectos tóxicos de nuestro ambiente energético local que previamente habían pasado inadvertidos.

Un último conjunto de consideraciones. Los acumuladores no deben ser usados nunca dentro de casas móviles o remolques-vivienda o casas con paneles de aluminio. El aluminio proporciona una característica negativa a la energía orgónica y es recomendable no vivir dentro de esas estructuras aun cuando no haya o no se almacene un acumulador. Casas móviles o remolques-vivienda con paneles de madera son más seguros y no existe ningún problema inherente con ellos.

Sin embargo, algunas casas móviles y edificios están aislados con un relleno de fibra de vidrio que tiene una lámina de aluminio como refuerzo. Si esta clase de aislante se usa en demasía, actuará de modo similar a un revestimiento de aluminio, transformando la casa en un gran acumulador con aluminio y proporcionando una sensación tóxica o de sobrecarga. Del mismo modo, casas con tejados metálicos o las nuevas casa con vigas de acero en lugar de vigas de madera, actuarán de alguna forma como un gran acumulador, por lo que amplificarán los efectos oranur que provengan de radiaciones electromagnéticas. Yo viví una vez en una casa móvil recubierta de aluminio por un corto periodo de tiempo, e incluso sin tener ningún acumulador se desarrollaba en su interior una gran carga de energía que producia leves nauseas. Esto puede estorbar el ciclo de sueño de una persona y llevar a amplificaciones futuras del efecto oranur si se usan tubos fluorescentes, lámparas compactas fluorescentes (CFL´s), hornos de microondas, computadores, teléfonos móviles, comunicaciones wi-fi o televisores. Los hogares nuevos, diseñados para un consumo energético eficiente, tienen a menudo los mismos problemas, ya que al usar láminas de aluminio como aislante y no tener una ventilación adecuada, hace aún peores sus situaciones energéticas. Uno no desea vivir dentro de un acumulador orgónico debido al problema de las sobrecargas, y mucha gente sensible se alterará debido a la sobrecarga que se desarrollará espontáneamente dentro de estos hogares con estructura tóxica.

Biológicamente, no somos muy diferentes del hombre de las cavernas, pero nos gusta considerarnos criaturas de la "era espacial" con todos nuestros dispositivos y juguetes electrónicos. Sin embargo, de hecho se puede vivir bastante bien con una línea telefónica normal, bombillas incandescentes, cocinas eléctricas o de gas y pantallas planas para el televisor y el ordenador y sin aparatos "wi-fi". No tenemos que regresar a las lámparas de queroseno y a los carruajes con caballos. Tan solo hay que evaluar nuestra tecnología con sabiduría para adaptarla a nuestra biología y no al revés. Y quién sabe si dentro de algún tiempo, cuando las funciones anti-gravitacionales de la energía orgánica sean comprendidas, pueda viajar la especie humana a las estrellas, siendo entonces una auténtica "era espacial". Ojalá que durante este proceso no nos convirtamos en "cyborgs electrónicos" o "mutantes de la era atómica".

Hay que aprender a reconocer los efectos dor y oranur, de tal modo que si la sensación dentro de un edificio o acumulador se ve perturbada o se hace incómoda, se puedan tomar las precauciones y dar los pasos necesarios para eliminar esos efectos. Las sensaciones subjetivas dentro de un acumulador deben ser de calidez, confort y relajación. Por eso es muy importante conocer cuál es el propio entorno energético y tener contacto con las sensaciones del propio cuerpo y sus órganos. Hay algunos instrumentos de precio razonable que le ayudarán en este proceso. Siga los pasos y las instrucciones que se dan en el siguiente capítulo sobre "Limpieza del Propio Entorno Energético".

Manual del Acumulador de Orgón

9. Limpiar el Entorno Bioenergético

En el último capítulo se identificaban algunos posibles problemas referentes al uso del acumulador de orgón, o a vivir en un lugar energéticamente perturbado. Los puntos siguientes ayudarán a crear un ambiente en el que el acumulador de orgón produzca una carga lo más fuerte posible, y tenga unas características de máxima suavidad y expansión energéticas. Si el lector sigue las siguientes indicaciones lo más fielmente posible, no solamente protegerá su acumulador, sino también a sí mismo y a su familia, tanto si construye un acumulador como si no. Ver el punto "N" de más abajo, donde se mencionan sencillos equipos de medida para la detección y evaluación de las distintas fuentes de radiación de bajo nivel discutidas en este capítulo.

A) El "Granero Viejo en el Bosque": El lugar más apropiado para colocar un acumulador sería sobre el suelo seco de un granero espacioso y aireado, en medio del campo. La mayoría de la gente, sin embargo, seguramente no dispone de un sitio así, pero puede tener un porche cubierto en la entrada de la casa que reúna características similares. Se deben intentar reproducir estas mismas condiciones lo más fielmente posible. Este "granero en el bosque" debería, de forma ideal, estar situado en medio del·campo o del monte; tiene que estar al menos entre 50 y 80 kilómetros de distancia de una instalación nuclear, y a unos 5 kilómetros de cualquier cable de transmisión eléctrica de larga distancia. (Ver en el Prólogo del Autor algunas advertencias acerca de los factores de la distancia). No debe estar en medio de la trayectoria de los rayos de transmisión de microondas, ni en un radio de 5 kilómetros de las torres emisoras de radio o televisión. Es mejor tener una estructura abierta, aireada, con buena circulación y luz solar, pero, a la vez, protegida contra la lluvia y los fuertes vientos. No deben estar presentes ningún aparato de televisión, luces fluorescentes, ordenadores, teléfonos móviles, homos microondas, aparatos wi-fi, detectores radioactivos de humo, etc.

Sólo deben tenerse unas pocas tomas de comente eléctrica y lámparas incandescentes colgadas.

B) <u>Plantas, fuentes y cascadas:</u> Se puede aumentar las características energéticas beneficiosas para la vida en cualquier habitación, llenándola con tantas plantas como sea posible, y asegurando una ventilación adecuada y continuada. Las plantas verdes mitigan los efectos del dor y oranur y oxigenan el aire. Lo mismo ocurre con las cascadas de agua de un manantial. Mucha gente percibe estos efectos agradables y expansivos, y así, de forma creciente, se están utilizando las plantas interiores y cascadas o fuentes para mejorar la estética subjetiva dentro de construcciones, tanto grandes como pequeñas.

C) <u>Limpieza directa con agua:</u> Si el medio ambiente está contaminado, o es demasiado seco, de características desérticas, se ha de limpiar el acumulador regularmente pasando un trapo humedecido por dentro y fuera de éste. También se puede tener una vasija abierta con agua dentro del acumulador cuando esté fuera de uso, para vaciarlo de la energía estancada.

D) <u>Materiales de construcción:</u> Hoy en día se pueden encontrar en librerías, bibliotecas e internet libros que ayudan a conocer los materiales de construcción no tóxicos. Estos libros informan sobre los productos y materiales de construcción no tóxicos que existen en el mercado, que son muchos. Desde un punto de vista bioenergético, no es conveniente vivir, o construir un acumulador, en una casa móvil o en una casa con un revestimiento de acero o aluminio. Un revestimiento de aluminio convierte la vivienda en un acumulador de aluminio, el cual se sabe que produce toxicidad tanto dentro como fuera. Cualquier construcción con paredes de metal, o incluso las construcciones más recientes en las que se utilizan entramados metálicos para las particiones de los muros interiores, pueden crear un efecto acumulador de energía. Y, por supuesto, pese a que uno pueda desear "cargarse" en un acumulador de forma periódica, ello no significa que desee vivir dentro de uno. Se debe recordar el principio del *granero en el campo*.

E) <u>Iluminación:</u> Con respecto a la iluminación, se desaconseja el uso de cualquier clase de luz fluorescente, incluyendo tanto los

Limpiar el Entorno Bioenergético

tipos de tubo-largo como las bombillas pequeñas, onduladas y compactas de luz fluorescente (CFL), que se colocan en las roscas ordinarias para las lámparas. No deben usarse nunca en las cercanías o en la misma habitación de un acumulador de orgón. Las CFL emiten radio frecuencias de bajo nivel, además de las perturbaciones electrónicas de las líneas de corriente de 60-ciclos. A mucha gente, de modo espontáneo le disgusta la sensación o la luz de estas bombillas, incluso sin haberles dicho nada. Esta advertencia es también válida para las variedades de bombillas y tubos fluorescentes de "espectro-completo", que de hecho no reproducen la frecuencias del sol. En mi laboratorio (OBRL) he efectuado lecturas espectrográficas tanto del espectro natural del sol como de muchos tipos diferentes de luces para iluminación. Todos los tipos de luces fluorescentes, incluidos los de espectro-completo, proporcionan, en comparación, un espectro muy incompleto. Todos ellos tienen un balastro electromagnético con cátodos de alto voltaje que excitan y perturban al contínuum de energía orgónica. Ninguna de estas instalaciones de alumbrado, ni tampoco los tubos fluorescentes por ellos mismos, eliminan el efecto oranur, que no se puede apantallar. El mejor tipo de alumbrado desde el punto de vista tanto del espectro-completo como del bioenergético, es el tipo incandescente con bulbo de cristal, y en concreto la variedad transparente en la que se puede ver el filamento incandescente a través del cristal. Esos bulbos reproducen bastante fielmente el espectro solar natural, y no crean oranur. El calor excedente producido, sencillamente calentará el hogar, lo que no es un problema en los climas fríos. Las afirmaciones de eficiencia energética relativas a estos tubos fluorescentes son bastante exageradas, pues su producción requiere mucha energía en comparación con una sencilla bombilla incandescente. Además, la mayoría de los bulbos CFL se funden bastante rápidamente cuando se someten a los frecuentes apagados-encendidos del uso normal. Se necesitan también varios de ellos para igualar la intensidad luminosa de un incandescente. Hay que ser escépticos sobre las afirmaciones del gobierno y de los medio-ambientalistas acerca de este asunto. Es de esperar, que para la conservación de la energía, las compañías productoras de focos de alumbrado encontrarán un bulbo tipo-LED más apropiado para la vida. Las variedades tipo LED no solo consumen poca electricidad, sino que en comparación con todas las variedades conocidas producen pocas ondas

Manual del Acumulador de Orgón

Comparación entre los Espectros de los Tubos Luminosos y la Luz Natural del Sol.

El espectro en la parte superior en la página opuesta corresponde a la luz natural, que muestra una distribución en frecuencias de entre 300 y 900 nm, con un pico alrededor de 520 nm. A esta luz es a la que los seres vivos, plantas y animales han estado expuestos y con la que se han desarrollado durante milenios. Justo debajo está el espectro de un bulbo típico incandescente, que de entre todos los bulbos actualmente en el mercado constituye la mejor réplica posible de la luz solar. Su funcionamiento es por calentamiento eléctrico de un tubo incandescente en un vacío parcial, que produce luz por medio de un proceso térmico sencillo. Sin embargo, el bulbo está mucho más frío que el sol y tiene un pico alrededor de 625 nm, produciendo también radiación ultravioleta hasta unos 350 nm. Estos suaves trazos de radiación ultravioleta son positivos para la vida, necesarios para la salud de la piel y de los ojos, y no es dañina. Los bulbos incandescentes de vidrio muestran también una suave curva espectral que le da un aspecto parecido a la luz solar. La figura de la parte inferior se refiere a un bulbo de los llamados de bulbos compactos de luz fluorescente de "espectro completo" (CFL). Su espectro está compuesto principalmente por picos agudos producidos por excitación eléctrica de alto voltaje en gases fluorescentes. La mezcla de esos picos trata de engañar a los ojos haciéndoles creer que es similar a la luz natural. De hecho producen un efecto desagradable que disgusta espontáneamente a mucha gente. No solo producen "luz basura" sino que emiten radiofrecuencias que en la proximidad de las personas rivalizan con las emitidas por los teléfonos celulares. No son favorecedoras de la vida y producen una luz tóxica e irritación biológica. En el laboratorio del autor (OBRL) se han verificado muchos tipos de bulbos, y los de luz incandescente eclipsan virtualmente todos los tipos de bulbos y tubos fluorescentes del mercado. Actualmente, los bulbos tipo LED funcionan de modo similar a los "puntiagudos" fluorescentes, pero consumen mucha menos electricidad y no emiten radiofrecuencias. El tiempo dirá si los fabricantes de bulbos luminosos pueden producir una variedad de auténtico espectro-completo y de bajo consumo de energía. Mientras tanto, ¡hay que confiar en los propios ojos!

Limpiar el Entorno Bioenergético

ESPECTRO SOLAR SIN OBSTRUCCIONES, AIRE LIMPIO

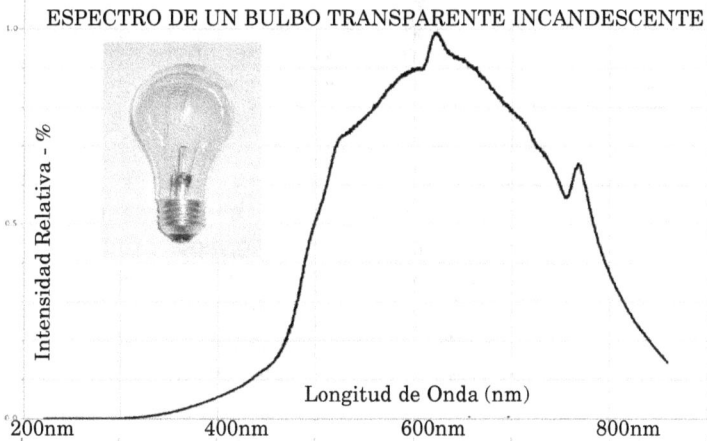

ESPECTRO DE UN BULBO TRANSPARENTE INCANDESCENTE

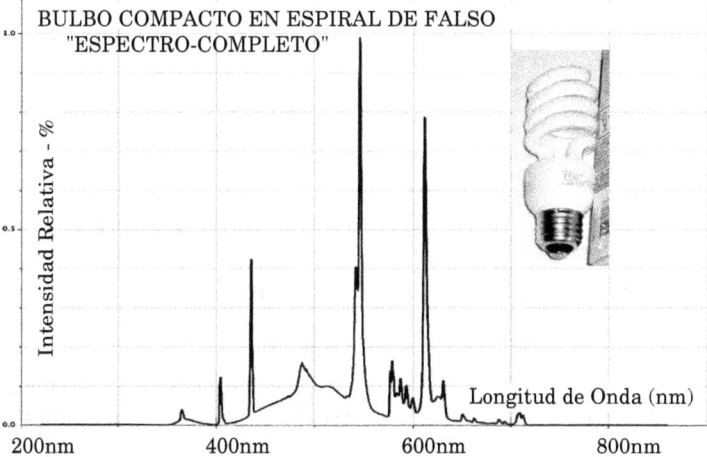

BULBO COMPACTO EN ESPIRAL DE FALSO "ESPECTRO-COMPLETO"

107

electromagnéticas perturbadoras, y producen una sensación suave. El problema con ellas hasta el momento es que emiten una luz bastante desagradable y tenue. En cualquier caso el Gran Hermano Gubernamental no debería estar dictando qué tipo de luces se den usar o no.

F) Aparatos de cocina: En lo referente a la cocina, conviene mantenerse alejado de los hornos microondas y de las cocinas basadas en corrientes electromagnéticas en remolinos. Aunque estos hornos están calificados de "seguros" por el gobierno federal, los patrones utilizados para establecer estos criterios están completamente desfasados, existiendo una complicidad entre los fabricantes de hornos y el gobierno. Los hornos, cocinas y tostadoras que funcionan con resistencia eléctrica son más seguros, aunque producen algunas perturbaciones electromagnéticas de muy baja frecuencia (ELF). Otro inconveniente de los aparatos de cocina con resistencia eléctrica es que no son muy eficientes en el uso de la energía debido a la ineficiencia inherente en la combustión del combustible para la producción de vapor que a su vez se usa para mover una turbina para así generar electricidad, para luego transportar esa electricidad a lo largo de un largo cableado, para al final convertir esa electricidad en calor cuando llega al hogar. Desde un punto de vista biológico y de la eficiencia energética es mejor usar cocinas y hornos de gas natural, de encendido eléctrico, sin piloto. La comida pasada por microondas pierde sabor, y es sospechosa desde un punto de vista nutricional, con la creación de subproductos radiolíticos que no pueden ser saludables.

G) Televisión: Con respecto a la televisión, los aparatos grandes a color, que emplean tubos de rayos catódicos (CRT), son los más perjudiciales. Estos poseen tres emisores de electrones en el tubo catódico, dirigidos directamente a la cara y funcionan con voltajes de relativamente alta excitación. Los aparatos de televisión estándar emiten un amplio espectro de energías nocivas, que incluyen las de muy baja frecuencia (ELF), los rayos-X suaves, las radio frecuencias y los campos magnéticos pulsados. Estos aparatos pueden aumentar de forma rápida los niveles de oranur y dor en una habitación o en una casa.

Como alternativa, son más recomendables las televisiones con pantalla de cristal líquido (LCD), las cuales no poseen un tubo de rayos catódicos y están destinadas a reemplazar por completo a las de CRT. La tecnología LCD se usa en las televisiones de pantalla amplia y de alta definición, que tienen un precio razonable. Desde el punto de vista bioenergético también son aceptables las televisiones de *proyección,* que no tienen un tubo de rayos catódicos y proyectan la imagen en una pantalla o pared. Aun así, todavía producen alguna perturbación en la energía orgónica, y por lo tanto no deben ser usadas cerca de un acumulador. Los televisores de pantalla plana de *plasma* consumen más energía y tienen un campo perturbador más intenso que las del tipo LCD, y por tanto no se recomiendan.

H) Ordenadores: Con respecto a los ordenadores, se deben tomar las mismas precauciones que con los televisores. Los monitores de los ordenadores son a menudo peores que los televisores, dado que la persona que trabaja con el ordenador se sitúa más cerca de la pantalla y pasa bastante más tiempo en frente de este. Los más antiguos usan pantallas del tipo CRT, que operan a más altos voltajes que los modernos portátiles o de mesa. Los monitores grandes del tipo CRT se deberían desechar o reciclarse, pues producen ELF, radiofrecuencias, rayos-X blandos y campos magnéticos pulsados, y han sido asociados a deformidades fetales y abortos. Si se usa mucho el ordenador, entonces se debe pasar sin duda alguna al uso de pantallas planas usando la tecnología LCD, como se ha indicado en la sección anterior sobre ordenadores. Aparte de la pantalla del ordenador, el circuito interno del ordenador también produce perturbaciones electromagnéticas y oranur. Por esta razón, es mejor usar ordenadores portátiles que funcionan con batería recargable y corriente continua, que se conectan temporalmente al enchufe de la pared para su recarga. Acoplados a una pantalla de cristal líquido, son posiblemente los ordenadores más seguros del mercado, y además necesitan una cantidad mínima de energía eléctrica para funcionar.

Sin embargo, los ordenadores portátiles nunca se deberían apoyar en el regazo, pues producen considerable cantidad de radiación en la proximidad de la carcasa. Hay que colocarlos sobre una mesa, y también con un teclado externo, para evitar exponer las manos a esa misma radiación, que se asocia también al síndrome del túnel carpiano. Normalmente este síndrome se describe como el resultado de un "movimiento repetitivo" pero de hecho podría ser el resultado de una sobredosis electromagnética

Manual del Acumulador de Orgón

en las manos. Hay que usar también conexiones por cable en todos los casos. No emplear conexiones "wi-fi" para el teclado o el ratón, y emplear también una conexión por cable al router y al sistema de internet. ¡Es mejor pasar los cables por el suelo o por el techo que enfermar debido a una crónica exposición a radiación de microondas! A pesar de todo, no hay que usar nunca ningún tipo de ordenador o televisor en el interior o cerca de un acumulador de orgón.

I) Mantas eléctricas y calefactores: Con respecto a las mantas eléctricas, estas han sido también relacionadas con crecientes malformaciones y abortos y espontáneos en mujeres embarazadas. Incluso cuando sólo están conectadas en el enchufe de la pared, pero no están encendidas, las mantas eléctricas emiten un campo eléctrico ELF muy potente que puede tener efectos tóxicos. Es aconsejable, por lo tanto, deshacerse de ellas y volver a las mantas de lana, los edredones de plumas, o colchas gruesas. *Las mantas eléctricas no deben ser nunca usadas con una manta de orgón*, o en un acumulador. Por razones similares, esta misma precaución debe guardarse con los calefactores portátiles con resistencia eléctrica. Es mejor llevar el acumulador al interior de un recinto en invierno si de otra manera estaría muy frío o se quedaría sin usar.

J) Torres emisoras de radio o televisión, y emisiones de líneas eléctricas: Con respecto a las torres emisoras de radio o televisión, y a las líneas aéreas de transmisión eléctrica, los riesgos ambientales que comportan están solamente ahora empezando a ser analizados. No se debe uno sorprender, por lo tanto, si la compañía eléctrica local, o incluso grupos defensores del medio ambiente, tienen escasa información sobre el asunto. La alternativa es, pues, informarse uno mismo acerca de los peligros, y hacer una valoración basada en el entorno inmediato y en lo que se haya podido aprender. En lo que respecta a mi propio análisis del problema, unos 8 km es una distancia segura tanto para las líneas eléctricas de alto voltaje más grandes, como para las torres de emisión o telecomunicación.

Los campos de las líneas de distribución también suponen un peligro potencial, así como los postes de las líneas justo fuera de las casas. Allí hay transformadores, con una línea de salida hacia los hogares. La energía eléctrica es enviada a través de la línea

Limpiar el Entorno Bioenergético

con una frecuencia de 60 ciclos por segundo en Norteamérica, o a 50 ciclos en Europa y en algunos otros pocos países. Con cada pulso de energía eléctrica el campo eléctrico que rodea la línea de transmisión se expande y contrae desde cero hasta su máximo valor creando un fuerte campo. El pulso de energía corre a través de la línea de acometida hasta el transformador, donde la tensión disminuye desde unos cuantos miles de voltios hasta unos 120 voltios (240 en Europa), y entra a través del transformador y del panel con los fusibles y elementos de seguridad hasta la vivienda. De ahí se distribuye por toda la casa hacia los distintos enchufes de las paredes, donde se conectan los aparatos.

Si el cableado eléctrico de la casa no está puesto a tierra de manera adecuada se puede crear un intenso campo electromagnético en la casa. Esto puede pasar si, por ejemplo, el constructor de la casa usó el sistema de distribución del agua para la puesta a tierra, como suele pasar a menudo, o si las picas de cobre insertadas en la tierra no están lo suficientemente bien colocadas. Siempre se pueden encontrar campos intensos en casi todas las casas en las que los cables de acometida de tensión entran en ellas, y también cerca del panel de fusibles donde el cable de alimentación se divide en múltiples circuitos con fusibles. No es deseable colocar en las cercanías de estos "puntos calientes" un acumulador de orgón, o la cama o la mesa de trabajo. Y si por razones de una pobre puesta a tierra la casa entera está "caliente" por campos EM, lo mejor es saberlo y tomar medidas de protección. Lo mismo es válido respecto de los teléfonos móviles y las radiaciones de las torres de telefonía situadas en las cercanías.

K) Las emisiones de microondas de las torres telefónicas y de radar: La cuestión de los efectos biológicos de la radiación de microondas es motivo de gran controversia. Esta radiación de microondas tiene actualmente numerosas aplicaciones. Además de usarse para hornos domésticos, las frecuencias de microondas se usan para el secado industrial y para el tratamiento de materiales, así como para los sistemas radar de meteorología, aeropuertos y policía. Se usan también para las comunicaciones telefónicas a larga distancia y comunicaciones telefónicas celulares, y ahora también para una plétora de dispositivos "wi-fi sin hilos", tales como redes de ordenadores, conexiones de internet, teclados sin hilos, etc. *Ninguno de ellos se deben utilizar en las proximidades de un acumulador de orgón*, y las personas

Manual del Acumulador de Orgón

deberían evitar emplearlos en lo posible, manteniendo o volviendo a los sistemas "anticuados y de hombres de las cavernas" de teléfonos y ordenadores con conexiones por cable. Si hay que utilizar un teléfono móvil o una conexión wi-fi para internet, entonces conviene usar cables alargadores para separarse uno mismo de los componentes radiantes, que es desde donde la radiación "caliente" y dañina es emitida. Los acumuladores de orgón no deberían nunca ser emplazados cerca de estas instalaciones y aparatos.

L) <u>Detectores de humo</u>: En relación a los detectores de humo, la variedad de los más económicos usan una pequeña cantidad de residuos radioactivos tóxicos como fuente de *ionización* en el mecanismo de funcionamiento. Aunque son efectivos para la detección del humo, no deben ser utilizados en habitaciones en las que haya acumuladores, ni en lugares en que viva o duerma la gente. La irritación radioactiva produce oranur constantemente, y puede perturbar rápidamente la energía en el interior de una habitación o de un piso pequeño. Como alternativa, existen varias clases de detectores de humo, que hacen uso del principio *fotovoltaico* como alternativa a la ionización y los residuos radioactivos. Los detectores de humo fotovoltaicos satisfacen todas las condiciones legales y normas de seguridad.

M) <u>Instalaciones nucleares</u>: Si se vive en una zona cercana a una planta de energía nuclear o a un almacén de residuos radioactivos, se debería realizar una valoración en profundidad del peligro existente para uno mismo y su familia. Se puede conseguir información sobre estas instalaciones de los grupos defensores del medio ambiente existentes en la zona. Generalmente existen una o más organizaciones de este tipo, en cualquier localidad en la que exista una central nuclear, tratando de cerrar la instalación. Estas organizaciones son las mejor informadas acerca de los peligros para la salud que comportan las centrales nucleares. Independientemente de esto, es aconsejable no vivir o trabajar en un área que esté a menos de unos 50 ó, preferiblemente, 80 kilómetros de una central. Los acumuladores no deben ser nunca usados cerca de una instalación nuclear.

Hay documentación al respecto que fue presentada hace muchos años por el Dr. Ernest Sternglass en un libro pequeño pero importante, titulado *Low Level Radiation,* que amplió más tarde en otro, *The Enemy Within.* Demostró que existían altos ratios de abortos espontáneos, nacimientos con bajo peso y bajos coeficientes de inteligencia (CI), y mayor número de personas afectadas de cáncer en las poblaciones cercanas a las centrales nucleares, decreciendo los efectos nocivos con la distancia. Se puede encontrar documentación adicional en el libro del Dr. Jay Gould, *Deadly Deceit.* Estos libros explican los grandes problemas causados por la exposición a bajos niveles de radiación de las plantas nucleares e instalaciones similares. Los acumuladores de orgón no deberían por tanto usarse en las cercanías de ningún tipo de instalación nuclear. (Ver el Prefacio del Autor y el capítulo 8, sobre los efectos oranur).

N) Instrumentos sencillos de detección de radiación: Actualmente existen muchos instrumentos relativamente baratos para detectar campos electromagnéticos o radiaciones nucleares ionizantes a un precio muy asequible, y hechos para el uso del consumidor ordinario. Por unos 1000 $ se pueden comprar algunos detectores excelentes con los cuales efectuar una valoración de la casa, del lugar de trabajo, del colegio de los niños o del vecindario. Estos pueden ser el *Triefield Meter* para líneas de bajas potencia, un *Medidor de RF (radiofrecuencia)* para los teléfonos móviles y emisiones de las torres de telefonía, y un *RadAlert* para detección de radiaciones atómicas. Más abajo daré algunos detalles sobre estos, para compararlos con otras marcas de dispositivos en el mercado. Si el precio parece demasiado alto, se debe comparar con el precio de una enfermedad seria, o con una enfermedad menos grave pero que reduce la productividad en el trabajo. Conozco casos donde se han comprado equipos por una colectividad de vecinos, y otros casos donde un empresario compró esos equipos para poner en marcha un negocio, haciendo estudios medioambientales para otras personas. También explicaré cómo desarrollar unos dispositivos simples y baratos. Una vez que se ha medido o estimado la exposición tóxica a fuentes de radiación en el vecindario, casa u oficina, y se han podido localizar con precisión, se pueden tomar medidas para mitigar sus efectos.

Microondas: Las frecuencias usadas para los hornos por microondas tienen valores punta alrededor de los 2 gigaherzios (GHz), que difieren ligeramente de las usadas por los teléfonos móviles, por las torres de telefonía móvil y de las de radiodifusión de AM/FM (que llegan hasta 3 GHz). Los hornos de microondas utilizan unas radiaciones mucho más intensas y son por tanto más tóxicas cuando se está constantemente a su alrededor. El *Trifield Meter* tiene un circuito para la medida de las microondas de los campos intensos producidos por hornos de microondas, pero no es muy sensible frente a las señales más débiles de los teléfonos móviles y torres. Para estos se precisa el medidor especial *Cell Phone and Tower RF Meter,* que está diseñado específicamente para este propósito. Hace unos años comencé a usarlos y luego a venderlos, y actualmente se pueden conseguir con facilidad (como en www.naturalenergyworks.net).

Mientras que uno puede decidir usar un horno de microondas o no, o usar o no usar un teléfono móvil, no se tiene mucha elección cuando se trata de la exposición a las radiaciones de las torres de telefonía móvil que proporcionan las señales a cada teléfono móvil. La Ley de Telecomunicaciones aprobada durante la época de Clinton-Gore, prohíbe a las ciudades, comarcas y estados aplicar sus propios estándares de seguridad más restringentes, lo que tiene el efecto de permitir a las compañías de telefonía móvil campar por sus respetos sobre la población y paisajes americanos. Cuando se intenta combatir a las compañías de teléfonos en los juzgados se acaba combatiendo también a la Comisión Federal de Comunicaciones (FCC).

Los principales grupos ecologistas han crecido desde entonces en número y en poder político, y han caído en la trampa de la típica cháchara de Washington, aviniéndose y claudicando de sus principios a favor de las equivocadas agendas del Gran Gobierno y de la Gran Ciencia - o más estúpidamente, por dinero. Los estándares de seguridad sobre campos electromagnéticos nunca estuvieron entre sus más altas prioridades, y así se dejaron sobornar y se acomodaron y cedieron a otros intereses. Así que ahora tenemos torres de telefonía y estaciones repetidoras por todas partes, incluyendo las azoteas de los edificios, encima de las agujas de las iglesias y en los patios de los colegios, estando a menudo disimulados como tuberías de calefacción o colocadas en el interior de palmeras de plástico. La salud pública no se tiene en cuenta, pues las mismas compañías que fabrican los equipos forman parte del aparato gubernamental donde se toman las decisiones sobre los niveles de radiación de baja intensidad a los que el público quedará expuesto. Y esos cálculos dependen de los mínimos costes que hay que alcanzar para que

Limpiar el Entorno Bioenergético

esa tecnología se pueda llevar a cabo, lo que significa mayores niveles de radiación, de modo que un adolescente pueda tener una buena recepción en el móvil incluso en el sótano, escondido bajo una caja.

Hace unos años comencé a entender lo generalizado que está la exposición a las microondas, después de instalar en mi automóvil un equipo detector del radar de la policía. En un apartamento donde yo solía estar, mi equipo de detección del radar comenzaba a sonar siempre que aparcaba mi coche en una determinada dirección. El detector daba una indicación similar a la que recibía estando solo a poca distancia del radar de la policía. La señal era mayor en el segundo piso de mi apartamento que a nivel de la calle, y luego descubrí que mi apartamento estaba construido en la trayectoria de un haz de microondas de telecomunicaciones, que estaba siendo transmitido desde una torre a otra. La gente en los pisos más altos estaba recibiendo unas dosis de microondas significativas, y la agitación de oranur en esos pisos superiores era bastante evidente. En otros tiempos he conducido a través de ciudades enteras o de comarcas donde mi detector de radar o medidor de radiofrecuencias daba una señal de varias fuentes: señales de torres de microondas de telefonía móvil, de radares de aeropuertos, y de numerosos sistemas wi-fi. No había radares de policía, y la gente de aquellos lugares estaba constantemente en un baño de energía proveniente de las microondas de esas instalaciones.

¿Cuán intensas son esas señales en comparación con las que provienen de la naturaleza? Básicamente, no hay en la naturaleza exposiciones en esa banda de frecuencias, por lo cual se han elegido para las comunicaciones-"son zonas naturalmente tranquilas"-. En el campo, se pueden medir usualmente exposiciones de 0.002 microvatios por centímetro cuadrado, (μW/cm^2), lo que es extremadamente bajo. Si nos dirigimos a la ciudad más cercana los niveles se dispararán rápidamente hasta 1.0 o 10 μW/cm^2, o hasta niveles de cientos de μW/cm^2. Y es muy irregular en cuanto a las exposiciones. Una casa o apartamento puede estar bañada con tales radiaciones, mientras que otra puede estar muy tranquila. O una parte de la casa puede estar tranquila mientras que otra puede estar "caliente". Eso hace imperativo comprar un buen equipo de RF para poder hacer esas medidas. No solo es muy malo colocar un acumulador de orgón en tal "punto caliente", sino que además tampoco conviene trabajar

115

Manual del Acumulador de Orgón

o dormir en tal punto.

Campos Eléctricos: Un campo electromagnético típico (EMF) tiene dos componentes diferentes que tiene que ser medidos separadamente, el campo eléctrico y el campo magnético. El componente eléctrico del EMF de baja frecuencia, como son los campos producidos por las líneas de conducción eléctrica a 60 ciclos, pueden ser medidos con un medidor Trifield Meter, como se ha mencionado anteriormente (www.naturalenergyworks.net), siendo esta la opción más recomendable. Pero también se puede detectar esto usando una radio barata a transistores en AM sintonizando los 1.600 kilociclos en el dial. Con esta sintonía no se capta ninguna emisora de radio, solo la estática de fondo. De hecho y a pleno volumen, tan solo se oirá una especie de silbido. Sin embargo si usted mantiene el aparato cerca de un cable de red, un enchufe, un interruptor eléctrico tipo dimmer, línea telefónica o conector de entrada (jack), computador, televisor o luz fluorescente, encontrará que la perturbación se incrementará dramáticamente de nivel, aumentando el ruido de la radio. De esta manera su pequeña radio portátil detecta los fuertes campos eléctricos de baja frecuencia, y proporciona una clara señal audible cuando es expuesta a ellos. Paseando por su casa y acercando su radio a los aparatos o las paredes sospechosas de dar estos campos tóxicos, usted puede encontrar las zonas seguras y no seguras de su hogar. Use una radio portátil barata, con carcasa de plástico y sin antena exterior, que pueda encontrar en las tiendas de electrónica.

Campos magnéticos: El componente magnético de los campos electromagnéticos es así mismo potencialmente tóxico y también se puede detectar con el aparato Trifield Meter. Este extraordinario medidor le permitirá detectar también microondas, campos eléctricos y magnéticos con un solo aparato de medida. Pero los campos magnéticos también pueden ser detectados usando el método barato de la radio portátil, descrito anteriormente. También se pueden detectar campos magnéticos más específicamente usando un *amplificador y acoplador acústico* magnético, que es barato – descrito generalmente como "amplificador telefónico". Se usa generalmente para amplificar el sonido de un teléfono dado y consiste en una ventosa de goma que se une a su teléfono. Cuando no está unido al teléfono se puede poner al máximo volumen, siendo el acoplador sensible a los campos magnéticos de una gran variedad de fuentes

116

Limpiar el Entorno Bioenergético

domésticas. Cuando está al máximo volumen, el silbido producido por la estática se incrementará al acercarse a un campo magnético y el amplificador dará una señal audible. Se puede usar este dispositivo de igual forma que la radio portátil descrita anteriormente para localizar campos tóxicos en su casa. No coloque un acumulador, su cama o la cama de su niño cerca de campos fuertes y tóxicos.

Radiaciones nucleares o atómicas: No hay métodos simples o baratos conocidos para detectar las radiaciones atómicas (ionizantes) de bajo nivel. Hay que tener cuidado con los contadores Geiger amarillo-brillantes, baratos, que se venden en el mercado de aparatos usados. Son, generalmente, instrumentos usados por la antigua Defensa Civil, ¡y que no reaccionarían a no ser que una bomba atómica haya explotado cerca! Son pues inútiles para detectar la radiación de bajo nivel producida en las cercanías de una planta nuclear o las emisiones en la banda de los rayos X blandos producidos por los tubos de rayos catódicos (CRT) de los ordenadores y televisores. La radiación de una instalación nuclear está muy atenuada, pero todavía es peligrosa, al estar mezclada con grandes volúmenes de aire y agua. Para hacer mediciones apropiadas se requieran métodos sofisticados de monitorización, durante horas o días, de la concentración en muestras de aire y agua. Un simple contador Geiger en la mano delante de una pantalla de televisión o de un computador o en el aire cerca de una planta nuclear no detectará nada y es generalmente un procedimiento sin sentido. Análogamente, los dosímetros baratos de bolsillo están hechos para detectar radiaciones de alto nivel y no registrarán los efectos de bajo nivel. Aun así yo he visto a profesores de física mantener un tubo de un contador Geiger en la mano, hecho para la detección de radiaciones intensas de rayos gamma, delante de un televisor con un tubo de rayos catódicos que emitía un zumbido, declarar que el televisor era completamente seguro. Esto, naturalmente, es una tontería. Lo que yo recomiendo para evaluaciones domésticas es el aparato *RadAlert* o alguno de sensibilidad similar, un instrumento de amplio espectro, que detectará rayos X blandos, radiaciones beta y gamma duras. (www.naturalenergyworks.net)

O) <u>Niveles seguros de campos electromagnéticos (EMF) y dispositivos de protección</u>: Si bien he dado anteriormente detalles de métodos simples y baratos para la determinación aproximada de las radiaciones de EMF, esto no debe sugerir que el asunto es insignificante o trivial. Si se usan los métodos baratos y se descubre que una parte significativa de la casa o del vecindario es "ruidosa" y reactiva, entonces se deben hacer mediciones más precisas con aparatos de medida más exactos. Cualquier registro superior a 1 miligauss (campo magnético) o 1 kilovoltio/metro (campo eléctrico) o 0,1mW/cm2 (radiofrecuencia) probablemente es demasiado para una exposición duradera y crónica, especialmente para niños y mujeres embarazadas. Mi consejo para exposiciones máximas pueden ser una décima a una centésima de los estándares federales, aunque, naturalmente la "ciencia oficial" del Gran Gobierno no estará de acuerdo con mis recomendaciones. Pero hasta ahora *yo tengo el derecho de dar publicidad a mi desacuerdo con el Gran Gobierno*, (¡esconda este *manual*, deprisa!). La decisión de "qué hacer" es algo que cada cual debe decidir, así que no hay que confiar solo en lo que se dice en este libro; hay que hacer los propios deberes e investigar estos asuntos desde diferentes puntos de vista.

Hay también muchos artilugios que se venden como "dispositivos de protección" para "neutralizar", supuestamente, las radiaciones de los EMF. Estos van desde pequeños botones que pones en tu teléfono móvil, hasta grandes pirámides o cosas de cristal que colocas en tus pantallas del computador o del televisor, además de otros artilugios más caros que enchufas en la pared para "proteger tu casa" con un solo aparato. Tengo que expresar mi gran escepticismo acerca de ellos porque no he visto nunca ninguna evidencia científica defendible de que ellos reduzcan el valor del campo EMF medido. Tengo que recordar a la gente el poder de la persuasión. Esta es la razón por la que es importante usar buenos aparatos de medida. Mientras que se esté midiendo un campo EMF, entonces su efecto está allí, está presente, y no importa lo que el fabricante del aparato diga. Y la gente más sensible a estos campos estará de acuerdo.

Conozco varios casos donde se ignoró las mediciones de los campos EMF ya que algún artefacto "neutralizaba el efecto de los campos EMF tóxicos", y en los que hubo un resultado de muerte. En un caso, una mujer que trabajaba como secretaria, tuvo unos desordenes neurológicos agudos que aumentaban cuando usaba un ordenador, pero que disminuían cuando se alejaba de ellos unos días. Me llamó para que le aconsejara y le recomendé que cambiara de trabajo por otro al aire libre. Por miedo a empeorar

Limpiar el Entorno Bioenergético

económicamente, mantuvo su trabajo de secretaria y comenzó a llevar un delantal metalizado y un sombrero, además de varios dispositivos protectores para el ordenador, que tenía una gran pantalla de CRT y que le irradiaba todo el día en la cara y en la parte superior del pecho. Su jefe no quiso comprar un nuevo monitor plano de baja emisión y ella rechazó comprarse un ordenador portátil para eliminar la fuente del problema. ¡Pero sí que quería ir a los médicos del hospital a por pastillas que le suprimieran los síntomas de las radiaciones del CRT! Murió al cabo de un año. Los practicantes de la medicina tradicional que se enfrentan a estos síntomas no hacen un diagnóstico basado en la ecología energética del hogar del paciente y del entorno de su lugar de trabajo, ni siquiera se preguntan por ello.

En otro caso, llamó una mujer cuya hija había desarrollado un linfoma agudo, aparentemente por vivir en un piso superior de un apartamento en cuyo tejado se había instalado una torre de telefonía móvil. La gerencia del apartamento no había informado a nadie, lo que ocurre, generalmente, cuando la compañía de telefonía ofrece pagar un alquiler mensual al propietario del apartamento por el alquiler de un espacio en su tejado. En cualquier caso, la mujer me pregunto qué es lo que yo pensaba acerca de su situación. Sin vacilar, le dije que "se mudara a otra vivienda inmediatamente". En su lugar, se compró un artilugio de 300 $ que prometía neutralizar "los tóxicos campos EMF". No volví a saber de ella hasta un año después cuándo escribió una carta llena de pesar indicando que su hija había fallecido y cuán desolada estaba por no haberse mudado de apartamento.

En otro caso, un hombre con tres hijas me llamó diciéndome que tenía una hija que había desarrollado leucemia y que la otra tenía síntomas preliminares de la misma enfermedad. El doctor les dijo que era "algo genético" pero este hombre consideró que podría ser algo relacionado con una gran torre de emisión de radio AM-FM situada aproximadamente a unos 2 km de su hogar. Compró diversos aparatos de medida que daban valores bastante por encima de mi recomendación de un umbral de 0,1 μW/cm2 y en una semana se mudaron a otro sitio, al campo, sin exposiciones a los campos EMF, con aire limpio y agua limpia. En un año sus dos hijas se recuperaron completamente, sin ningún síntoma. Más tarde empezó a leer sobre Wilhelm Reich y aunque la recomendación estándar es de *no* tratar la leucemia con el acumulador – pues es una biopatía de sobrecarga que no requiere necesariamente energía vital adicional - él es hoy un entusiasta de este tema y está dando consejos constantemente a sus amigos y antiguos vecinos. La mitad de ellos piensan que está loco, pero no pueden negar la recuperación de sus hijas.

De lo anterior, está claro que se puede hacer mucho para eliminar las perturbaciones tóxicas dentro de una casa. Pero tratar con estos problemas en el exterior de una casa o en la vecindad puede entrañar gran dificultad. Algunas veces la única solución es mudarse a otro lugar.

Otra decisión que la gente debe hacer cuando su entorno está irradiado por una torre de telefonía móvil o una instalación atómica es organizarse con los vecinos para promover un cambio. Esto es mucho más difícil que los cambios personales y privados. Y generalmente, cuando trate con estos asuntos, estará casi siempre solo, luchando contra la política gubernamental, que está tallada en una piedra. Muchos de los grupos que se preocupan por el medio ambiente se han vendido en asuntos tales como la seguridad frente a los campos EMF, al igual que lo han hecho con la teoría del CO_2 y el calentamiento global, ya que los grandes beneficiados siempre fueron los vendedores de centrales eléctricas nucleares y los comerciantes en derechos de emisión de Wall Street. Muchas de las Grandes Organizaciones en Defensa del Medio Ambiente parecen dirigidas mayoritariamente hacia metas socialistas, ayudando al Gran Hermano Gubernamental a tener más poder para decirte lo que tienes que hacer y cuándo lo tienes que hacer, y sacarte el dinero del bolsillo para meterlo en el suyo. Sin embargo, aunque el noble "cambio social" suene bien, la prioridad principal debe ser asegurar nuestra salud y la de nuestros sus seres queridos. A partir de este punto se puede considerar una acción social, dedicando parte del propio tiempo para trabajar colectivamente con personas con las mismas ideas. Esto puede requerir mucho trabajo autodidacta y educación de los demás para resolver incluso pequeños problemas. Sin embargo, algunas personas tendrán los recursos y estarán muy contentas de luchar contra el ayuntamiento, o contra una fábrica o instalación local. Así pues, si se tiene tiempo y la energía vital para hacerlo, está bien. Pero primero hay que ponerse uno mismo a salvo junto con su propia familia. Una cosa es segura, el problema de la exposición a las radiaciones electromagnéticas y radiactivas con los efectos oranur y dor asociados a ellas irá a peor en el futuro próximo. Al principio, se puede empezar a

Limpiar el Entorno Bioenergético

trabajar en equipo con personas preocupadas por este tema en el propio entorno. Se puede preguntar en las tiendas de alimentos y salud naturales o en la biblioteca pública, que son buenos sitios por donde empezar, y ver qué se puede aprender. Mientras tanto, yo he recogido algunas informaciones sobre estos temas en este sitio web: www.orgonelab.org/cart/emfieldsafety.htm.

Manual del Acumulador de Orgón

10. Aguas Vivas Naturales y Curativas

Cada vez que tomamos un baño prolongado en una bañera de agua caliente, o nos relajamos con un baño de pies, percibimos una sensación de relajación debida en parte a la capacidad del agua para absorber la energía. Reich observó que el agua tenía una fuerte afinidad y ejercía una gran atracción sobre la energía orgónica. Por consiguiente, el agua tiene una capacidad especial para eliminar la tensión bioenergética y la estasis, incluyendo lo que Reich llamaba *dor,* que es la forma inmovilizada de la energía vital. El agua también puede contener su carga y pulsación intrínseca, de modo que cuando nos mojamos en agua especialmente viva, o *agua viva,* nos podemos revitalizar.

Un baño en agua caliente reduce nuestra carga orgónica interna y la tensión bioenergética, por tanto nuestro cuerpo se relaja. El efecto puede ser explicado en parte por el calentamiento térmico de nuestros cuerpos y el estímulo de nuestro sistema nervioso parasimpático, sin embargo hay que tener en cuenta otras consideraciones. Al introducirnos en la bañera llena de agua, el potencial energético de nuestro cuerpo se reduce mientras que el potencial energético del agua aumenta. Explicado de forma sencilla lo que ocurre es que perdemos energía en el agua y ello nos hace relajarnos, algo así como un globo que pierde parte del aire.

El efecto de *absorción* o atracción de energía por el agua puede ser modificado en su naturaleza y ser convertido en un efecto combinado de *atracción* por un lado y de *proporcionar energía* por otro, usando cristales disueltos, tales como las sales epsom, que aumentan el potencial energético del agua y por lo tanto aumentan su capacidad de atracción y movilización de nuestra energía biológica. Se puede conseguir un efecto similar añadiendo al agua unos 400 gramos de sal marina y 400 gramos de gaseosa usada en repostería. Los baños de sales y gaseosa con una duración de 20 minutos son muy convenientes tanto para reducir la tensión, la sobrecarga energética o para eliminar la energía tóxica, como para revitalizarse y obtener la energía vital proveniente de los materiales cristalinos.

Manual del Acumulador de Orgón

Los baños en manantiales naturales de agua caliente en los que el agua posee propiedades curativas, parecen basarse en principios similares a los de la energía vital. Muchos balnearios o lugares de reposo son construidos en lugares donde existen manantiales de agua caliente u otras clases de agua o de tierra (barros, arcillas, ceniza) poco comunes. Estos manantiales eran utilizados por los nativos americanos, que a menudo colocaban cabañas para sudar cerca de ellos y derramaban el agua altamente energética y rica en minerales en las piedras candentes situadas dentro de las cabañas. El vapor y energía desprendidos tenían efectos curativos de una forma similar a los métodos curativos naturales modernos como saunas y baños de vapor, con aromas y vapores.

Los colonos europeos copiaron los métodos de los nativos americanos, y a lo largo de la historia americana hasta los años 1940 ha habido muchos balnearios situados en manantiales naturales que atrajeron visitantes de los alrededores. Era muy común bañarse en estas aguas minerales o en barros o cenizas especiales. Después, se sentían profundamente relajados, extraordinariamente enérgicos e incluso curados de dolencias crónicas. Los síntomas de las enfermedades pueden aliviarse, temporal o permanentemente, participando en estos baños. Estas aguas curativas también son llamadas 'aguas de radio', debido al descubrimiento del radio en los inicios del 1900 por el matrimonio Curie en Europa y la posterior generalización (y abuso frecuente), de terapias basadas en la radiación atómica en los hospitales. Las cantidades de radio o radón en los manantiales naturales han sido normalmente demasiado bajas como para ser apreciadas, pero a falta de una explicación mejor sobre las cualidades curativas del agua se dio esta, aunque es incompleta. En otros casos, como el del gran manantial de la gruta de Lourdes, Francia, a la propiedad curativa del agua se le da una explicación metafísica.

Hoy, se puede postular que estas aguas están cargadas de energía orgónica que se propaga desde lo más profundo de la Tierra. Esto se puede probar de dos formas. La primera es la frecuencia con la que estos manantiales tienen un color azul brillante o luminoso. La segunda es la abundancia de pequeñas vesículas semi-vivas que normalmente se encuentran estas aguas, que a menudo burbujean desde grandes profundidades donde hay una elevada presión y temperatura y donde los

Aguas Vivas Naturales y Curativas

microbios no deberían existir. Y estos, son unos microbios muy extraños. Los biólogos modernos los llaman *termófilos* o *extremófilos*, y se dice de ellos que producen un color azul brillante, pero sorprendentemente no crean los típicos efectos de bioluminiscencia en el microscopio, o 'enturbian' las aguas en las que son encontrados, como cuando un agua clara se enturbia cuando se estropea por una contaminación microbiana. En cambio, los manantiales poseen un claro color azul oscuro incluso cuando su profundidad es inferior a un metro, algo que también va en contra de las típicas afirmaciones sobre la 'dispersión de la luz' a las que normalmente se recurre para explicar el maravilloso color azul, intenso y vivo, que se observa en los profundos lagos y océanos.

El trabajo de Reich proporciona una explicación básica para estos efectos de aguas curativas naturales y baños de tierra. Reich descubrió la energía orgónica, o energía vital, mediante experimentos que demostraron que unas pequeñas vesículas microscópicas y emisoras de energía podrían derivar de la desintegración de varios materiales orgánicos e inorgánicos. Arcilla, tierra, suelo de roca, arena de playa y limadura de hierro eran algunos de estos materiales inorgánicos que cuando se desintegraban o se empapan en agua o en una solución nutritiva estéril, formaban unas pequeñas vesículas emisoras de energía, a las que Reich más adelante denominó biones. El proceso de la formación de biones podría acelerarse calentando los materiales minerales hasta el punto incandescencia, antes de bañarlos en las soluciones nutritivas.

Descubrió que algunas clases de arena de las playas de Escandinavia formaban unos biones de una radiación extraordinariamente potente y que tenían un color azulado. Estos biones azules producían campos energéticos que irradiaban a las personas y los objetos, y durante un tiempo Reich usó de forma experimental las soluciones de biones energéticas para el tratamiento de distintos síntomas patológicos. Inyectó soluciones de biones en animales de experimentación, y demostraron tener un efecto inmovilizador sobre las bacterias patógenas y células cancerosas. Más adelante hizo unas cataplasmas de biones, mediante los que la energía liberada de la sustancia en desintegración podía usarse para irradiar el cuerpo.

Paralelamente al descubrimiento de los biones, el naturalista austriaco Viktor Schauberger hizo una serie de descubrimientos

Manual del Acumulador de Orgón

sobre la naturaleza viva de los manantiales naturales, en contraposición al agua tratada de las ciudades. Él llamó a esta agua natural y viva, *agua viviente,* como la observó durante su juventud en la región alpina. Todo el mundo apreciaría las refrescantes cualidades de estas aguas naturales, en comparación con el agua clorada de las ciudades o en las botellas de agua, aunque los químicos modernos y burócratas del gobierno se burlaran de la idea. Pero tanto Reich como Schauberger parece que identificaron, en diferentes líneas de investigación, una verdad fundamental sobre el agua, el solvente universal, el cual aún no se puede decir que se entiende perfectamente. Como se menciona en el capítulo 6, y en particular señalado por Piccardi, sabemos que el agua es una sustancia que reacciona a las manchas solares, magnetismo y otros fenómenos cósmicos. No sería sorprendente que estuviese cargada de energía vital cósmica, el orgón, junto con material biónico azul luminoso, y esto explicaría muchas cosas.

Posteriormente al descubrimiento del acumulador de energía orgónica, el cual desarrolla su carga directamente de la atmósfera, Reich cesó de experimentar con paquetes de biones para estos propósitos. Sin embargo, unos años mas tarde, con la contaminación energética y química de la atmósfera y el problema consecuente de la contaminación del acumulador, se ha reavivado el interés por los paquetes de biones.

A continuación exponemos una receta sencilla para la fabricación de un paquete de biones, que proviene de distintas fuentes. Un paquete de biones puede hacerse con arena limpia de la playa u otra clase de tierras o arcillas que posean propiedades curativas. Se envuelve un puñado grande de esta tierra en un calcetín grueso, lona u otra clase de envoltorio de tela, a modo de chorizo del tamaño de unos 30 centímetros de largo y unos 10 o 15 centímetros de ancho. Este recipiente debe atarse o coserse para que no se derrame el interior. A continuación este paquete de biones se sumerge y se hierve en agua o en una olla a presión durante 15 minutos. No usar un horno de microondas, pues perturba las propiedades bioenergéticas. Después de esto se envuelve en papel encerado o en plástico y se pone en el congelador. Antes del primer uso clínico se repite varias veces el proceso alternado de ebullición y congelación. La cocción no debe realizarse en un horno microondas. El paquete de biones se usa después de la última ebullición y una vez escurrido y enfriado. Se aplica entonces el paquete al cuerpo, con un trapo tradicional como aislante, en caso de que esté demasiado caliente. Puesto que la arena se desintegra con la cocción y la congelación, se formarán biones microscópicos azules radiantes. La radiación proveniente de tal paquete de biones continúa incluso después de que el paquete se ha enfriado, y puede volverse a crear una vez se ha secado, simplemente repitiendo la cocción. La radiación orgónica puede obtenerse de esta forma tan natural incluso en atmósferas muy contaminadas y con dor, en las que el uso de la manta orgónica o del acumulador sería problemático. Este efecto fue descubierto por Reich durante sus primeras investigaciones, y tanto la existencia, como el comportamiento de los biones han sido confirmados posteriormente por otros científicos.

Antes de la era moderna de las drogas químicas, los profesionales de la salud usaban unas clases especiales de compresas o emplastes de arcilla o arenas radiantes y cálidas, para aliviar los dolores y curar las heridas o infecciones. Muchas de esas cataplasmas o emplastes fueron aprendidos de curanderos nativos que conocían qué clases de barros producían los mejores efectos. Muchas de estas cataplasmas son comercialmente adquiribles, pero raramente se encuentran señaladas como algo curativo. Uno debe consultar libros de medicina natural, o buscarlas en las tiendas de comida saludable. Existen muchos 'emplastes' o 'compresas calientes' disponibles en droguerías, pero que están basadas solamente en fenómenos térmicos. Sin embargo, diferentes balnearios y sitios con manantiales de aguas minerales donde la gente se baña en barros especiales, arcillas o cenizas, están haciendo uso de los principios de la radiación de la energía vital que se libera de esas sustancias naturales terrestres a través del principio de la desintegración biónica. Un proceso biónico similar tiene lugar posiblemente en el uso de fertilizantes de polvo de roca para la revigorización de árboles enfermos, y en las máscaras faciales de barro o arcilla que se usan para revitalizar y rejuvenecer la piel flácida.

Está tradición de las aguas curativas y las cataplasmas generó la hostilidad de los médicos de los hospitales americanos, y en el siglo XX se desarrolló una guerra de los organismos estatales FDA-AMA contra los métodos curativos naturales. Los beneficios para la salud se observaron y se documentaron al bañarse en estas aguas, en manantiales naturales o en baños de arcillas- como con la desaparición de la artritis crónica y el reumatismo. Estas aguas están altamente mineralizadas y a veces huelen mal debido a los sulfatos, pero – en parte por estos minerales – pueden aliviar varios problemas de salud cuando se beben o cuando uno se baña en ellas. Hasta los años cuarenta, las compañías que embotellaban esta agua solían anunciar sus beneficios para la salud. El presidente Franklin D. Roosevelt, por ejemplo, frecuentaba estas aguas curativas de los "Warm Springs", Georgia, que se sigue utilizando como centro terapéutico para la hidroterapia. Sobrevive, sin embargo, solo porque Roosevelt compró el sitio para garantizar su supervivencia. Sin embargo, pocos balnearios y clínicas que utilizan aguas curativas han sobrevivido hasta la actualidad.

Debido a las demandas efectuadas por la FDA, AMA y por los hospitales-MD[1] y el trabajo de malvados fiscales que amenazaban

*Postal de los "Radium Hot Springs", Albany, Georgia, caracterizados por las **aguas de azul oscuro** donde la gente se reunía para la curación y recuperación. En la actualidad ha desaparecido, el lugar está ocupado por un club de golf acompañado de un 'prohibido nadar'. Estos manantiales curativos naturales, balnearios, y clínicas existían por todo Estados Unidos antes de la expansión de FDA, AMA, y el monopolio de los hospitales-MD, que trabajaron incansablemente para cerrarlos.*

---

1. Término para designar a los hospitales dirigidos principalmente por doctores en medicina. N del T.

Aguas Vivas Naturales y Curativas

a los dueños de los balnearios con penas de prisión, la supervivencia de los manantiales de aguas curativas altamente energéticas se ha reducido drásticamente y se ha restringido lo que pueden decir o publicar sobre sus efectos beneficiosos. Raramente, estas clínicas están localizadas en sus edificios, y muchas han sido convertidas en museos o parques nacionales, lugares de interés turístico histórico donde puedes caminar y ver fotos de gente tomando baños minerales, pero no hacerlo uno mismo. La supresión de las tradicionales aguas curativas tuvo lugar 10 años antes de que el trabajo de Reich fuera atacado por la misma FDA y médicos de hospitales.

Buscando un poco, sin embargo, aún podemos localizar estos antiguos manantiales. En algunos casos han sobrevivido, y aunque se ha prohibido que publiquen sus efectos curativos, están integrados con métodos de curación natural, como la terapia de masajes, que están resurgiendo y que suponen poca amenaza para las pastillas de los médicos.

Sin embargo, en Europa, los balnearios tradicionales aún se conservan. Como los nativos americanos, Europa tiene una larga tradición en el uso de *baños minerales saludables o baños curativos*. Hay cientos de ellos solo en Alemania, llamados *Heilbäder*, en los que te atienden médicos que te ayudan a encontrar una cura natural, y todo parte del sistema sanitario estatal. Los médicos alemanes pueden recetar una terapia curativa en estos manantiales sanitarios, y que esta visita sea pagada por el sistema alemán de salud. Y la ciencia se ha desarrollado de tal manera que los Heilbäder son declarados oficialmente como beneficiosos para ciertos sistemas orgánicos, y como estimuladores de ciertos efectos curativos para ciertas dolencias. Los médicos prescriben sus recetas de acuerdo a ello.

Hay reconocidas seis categorías de baños curativos: *Mineralheilbad* (baño mineral curativo) el *Moorheilbad* (baño curativo de turba), el *Seeheilbad* (baño curativo oceánico), el *Soleheilbad* (baño curativo de sales), el *Kneippheilbad* (siguiendo los métodos del Dr. Kneipp), y balnearios dedicados a *Radonbalneologie,* la aplicación de gas radón natural.

Esta última aplicación del gas radón constituye una especie de 'dosis homeopática' de radiación, a través de un efecto que fue llamado *hormesis* por los biofísicos clásicos, que estimula todo el sistema. Esto sugiere un leve *efecto oranur*, que Reich descubrió que, en pequeñas dosis, podría tener valores curativos. Sin

Manual del Acumulador de Orgón

embargo, estas mejorías parece que se deben a breves exposiciones a radiaciones naturales de bajo nivel, en particular exposiciones a gas radón, y no a ningún tipo de exposición prolongada a radiaciones fuertes de mineral de uranio procesado o similar. En pequeñas dosis, la hormesis (o *medicina de oranur*, como Reich lo llamó) podrían producir un efecto curativo.

Esto se asemeja a las observaciones de los antiguos pueblos, como parte de su cultura y de los métodos curativos naturales que estimulaban las ideas de Hahnemann, quien descubrió los principios de la medicina homeopática. Las "bolsas medicinales" que llevaban alrededor del cuello algunos nativos americanos solían contener pequeñas partes de minerales y plantas cuyas leves radiaciones les hacían sentir mas fuertes o mas vivos. Mis conversaciones personales con algunos antiguos buscadores de minerales indican que algunos tipos de mineral radiactivo "les hacían sentirse bien", como si se crease una fuerte expansión bioenergética, mientras que otros daban lugar a otros sensaciones no tan buenas. También es verdad que, años atrás, la gente se sentaba dentro de las cuevas o minas abandonadas y respiraba el aire, con la creencia de que eso curaría sus enfermedades respiratorias. Este método curativo natural se ha perdido, pero ciertamente debería ser investigado racionalmente. Debo clarificar, que estoy hablando de minas donde ya no se perfora o se buscan minerales. En consecuencia, el aire ya no está cargado con polvo o partículas

Otra forma de purificar el ambiente energético dentro de una casa o apartamento es usar tubos o cubos de extracción. Al igual que el acumulador, estos aparatos son instrumentos muy simples y pasivos, que funcionan en virtud de principios energéticos básicos. Los tubos de extracción son tubos huecos de metal, hechos con un tubo conductor eléctrico de acero galvanizado y ligero de peso, de unos 2 o 2,45 centímetros de diámetro y de unos 60 centímetros de longitud. El cubo de extracción es simplemente un cubo de plástico o metal, colocado en una tabla escurridera o en una bañera, en el cual se deja que el agua circule lentamente y rebose. Los tubos de extracción son metidos hasta la mitad del cubo, y se orientan hacia diferentes puntos de la habitación que va a ser limpiada energéticamente.

A medida que el agua circula lentamente en el cubo, las formas tóxicas de energía orgónica van desapareciendo de la habitación, y posiblemente, también de habitaciones contiguas.

Aguas Vivas Naturales y Curativas

El *dor* tiende a estar excepcionalmente ávido de agua, y será extraído de la habitación, suponiendo que no se están creando cantidades adicionales. El oranur será también reducido, a medida que los tubos y el cubo de atracción rebajen gradualmente el nivel energético de la habitación y reduzcan la agitación y la sobrecarga. Después de que este sistema de atracción ha estado funcionando por un tiempo se puede colocar la mano delante de los tubos y sentir un ligero hormigueo o una 'ligera brisa'. Se recomienda que los tubos sean colocados lejos de donde haya gente durmiendo o descansando; tampoco deben ser orientados a ninguna parte del cuerpo durante más de unos segundos. Se pueden colocar de una forma permanente en una oficina o sitio de trabajo para reducir la agitación y la sobrecarga. En varias ocasiones he presenciado el uso de este sistema para reducir el oranur en habitaciones con sistemas de ordenadores. En estos casos, donde no existe ninguna pila o escurridera cerca del área que va a ser tratada, se puede usar un cable de acero flexible para ampliar el efecto de extracción desde una pila o bañera llena de agua en habitaciones contiguas. Este tipo de cable se utiliza para alumbrado eléctrico, y puede comprarse en ferreterías o casas de electricidad. No se debe utilizar cable hueco de aluminio y no se debe meter ningún alambre dentro del cable.

Es esencial que el agua de base esté limpia, sin contaminar, y esté circulando sin parar. Debe ser renovada constantemente, aunque solo sea por un chorro muy fino de agua fresca. Un buen método es utilizar un cubo, pila o bañera, llenarlos y dejar que el agua rebose al desagüe. El caudal de agua se puede reducir a un fino hilo de agua y entonces insertar los tubos. Los tubos deben ser de acero galvanizado o acero inoxidable; deben ser huecos y sin polvo o suciedad en el interior. El final de cada tubo debe estar completamente inmerso en el agua. Deben usarse varios tubos y pueden tener un recubrimiento de plástico.

Al dejar actuar los cubos y tubos de extracción en una habitación varias horas o días, la habitación adquiere un ambiente más suave y un olor más dulce y agradable; las condiciones de opresión y carga generalmente desaparecen. Los tubos de metal aumentan los efectos naturales de atracción del agua, haciendo desaparecer las formas tóxicas y viciadas de la energía orgónica y transformando el carácter negativo para la vida en una forma positiva para la vida. Los tubos y cubos de atracción se deberán utilizar dos días como máximo y ser desmontados posteriormente.

Manual del Acumulador de Orgón

A menos que el espacio esté excepcionalmente contaminado, se deben usar periódicamente, y no permanentemente. Los principios del cubo y del tubo de extracción están basados en el descubrimiento de Reich de que el agua tiene la capacidad de atraer y absorber fuertemente la energía orgónica, y de que los tubos de metal hueco tienen la capacidad de concentrar o ampliar efecto de atracción que el agua ejerce sobre el exterior. En cierto punto de su investigación, Reich creó un aparato llamado extractor médico de dor ("dor-buster"), que usó de forma experimental con algún paciente para eliminar el exceso de carga de dor del cuerpo.

11. Efectos Fisiológicos y Biomédicos del Acumulador

Será útil revisar los efectos biológicos del acumulador de orgón, como los han descrito varias personas que han trabajado con él y saben justamente lo que se puede y lo que no se puede hacer. Sin embargo, este capítulo no debe ser considerado una visión definitiva o completa de los hallazgos de Reich sobre el cáncer, las biopatías, o incluso de los efectos biológicos del acumulador. No lo es. Solo constituye un sumario esquemático para que el lector sepa qué tipo de cosas ha de buscar si se usa el acumulador en un contexto relacionado con la salud. En la sección de Referencias están las citas relacionadas con el material que se proporciona más abajo.

El verdadero descubrimiento de la energía orgónica y del acumulador fue anunciado por primera vez por Reich en la edición de 1942 (Volumen 1) de la revista *International Journal of Sex-Economy and Orgone Research*, en la sección sobre "Construcción de un Recinto Radiante". En esta revista se trataba también sobre los aspectos *emocionales* de la biopatía del cáncer, de la relación entre el cáncer y la resignación emocional, la inapetencia sexual y la falta crónica de energía. Reich también publicó sus hallazgos sobre la organización espontánea de las células cancerígenas de los tejidos biológicamente desintegrados del paciente. Más tarde publicó información adicional en *The Cancer Biopathy*, *The Orgone Bulletin* y en *Orgonomic Diagnosis of Cancer Biopathy*. Los hallazgos de Reich sobre el cáncer fueron confirmados por otros que asimismo los publicaron en sus revistas. Pero él nunca vio al acumulador como una "cura" para el cáncer y lo dijo explícitamente en numerosas ocasiones. Sin embargo, reivindicó los siguientes descubrimientos:

1) El cáncer es un desorden sistémico biopático y no solo un tumor localizado.

2) La biopatía del cáncer empieza al principio de la vida, con un componente principal relacionado con un trauma infantil y el consiguiente bloqueo respiratorio y la supresión de emociones;

Manual del Acumulador de Orgón

más tarde, en la adolescencia y en la edad adulta el individuo tiene gran dificultad en establecer una vida con amor y eventualmente renuncia al placer sexual, a la alegría y al sentido de la vida.

3) El paciente de cáncer tiene contracciones neuromusculares bioenergéticas significativas y una tensión, ("armadura") que restringe la circulación y oxigenación de ciertas partes del cuerpo, en especial los órganos sexuales.

4) El paciente de cáncer sufre una pérdida crónica y una disminución gradual de la carga bioenergética de los tejidos de su cuerpo.

5) Poco antes del comienzo del desarrollo del tumor, el individuo experimenta un poderoso estallido emocional, tal como la pérdida de un ser querido, que le refuerza su resignación emocional.

6) La célula cancerosa se origina por procesos biológicos que parten de la desintegración de sus tejidos energéticamente débiles.

7) En concreto, el *t-bacilli* se ha encontrado en grandes cantidades en los tejidos y sangre de los pacientes con cáncer; el t-bacilli se puede cultivar y cuando se inocula en ratones produce la formación de tumores.

8) El uso del acumulador no puede, por sí solo, dar marcha atrás a la profunda naturaleza biopática de la enfermedad del cáncer. Pero de una manera limitada, sin embargo, puede estimular el sistema bioenergético para su expansión, recarga de tejidos e incluso desintegrar tumores.

Mientras que este último punto puede sonar como una cura para el cáncer, Reich fue cauteloso acerca de esto, pero claramente optimista. De los casos dados en sus escritos, resaltaba los fallos sobre los éxitos. Hacía constantes y muy cuidadosas evaluaciones de la sangre de sus pacientes, y desarrolló también un nuevo test bioenergético de la sangre que permitía identificar las tendencias pre-cancerosas. Observó también que la excitación vagotónica y del sistema parasimpático que proporcionaba el acumulador, a menudo proporcionaba al paciente una respiración más profunda y le ayudaba a sacar a la superficie sentimientos soterrados durante largo tiempo. Reich también trabajó con el estado anímico de sus pacientes para que pudieran superar el bloqueo emocional, respiratorio y la estasis sexual asociada con el cáncer. La sangre muy cargada distribuiría por todo el cuerpo la nueva

Efectos Fisiológicos y Biomédicos

energía vital proporcionada por el acumulador, en cada órgano y tejido, relajando al mismo tiempo los patrones emocionales y haciendo la respiración más profunda.

Se hizo evidente que el acumulador podía recargar el organismo y, de manera limitada, ayudar a superar muchas complicaciones secundarias de la enfermedad. Con frecuencia, algunas personas recobraban las funciones perdidas en los órganos y ganaban un aumento de energía por pocos años o, a veces, había una completa remisión de los síntomas. Pero muchas veces, por lo menos en los artículos publicados, sufrían recaídas. En algunos casos, parecía que, al tiempo que los tumores del paciente empezaban a desintegrarse, los pacientes se debilitaban por los productos tóxicos de descomposición de los tumores y morían de complicaciones secundarias como fallos renales o hepáticos. Esto era un problema particular cuando los tumores localizados profundamente en el cuerpo se rompían y sus residuos tóxicos no se podían eliminar fácilmente.

En algunos casos, cuando el nivel bioenergético del paciente se estaba recargado con el acumulador, sentimientos reprimidos durante mucho tiempo comenzaban a brotar, a los que no se habían querido enfrentar. En algunos casos, cuando comenzaban a recuperarse, desarrollaban dolores en el área genital o en los muslos, que están relacionados con su estasis sexual. Reich encontró que casi todos sus pacientes de cáncer no habían tenido relaciones sexuales en años y estaban atrapados en un matrimonio compulsivo y sin amor. En estos casos, la superación del obstáculo de la estasis sexual y del bloqueo emocional y restaurar el deseo de vivir fue la clave para su recuperación. En unos pocos casos, cuando estos problemas emocionales afloraban a la superficie, los pacientes no querían continuar los tratamientos con el acumulador aun cuándo se había producido una remisión significativa del tumor y se habían restaurado las funciones naturales del cuerpo.

Por estas razones y también para enfatizar su interés en la *prevención* del cáncer, Reich se centró en el papel principal que representaba la resignación emocional y sexual en la historia de la vida de los pacientes de cáncer. Cuando se superaba esta renuncia a la vida y a los sentimientos, la prognosis era mejor que cuando esa renuncia quedaba intacta. Este factor parece explicar la observación general de que en los pacientes de cáncer que se *movilizan emocionalmente*, que aprenden a expresar su tristeza,

Manual del Acumulador de Orgón

su rabia, su terror, y que recuperan su deseo de vivir, tienen una mejor prognosis.

Dados los hallazgos de Reich sobre el componente emocional del cáncer, uno se pregunta: ¿qué efecto tendrá sobre la resignación emocional y sexual cuando la cirugía radical del cáncer deforma o incapacita los órganos sexuales u otras áreas del cuerpo? O, análogamente, ¿qué ocurre desde el aspecto emocional, cuando se ataca ferozmente al cuerpo con productos químicos agresivos y radiaciones, produciendo deformidades visibles, espantosas, y las funciones normales del cuerpo, como comer, defecar o la excetación sexual ya no son posibles? Estos horribles tratamientos de una enfermedad degenerativa solo pueden *aumentar* la resignación emocional y la inapetencia sexual. Al hacerlo así, no se ayuda en nada, solo se aumenta el grado de degeneración así como el índice de recaídas y de metástasis. En este contexto, no sorprende que las cirugías que mutilan y los tratamientos químicos tóxicos recomendados por los especialistas del cáncer actuales no tengan unos mejores resultados en términos de beneficio para los pacientes, ¡que los tratamientos de hace 30 o 50 años atrás!

Naturalmente, los tratamientos heterodoxos más conocidos, que están prohibidos en muchos países, pueden hacerlo mejor. Estos ofrecen al paciente, generalmente, alimentos naturales e infusiones de hierbas que dan energía y desintoxican, de manera similar a los baños biónicos y a los paquetes de biones discutidos antes. Desgraciadamente, Reich estaba muy ocupado con el descubrimiento de la energía vital y otras materias y se ocupó poco de los métodos de desintoxicación. En su libro *The Cancer Biopathy*, demostró con el uso de un fluorofotómetro especial que la miel tenía ocho veces más carga orgónica que el azúcar refinado y que la leche sin pasteurizar tenia el *doble* de carga que la leche pasteurizada. Esto implica que los alimentos naturales están más cargados con energía vital comparados con los alimentos, sintéticos, desvitalizados y refinados. Los tratamientos desarrollados por Gerson, Hoxsey y otros, parecen haber hallado, de manera independiente, este tipo de diferencias nutricionales por medios empíricos, y están claramente más avanzados que Reich en los efectos dietéticos y desintoxicantes. Estos profesionales emplean igualmente tratamientos especiales nutricionales o con hierbas que parecen tener un componente bioenergético significativo.

Efectos Fisiológicos y Biomédicos

Sin menoscabar ninguno de estos métodos de tratamiento alternativo, *los hallazgos de Reich, sin embargo, dan claramente una base científica de los orígenes de la biopatía del cáncer y de la célula cancerígena*. Sus discusiones acerca de las raíces emocionales del cáncer han sido independientemente confirmadas y deben ayudar efectivamente a vigorizar emocionalmente a los pacientes de cáncer. Los hallazgos de Reich son también compatibles con los variados teoremas sobre las causas del cáncer desde las debidas a una nutrición inadecuada o toxinas medioambientales hasta la cuestión sobre *el nivel de energía*. El nivel de energía mensurable de un individuo parece que es funcionalmente igual al concepto clásico de *inmunidad* o *resistencia a la enfermedad*, y es clave para entender porqué una persona enferma y otra no, bajo condiciones similares de toxicidad medioambiental o influencias dietéticas. Los factores sociales y emocionales, así como los hereditarios, tienen una gran influencia sobre el nivel de energía o la carga de los tejidos. Del mismo modo, el descubrimiento del pleomorfismo virus/bacteria (capacidad de los microbios de cambiar de virus a bacteria y viceversa), las observaciones independientes del t-bacilli y el redescubrimiento de los biones por varios investigadores biogenéticos, todo ello confirma las posiciones de Reich sobre la naturaleza biónica, auto-generadora de la célula cancerosa. El siguiente hecho nunca será bastante enfatizado: **las terapias no tóxicas razonablemente efectivas contra la causa y el proceso de desarrollo del cáncer han existido durante décadas, desde los años 1940**. El obstáculo no ha sido un fallo de la ciencia, sino demasiados *médicos (MD) arrogantes especialistas en cáncer, la influencia corrupta de la política y de la Medicina de los Grandes Intereses, la actitud servil de la mayoría de las personas frente a las autoridades médicas cuestionables (la resignación emocional, la falta de ayuda, y la actitud de "el doctor sabe lo que es mejor"), junto con un abuso de los juzgados y de la policía por parte del estamento médico ortodoxo*. Si el lector encuentra que mis palabras son inquietantes, le sugiero que él mismo se instruya sobre la auténtica historia de la medicina, como se revela en las biografías de los pioneros atacados y represaliados como Ignaz Semmelweiss, Harry Hoxsey, Max Gerson, Royal Rife o Wilhelm Reich.

A pesar de las dificultades, se han recopilado muchas evidencias, claras y positivas sobre la eficacia del acumulador

Manual del Acumulador de Orgón

para el tratamiento de varios síntomas y desórdenes. Se ha informado de su gran efectividad en el alivio del dolor y en la rápida curación subsiguiente de quemaduras severas. De la misma forma, se ha documentado sobre una gran reducción del dolor cuando se ha usado el acumulador en pacientes con tumores cancerígenos y por personas con artritis. Además de Reich, otros doctores relacionados con sus esfuerzos de investigación publicaron estudios de casos de tratamiento del cáncer con el acumulador. Estas publicaciones demuestran que es una terapia significativa y prometedora para la enfermedad. Son muy raras las remisiones completas, pero la gente experimenta siempre una reducción del dolor y otros síntomas, con un alargamiento de la vida desde, por lo menos, algunos meses hasta años posteriores a la prognosis convencional. Se abordaron experimentalmente otros problemas médicos como la diabetes, la artritis, la tuberculosis, las fiebres reumáticas, la anemia, los abscesos, las úlceras y la ictiosis. En estos casos, se sugirieron los beneficios de la terapia con la radiación de orgón. Reich también escribió acerca de la prometedora aplicación de la terapia a la leucemia. En las páginas de sus revistas de investigación se discutían también los beneficios adicionales en forma de inmunidad a la gripe y los enfriamientos, la eliminación de los problemas de piel y un aumento general del nivel de energía y vigor.

Que yo conozca, no se han llevado a cabo estudios clínicos sobre el tratamiento de enfermedades humanas con el acumulador en EEUU desde la muerte de Reich en prisión. Solo se han llevado a cabo estudios en animales, principalmente acerca de los efectos del acumulador en ratones con cáncer y sobre la curación de heridas en ratones. Estos ensayos de laboratorio con ratones confirman los efectos anti-cancerígenos del acumulador y sobre la curación de heridas. Sin embargo, hay ensayos clínicos con pacientes en hospitales de Alemania en los que la prescripción de una *terapia con el acumulador de orgón* puede ser una recomendación médica estándar. Algunos médicos alemanes con los que me he encontrado me han informado *que los efectos somáticos del acumulador de energía orgónica en el tratamiento del cáncer son más potentes que cualquier otra forma de terapia convencional o natural que hayan ensayado.* Ellos me han informado de los siguientes efectos del acumulador en pacientes con cáncer:

1. El dolor remitía, el apetito era estimulado, los pacientes se

volvían más espabilados y activos, levantándose de la cama muchas veces, o abandonando el hospital para retomar actividades que les interesaban.

2. El cuadro sanguíneo estaba más limpio, con los hematíes rojos mostrando una carga fuerte y pocos t-bacilli.

3. Los tumores dejaban de crecer y en algunos casos, se reducían de tamaño considerablemente.

4. Mientras que unos pacientes mostraban una recuperación muy significativa, otros, solo daban una *imagen exterior* de "cura". El tratamiento con el acumulador de orgón, por sí solo, no podía tocar el aspecto emocional de la enfermedad que continuaba debilitando al paciente de tal manera que ya no se podía contrarrestar después de sobrepasar un cierto punto desconocido. En esos casos, aunque el tratamiento con el acumulador alargaba la vida del paciente durante meses o años, y reducía su dolor y mejoraba muchísimo su vida, podía experimentar una recaída con la súbita aparición de los síntomas y una rápida y poco dolorosa muerte. Lamentablemente, no tenemos ninguna medida estadística por la que podamos conocer el porcentaje de curaciones versus las recaídas, dada la hostilidad de la medicina oficial hacia este tema.

5. Los doctores alemanes constataron también que muchos de los pacientes con cáncer que se les presentaron no tenían los rasgos característicos de los pacientes ya muy enfermos de la biopatía, descritos por Reich en los años 40. Particularmente, muchos jóvenes y niños llegaron con tumores y un cuadro sanguíneo muy pobre y con evidencias de un nivel de energía muy bajo, pero no tenían inapetencia sexual completa o la resignación emocional típica de esta enfermedad cuando afecta a personas mayores. Ellos atribuyeron esto a la exposición previa de los pacientes a las toxinas y polución ambientales y a una mayor desvitalización de los alimentos comunes. Estas observaciones sugieren que, bajo condiciones de stress alimentario y medioambiental, los individuos con poca energía son propensos a la desintegración de sus tejidos y a la formación de tumores, mientras que los individuos energéticamente fuertes no lo son. En estos casos, el tratamiento con el acumulador de energía da excelentes resultados, con una mejor prognosis para la recuperación a largo plazo.

Más abajo doy una lista, extraída de fuentes ya publicadas, de varias condiciones y enfermedades que han respondido

Manual del Acumulador de Orgón

favorablemente al acumulador orgónico- las citas completas se dan en la sección de Referencias o en el enlace web proporcionado. El acumulador orgónico proporciona buenos resultados si se usa conjuntamente con los métodos revitalizantes de Reich como la *liberalizadora terapia analítico-emocional del carácter*, para ayudar simultáneamente a respirar más profundamente, encontrar otra vez los sentimientos enterrados y afrontar situaciones sociales represivas, que pueden constituir el núcleo de su parálisis energético-emocional y de su bloqueo. Debo advertir que las materias resumidas en este *Manual* son preliminares. El acumulador debe ser manejado con cuidado y conocimiento, y no ser solamente un sustituto de las "píldoras del doctor". No debe ser un sitio donde el paciente se sienta dentro periódicamente y no hace nada más. Es necesario leer los libros originales de Reich, los artículos que he citado para obtener más detalles y, mientras sea posible, combinarlo con otros métodos naturales de curación. Lamentablemente, para mucha gente que se acerca a estos métodos, al menos en EEUU, el paciente se encuentra solo en sus esfuerzos y debe abordar solo, aislado, su auto-tratamiento, debido a cómo la FDA y sus amigos han aplastado este tema. Sin embargo, como describo en otro lugar, hay razones para tener esperanzadoras expectativas debido a los buenos, cuando no excelentes resultados obtenidos con el acumulador de orgón.

Estudios de Casos Clínicos de Enfermedades Tratamiento

Aquí está la lista de artículos relacionados con las enfermedades tratadas, junto con el médico y autor de los mismos y el año de su publicación. Para las citas, consultar la lista de autores/año aquí: www.orgonelab.org/bibliog.htm.

Enfermedad	Autor/Médico	Año
Biopatía del cáncer	Wilhelm Reich	1943-48
Cáncer, Quemaduras	Walter Hoppe	1945
Mediastinal Malignidad	Simeon Tropp	1949
Condiciones múltiples	Walter Hoppe	1950
Condiciones múltiples	Victor Sobey	1950
Fiebre Reumática	William Anderson	1950
Cáncer de Mama	Simeon Tropp	1950

Efectos Fisiológicos y Biomédicos

Ictiosis	Alan Cott	1951
Maníaco Depresivo	Philip Gold	1951
Biopatía Hipertensiva	Emanuel Levine	1951
Leucemia	Wilhelm Reich	1951
Cáncer	Simeon Tropp	1951
Diabetes	N. Weverick	1951
Oclusión Coronaria	Emanuel Levine	1952
Condiciones múltiples	Kenneth Bremer	1953
Cáncer de Piel	Walter Hoppe	1955
Tuberculosis Pulmonar	Victor Sobey	1955
Cáncer de Útero	Eva Reich, W. Reich	1955
Cáncer de Útero	Chester Raphael	1956
Artritis Reumatoide	Victor Sobey	1956
Melanoma Maligno	Walter Hoppe	1968
Biopatía del cáncer	Richard Blasband	1975
Biopatía del cáncer	Robert Dew	1981
Condiciones múltiples	Dorothea Fuckert	1989
Infecciones de la Piel	Myron Brenner	1991
Cáncer	Heiko Lassek	1991
Condiciones múltiples	Jorgos Kavouras	2005

Estudios Controlados sobre Fisiología con Sujetos Humanos

Además de los muchos estudios clínicos publicados por Reich y sus colaboradores, como los de la lista anterior, hay varios excelentes estudios controlados y doble ciego sobre las respuestas fisiológicas al acumulador de energía orgónica. Estos estudios no están dirigidos al tratamiento de ninguna enfermedad o problema específico, sino que fueron realizados para evaluar las afirmaciones originales a Reich referentes a los estímulos básicos vagotónicos y del sistema parasimpático creados por el acumulador de orgón en las personas.

Uno de los primeros estudios fue una disertación en la Universidad de Marburg, Alemania, que fue más tarde publicada con el título *The Psycho-Physiological Effects of the Reich Orgone Energy Accumulator* (los efectos psico-fisiológicos del acumulador de energía orgónica Reich). Confirma a Reich completamente.

Un réplica del mismo experimento – también controlado y doble ciego- se hizo en la Universidad de Viena, Austria, unos años después. También corroboró a Reich; ambos estudios están citados en la sección de Referencias, así como otros que indican que la energía orgónica es la energía largamente buscada por la acupuntura y la medicina china. Ella puede ser, al final, la energía de los efectos homeopáticos. Mucho queda por descubrir, a pesar de que ya se ha verificado mucho.

Estudios Controlados con Ratones de Laboratorio

Hay muchos estudios experimentales con ratones de laboratorio que evalúan los efectos del acumulador orgónico o del extractor médico orgónico del dor (un aparato relacionado con la extracción del dor), y los efectos sobre su salud y su longevidad. Esto incluye ratones predispuestos genéticamente a desarrollar espontáneamente tumores o leucemia y a aquellos a los que se les

Acumulador de orgón especial con alojamientos para ratones usados en el laboratorio de Blasband, Pennsylvania, c. 1976. Cada caja alargada tiene seis alojamientos ventilados para ratones. Los alojamientos se colocaron dentro de un largo y cilíndrico acumulador orgónico multicapa durante una hora diaria.

Efectos Fisiológicos y Biomédicos

ha trasplantado un tumor. Como se ha dicho, estos estudios muestran una mejoría considerable en la salud de aquellos ratones inmunológicamente estresados o debilitados cuando se les da un tratamiento diario con el acumulador orgónico, en comparación con los grupos de control idénticamente tratados. Esto se reflejó en sus descripciones generales y en sus factores vitales como se detalla en varios artículos, pero se vio principalmente en el impresionante aumento del tiempo de vida. ¡El tratamiento con el acumulador orgónico aumenta el tiempo de vida de los ratones desde 1.6 a 3 veces más que el de los grupos de control! Por ejemplo:

1. Wilhelm Reich: "Orgone Therapy Experiments", en *The Cancer Biopathy*, Orgone Institute Press, Rangeley, ME 1948 (Farrar, Straus & Giroux, 1973, p. 290-309).

Este estudio fue realizado por Wilhelm Reich evaluando tres grupos de ratones con cáncer. A un grupo se le inyectó una forma especial de biones de paquetes de arena radiantes de orgón (SAPA) mientras que otros fueron tratados con el acumulador de orgón. Ambos fueron contrastados con un grupo de control sin tratamiento alguno. El número total de ratones era de 164. Los promedios de vida fueron los siguientes:

Vida de los ratones	Promedio	Máximo
Grupo de control sin tratamiento	3.9 semanas	11 semanas
Tratados con biones SAPA	9.1 semanas	28 semanas
Acumulador de Orgón	11.1 semanas	38 semanas

El acumulador orgónico triplica aproximadamente el periodo de vida de los ratones tratados.

2. Blasband, Richard A.: "The Orgone Energy Accumulator in the Treatment of Cancer Mice", *Journal of Orgonomy*, 7(1):81-85, 1973.

En este estudio, nueve ratones nacidos con un débil sistema inmune (C3H) y con tumores transplantados fueron aleatoriamente divididos entre un grupo de control (5) y un grupo con tratamiento (4). Los ratones con tratamiento fueron puestos

143

Manual del Acumulador de Orgón

dentro del acumulador durante 80 a 120 minutos diarios. Los ratones de control, que por lo demás fueron tratados análogamente, vivieron un promedio de 54.4 días después del transplante mientras que los ratones tratados vivieron un promedio de 87.3 días.

Periodo de vida de los ratones	Promedio
Grupo de control sin tratamiento	54.4 días
Acumulador orgónico	87.3 días

El grupo tratado con el acumulador orgónico vivió 1.6 veces más tiempo.

3. Blasband, Richard A.: "Effects of the Orac on Cancer in Mice: Three Experiments", *Journal of Orgonomy*, 18(2):202-211, 1984.

Solo el primero de los tres experimentos merece ser comparado con un ensayo en humanos, como detallo más abajo. Solo en el Experimento 1 hubo un tratamiento rápido de los ratones y se usaron ratones que desarrollaron tumores espontáneamente. En ambos Experimentos 2 y 3 los tratamientos se retardaron un periodo crítico de 9 - 10 días y en el Experimento 2 se usaron ratones con tumores transplantados.

El grupo del Experimento 1 estaba compuesto por ocho ratones con cáncer C3H espontáneo siendo cuatro de ellos tratados con el ORAC justo al principio del desarrollo del tumor y los otros cuatro permanecieron sin tratamiento como control.

Periodo de vida de los ratones	Promedio
Control sin tratamiento	38 días
Acumulador de Orgón	69 días

Los ratones tratados con el acumulador de orgón que desarrollaron tumores espontáneos y se trataron al principio, vivieron aproximadamente dos veces más.

4. Trotta, E.E. & Marer, E.:" The Orgonotic Treatment of Transplanted Tumors and Associated Immune Functions:", *Journal of Orgonomy*, 24(1):39-44, 1990.

Efectos Fisiológicos y Biomédicos

Aquí, un grupo de 50 ratones con tumores transplantados se dividieron en dos grupos, uno de control y el otro tratado con el acumulador de orgón. Los resultados fueron:

Periodo de vida de los ratones	Promedio
Control sin tratamiento	4 semanas
Acumulador de orgón	8.7 semanas

El acumulador de orgón aumentó en más del doble el periodo de vida de los ratones tratados.

Estos estudios controlados con ratones cancerosos, junto con los claros beneficios sobre la salud descritos por numerosos pacientes y profesionales de la salud en los estudios de casos clínicos, y apoyados por varios estudios doble ciego y controlados sobre fisiología humana, fueron el combustible de un creciente y continuo interés en los hallazgos de Reich, muchos años después de su muerte en prisión en 1957. Todo ello a pesar de las amenazas de la FDA, la hostilidad y las represiones del estamento médico académico profesional y la quema de sus libros.

Los siguientes estudios tratan sobre los efectos del extractor médico de dor, en ratones cancerosos, o tratan sobre los efectos del acumulador de orgón sobre ratones con leucemia, que es una enfermedad más difícil de tratar, según estudió Reich. La leucemia es una consecuencia de una sobrecarga biopática de los glóbulos rojos de la sangre, por lo que el beneficio obtenido del acumulador de orgón no es tan directo.

5. Blasband, Richard A.: "The Medical Dor–Buster in the Treatment of Cancer Mice", *Journal of Orgonomy*, 8(2):173-180, 1974.

Este artículo detalla el uso del extractor médico de dor y no del acumulador orgónico. Presenta un gráfico que indica una supresión inicial del tumor en el grupo con tratamiento, seguido de un rebrote en el crecimiento del tumor poco antes de su muerte. Pero el resultado más significativo no se resumió en un gráfico o en una tabla, sino que se escribió en la página 178 informando acerca de los máximos tiempos (moda) de vida. En el artículo no se da el promedio, así que lo calculé yo mismo como sigue:

Manual del Acumulador de Orgón

Periodo de Vida de los Ratones	Promedio	Valor más Frecuente
Controles sin tratamiento	70.7 días	66.5 días
Extractor de dor	107 días	102 días

El tratamiento solo con el extractor médico de dor consigue un aumento significativo de 50% en longevidad.

6. Grad, Bernard: "The Accumulator Effect on Leukemia Mice", *Journal of Orgonomy*, 26(2):199-218, 1992.

Grad era profesor de Biología en la Univerdad McGill y un asociado a Reich. Realizó experimentos con el acumulador de orgón en ratones con leucemia cuyos resultados apoyaron las ideas de Reich sobre los beneficios biológicos del acumulador. En su experimento usó alrededor de 260 ratones cuya leucemia era el producto de una endogamia multigeneracional. El experimento de Grad duró varios años con otras pruebas a los descendientes. Los ratones con leucemia, al contrario que los ratones cancerosos usados por Reich y otros, no vivían mucho más. Sin embargo, **el tratamiento con el acumulador de orgón reducía el grado de incidencia de su leucemia en un 20%** (del 90% en los controles al 70% en el grupo con tratamiento). Esto indicaba la influencia del acumulador orgónico en la mejora de su salud, aunque en este experimento en particular, no influía en el periodo de vida. La leucemia en humanos era considerada por Reich como una biopatía de sobrecarga que afecta primariamente a los glóbulos rojos de la sangre y, debido a esa condición de excitación en el plasma sanguíneo, provocaba que los glóbulos blancos del sistema inmune tuvieran una reactividad excesiva. Así que recomendó usar el acumulador orgánico para la leucemia durante cortos espacios de tiempo y no usarlo en absoluto en algunos casos. Los ratones con leucemia presentan una situación muy diferente a las condiciones clínicas de los humanos y, en cualquier caso, los humanos no son endogámicos durante generaciones.

El siguiente estudio final no tiene nada que ver con el cáncer directamente, sino que fue una evaluación sobre la curación de heridas en ratones, que merece la pena mencionar.

Efectos Fisiológicos y Biomédicos

7. Baker, Courtney F., et al: "Wound Healing In Mice, Part I", *Annals, Inst. Orgonomic Science*, 1(1):12-23, 1984. "... Part II", *Annals, Inst. Orgonomic Science*, 2(1):7-24, 1985.

Este estudio abarca unos siete años en los que se adoptaron varios enfoques en los tratamientos y métodos, en 42 etapas separadas usando aproximadamente 1600 ratones con heridas. En la Parte I se estudia la evolución de las heridas y se hacen observaciones sobre los grupos de control normales, sin tratamiento, y curados de manera natural. No se presentaron datos de tratamiento con el acumulador de orgón en esta Parte I. En la Parte II, el resumen dice (p.7): "*Nuestros hallazgos demuestran que la tasa de curación se ve incrementada regularmente por ambos, el acumulador orgónico y extractor médico de dor, y los resultados son significativos al nivel de p < 0.002 o mejor.*"

Los autores admiten variaciones en los resultados, que atribuyen a posibles factores estacionales que pueden afectar a la capacidad del acumulador para cargar energía. Ellos hicieron cambios en los procedimientos experimentales y en los tratamientos a los ratones en diferentes etapas que, para distinguirlas fueron identificadas como "A, B, y C". Observaron que la etapa "C" reflejaba el mejor protocolo experimental y que, por lo tanto, era la más significativa y proporcionaba la mayor fiabilidad sobre los beneficios de los tratamientos con el acumulador de orgón, incluyendo el extractor de dor. Los resultados de la etapa "C" consistieron en 18 series de experimentos (42 ratones por serie, o 756 ratones), y mostraron **un aumento de curaciones por el tratamiento con el acumulador orgónico desde un valor nominal del 1% hasta un aumento significativo del 12% en el Índice Terapéutico, y que era estadísticamente significativo**. Desgraciadamente, los autores no mostraron un gráfico separado para los grupos "C" únicamente. Al juntarlos con los de las etapas A y B, el gráfico sugiere unas variaciones muy grandes en los resultados, por lo que el efecto curativo de la etapa "C" queda oscurecido.

Conclusiones: En general, estos estudios indican que *el acumulador orgónico es muy beneficioso cuando se aplica en seguida que aparece la enfermedad o herida. Los efectos anti-cáncer más reproducibles se obtienen cuando se aplica al principio del desarrollo espontáneo de los tumores.*

Manual del Acumulador de Orgón

En los casos de tumores trasplantados se observó un efecto menor, pero aún así notable e importante. Esto está de acuerdo con las observaciones de los estudios de casos clínicos publicados sobre la terapia con el acumulador de orgón en pacientes humanos cancerosos.

El lector puede quejarse con razón de que hay pocos estudios que mostrar al cabo de tantos años tras la muerte de Reich. Sin embargo, uno debe apreciar el gran riesgo personal y profesional que corrieron estos médicos y científicos haciendo este tipo de investigaciones. El estado de guerra crónico abierto contra la orgonomía por la FDA y los grupos médicos, que ha existido desde 1940, se ha tomado su peaje. No obstante, *todo lo que aquí se ha expuesto confirma las ideas originales de Wilhelm Reich y sugiere con énfasis que el acumulador de orgón debería estar en cada casa, clínica u hospital del mundo.*

Basándonos en estos tipos de hallazgos publicados, podemos resumir de nuevo los efectos biológicos de una fuerte carga de orgón:

A) Efecto general vagotónico, expansivo sobre todo el sistema.

B) Sensación de cosquilleo y calor en la superficie de la piel.

C) Aumento de la temperatura interior y exterior, sofocos.

D) Moderación de la presión sanguínea y del pulso.

E) Mejora la peristalsis y respiración más profunda.

F) Aumenta la germinación, la floración, y la cantidad de frutos en las plantas.

G) Mayores tasas de crecimiento de los tejidos, mejor reparación, como se ha determinado por estudios en animales y en estudios clínicos en humanos.

H) Mayor fuerza de campo, más carga e integridad e inmunidad de los tejidos.

I) Mayor nivel de energía, actividad y más ganas de vivir.

Por todos estos hechos, no puede sorprender que el acumulador de orgón pueda estimular la remisión de cualquier síntoma que esté relacionado con una baja carga de energía en la sangre o en los tejidos, o con una estimulación excesiva del sistema nervioso simpático. Sin embargo, algunos problemas médicos son el resultado de una sobrecarga crónica y en esos casos no se aconseja el uso del acumulador, o se aconseja su uso con precaución, como se ha mencionado anteriormente.

Una vez más, Reich ya advirtió a personas con un historial médico de hipertensión, enfermedades de corazón descompensadas, tumores cerebrales, arterioesclerosis, glaucoma, epilepsia, obesidad mórbida, apoplejía, inflamación de la piel o conjuntivitis, que no usaran el acumulador, o que lo usaran con mucha precaución y por corto tiempo, debido al peligro de sobrecarga. No todas las personas sufren de una falta de energía o de estar "bajos de energía". Muchas veces, las personas sufren más debido a una mayor represión o por retener demasiado la energía emocional que ya poseen. En algunos casos, la energía adicional del acumulador puede proporcionar a una persona más energía para reprimirse. Uno debe reconocer este hecho y entender que el uso regular del acumulador no es obligado, ni tampoco es una panacea mística.

Manual del Acumulador de Orgón

12. Observaciones Personales con el Acumulador de Orgón

Al principio de los años 1970, conocí a una mujer joven que se había tratado un quiste ovárico con el acumulador. Su doctor le recomendó cirugía, pero ella no tenia seguro médico o suficiente dinero y decidió probar el acumulador orgónico. La mujer usó un acumulador de tres capas, lo suficientemente grande para estar sentada, durante 45 minutos al día durante dos o tres semanas. Hacia la mitad de la tercera semana, tuvo una descarga vaginal de sangre ennegrecida, que era la descarga de la desintegración del tumor en la cavidad uterina. La mujer se sintió completamente sana durante todo el proceso, excepto por un cierto malestar durante la descarga. Algún tiempo después de esto, visitó de nuevo a su médico, que no encontró signos del tumor. Cuando ella le contó cuál había sido su tratamiento, el doctor respondió de modo burlón y con desinterés.

Por esa misma época, construí un pequeño pero potente acumulador; fue cuando vivía a tan solo a 13 km de las dos centrales nucleares de Turkey Point, en el sur de Florida. Ya había sido advertido de no construir acumuladores tan cerca de las centrales nucleares y también había leído las consideraciones de Reich acerca del "oranur". Todavía recuerdo que pensaba, "es tan solo un pequeño acumulador y no podrá hacer mucho daño". Dejé el acumulador en el garaje junto con otros objetos y trastos grandes de metal, tales como lavadoras, secadoras de ropa, una nevera y muebles. Después de una semana, el garaje entero estaba tan cargado que era imposible estar allí mucho tiempo. Se notaba cómo la agitación y la sobrecarga provocada y amplificada por las centrales nucleares iba penetrando en la casa; y a veces parecía que toda la zona resonaba ligeramente y vibraba. Todavía recuerdo vivamente este fenómeno, que era más evidente por la noche cuando los vientos habían cesado así como el ruido de la ciudad. Las plantas dentro de la casa empezaron a morirse y aumentaron el número de glóbulos blancos de algunos miembros de la familia. Un pequeño contador Geiger daba lecturas erráticas de la radiación de fondo. Con algo de pánico empecé a desmantelar

Manual del Acumulador de Orgón

el pequeño acumulador y quité los objetos metálicos del garaje. En su lugar puse un pequeño cubo-extractor y las perturbaciones fueron disminuyendo. Pero las centrales nucleares fueron una preocupación constante y nos mudamos a otra zona. Unos años más tarde construí otro acumulador muy potente de diez capas, junto con un embudo disparador, como se describe en los próximos capítulos. Un día cuando estaba trabajando en el exterior, descalzo, accidentalmente tropecé con un cable caliente del equipo de soldar, que había dejado por el suelo, por descuido. Sufrí una quemadura fuerte y muy dolorosa. Como el acumulador nuevo y el disparador estaban cerca, coloqué el pié quemado en el embudo disparador. ¡En cuestión de segundos el dolor disminuyó y en unos minutos desapareció! Sin mayores molestias pude limpiar la quemadura que había eliminado todas las capas de piel. La herida se curó rápidamente después de esto, y así aprendí que el alivio del dolor de las quemaduras, y la rápida restitución de la piel era uno de los efectos más potentes del acumulador.

Después de construir un acumulador de tamaño apropiado para sentarme en él, pude confirmar una serie de mediciones objetivas y subjetivas que ya habían sido observadas por Reich. Me sentí más vigoroso y caliente, con una piel más ruborizada. No me resfrié o tuve la gripe como antes. No he tenido nunca una enfermedad grave y no tengo, por lo tanto, que informar de ninguna gran "curación". Posteriormente dejé de sentarme de manera regular en el acumulador, ya que no sentía la necesidad de hacerlo. La manta de energía orgónica es lo que uso más a menudo. Es más fácil de guardar (muchas veces sobre el respaldo de una silla o sobre una cama cerca de una ventana abierta) y es fácil de volver a usar. El efecto más asombroso que encontré con la manta es su capacidad que para curar los resfriados con dolor de cabeza o, por lo menos prevenirlos impidiendo su expansión hacia el pecho. Antes de descubrir el acumulador y la manta todos mis resfriados empezaban por la cabeza y pasaban luego a la garganta y al pecho. Desde que uso la manta, rara vez tengo un resfriado con dolor de cabeza, pero cuando lo tengo, puedo evitar que pase a la garganta y al pecho simplemente estando tumbado con la manta sobre el pecho y la garganta. Con el paso de los años, he tenido una serie de pequeños cortes y moratones, o dedos de los pies dañados por golpes que me he dado contra las patas de las mesas (voy descalzo muy a menudo); todos ellos los he tratado con la manta o el disparador obteniendo un gran alivio del dolor y una rápida curación.

Solo en una ocasión me falló el acumulador con un problema de salud. Me mordió en la pierna una araña "*reclusa marrón*", cuya toxina mató un pedazo de piel de mi pantorrilla de unos 7 centímetros de diámetro. No conocía la peligrosidad de esta araña y solo me traté la mordedura cuando la piel se puso morada y se entumeció. Traté la herida varias veces al día con el disparador mientras estaba sentado dentro del acumulador. Estos tratamientos no restauraron la sensibilidad y el color de la piel, y el trozo entero se volvió negro, duro y se cayó de la pierna, dejándome una herida abierta durante bastantes semanas. Tuve una infección secundaria de la sangre que traté con antibióticos y anduve con muletas durante semanas. Sin embargo, la herida sanó y la pierna funciona hoy en día sin problemas. Tan solo hay una pequeña cicatriz que muestra la mordedura de la araña. Un estudio de la literatura médica acerca de las mordeduras de esta araña indica que, si no es con inyecciones de la cuestionable cortisona en la herida al poco tiempo de ser producida, no hay remedio conocido para curarla.

En varias ocasiones, algunos amigos míos, que sabían que yo tenía acumuladores, me preguntaron si ellos o sus amigos podían usarlos. En uno de estos casos, una muchacha de 19 años tenía en su pecho un tumor benigno encapsulado, con forma de disco, que medía unos 3 centímetros pulgada de diámetro. El tumor se desarrolló algunos años antes, cuando de soltera se quedó embarazada. Sus padres la habían maltratado por ello y la llamaban de muchas maneras. El embarazo se interrumpió pero el abuso emocional por el que pasó la llevó a una poderosa contracción bioenergética y al desarrollo del tumor. Se entiende que ella no hablara del tumor con sus padres y evitara a los doctores porque temía perder su pecho. Se había estado tratando el tumor con una dieta vegetariana durante varios años y el tumor no había crecido pero tampoco disminuido. Después de que habláramos del asunto, empezó el tratamiento con el acumulador orgónico; se sentaba dentro de él, alrededor de 45 minutos cada día, con un embudo concentrador sobre el pecho. Después de tres tratamientos, el tumor se desintegró en pequeñas partes. Sin embargo, ella se sintió ansiosa, estaba agitada y preocupada acerca del acumulador, rechazando sentarse más veces dentro de él. Las sensaciones de preocupación relacionadas

Manual del Acumulador de Orgón

con el tratamiento recibido durante su pasado embarazo salieron a la superficie. Ella era también estudiante de ciencias biológicas y mientras tenía una sensación de desesperación acerca de su situación, había mantenido una actitud jocosa, diciendo que ella probaría el acumulador solo para "complacer" a sus preocupados amigos. El hecho de que el acumulador pareciera funcionar, cuando ninguna otra cosa lo había hecho, le produjo una confusión intelectual que fue demasiado para ella. Ella no buscó tratamiento adicional con el acumulador, pero sus amigos me informaron poco después, que el tumor había prácticamente desaparecido. Aquí es importante señalar las observaciones de Reich que decían que, a pesar de las componentes emocionales que subyacen en la biopatía del cáncer, (que emergieron claramente en el caso anterior) algunos casos de tumores superficiales, tales como cáncer de piel o de pecho, podrían tratarse eficazmente con la energía orgónica.

En otro caso, una mujer de 23 años había estado bajo tratamiento convencional por un grave herpes genital durante varios años, pero sin ninguna mejoría en sus persistentes lesiones genitales. Se sentó una vez dentro del acumulador usando un tubo concentrador hacia la vagina. A los pocos días, sus lesiones empezaron a secarse y a curarse, desapareciendo los síntomas por primera vez en años. No tuvo síntomas durante varios años después de esto.

Conozco varios casos en los que se ha usado la manta orgónica para tratamientos en lugar del un acumulador grande. A una mujer mayor se le dio una manta orgónica para ver si la podía ayudar en su artritis. La usó y notó que la aliviaba del dolor y que ganó un poco de movilidad en las áreas afectadas. Lamentablemente, la siguió usando pero junto con su manta eléctrica, por lo que todos sus síntomas de la artritis se despertaron de nuevo y volvió a la situación original (ver las precauciones a observar en el capítulo 9). Con mucho enfado, rechazó tener nada más que ver con la manta orgónica.

En otro caso, una mujer joven trató a su bebé que padecía un catarro con fiebre ligera pero persistente. Ella se limitó a poner al bebé sobre la manta en la cuna durante unos 15 ó 20 minutos. Cuando volvió, el niño tenía una temperatura de 102°F (38,9°C). Le quitó la manta de la cuna y paseó durante un rato con el niño en brazos. Su temperatura bajó súbitamente al valor normal y los síntomas del catarro se habían desvanecido. Reich ya dijo que

154

Observaciones Personales

la radiación orgónica podía aumentar, de alguna manera, la fiebre, también en adultos, acelerando el proceso de curación.

Los niños pequeños que están siendo tratados de cualquier enfermedad con la manta o el acumulador, tienen que ser, obviamente, vigilados más de cerca. Además, ningún niño pequeño se sentirá cómodo dentro de un gran acumulador, ni irá allí solo; pero si la madre va con ellos y lo transforma en un juego, ellos se pueden sentarse en su regazo, lo que también será bueno.

En otro caso, a un señor ya mayor, con fibrosis en los pulmones relacionada con el uso del tabaco, y con otros trastornos en el pecho, le habían dicho que moriría en unas pocas semanas. Tenía un tratamiento con oxígeno, solo podía hablar unas pocas palabras y no podía andar muy lejos por la poca capacidad para respirar hondo. Empezó a usar una especie de chaleco-manta orgónica y un acumulador grande en forma de caja. Al cabo de pocas semanas, se encontraba bien, remando en su pequeño bote de pesca. Nos informó que tan solo tenía buena respiración cuando estaba dentro del acumulador o cuando llevaba su chaleco-manta orgónico. Muchos de sus síntomas se aliviaron por la terapia orgónica y permaneció activo durante muchos meses después. Sin embargo, su condición empeoró después de ponerse en un tratamiento experimental con medicamentos (prednisona) proporcionado por sus doctores, los cuales miraban al acumulador orgónico con desprecio. Murió poco después. De nuevo, no se observaron milagros, dada su condición terminal, pero se le dio una buena dosis de comodidad y alivio y unos 6 meses adicionales de vida.

Una vez mantuve correspondencia con un granjero que tenía una vaca con una gran herida en un costado, que se había infectado de mala manera y que no se curaba. Los veterinarios habían probado todo tipo de tratamientos, pero nada parecía ayudarla y la pobre bestia se estaba muriendo. Después de haber probado muchas otras cosas, el granjero le hizo una manta orgánica de cuatro capas y la colocó en el lado de la herida con cinta adhesiva. Dejó a la vaca con la manta, sin esperanza alguna de cura, y suponiendo una lastimera muerte del animal. Sin embargo a los pocos días la manta se cayó y se vio una gran costra sobre la herida. Trató a la vaca algunas veces más con una nueva manta y dice que aún hoy es difícil encontrar una cicatriz en el costado del animal.

Otro granjero que conocí, tenía diagnosticado un cáncer de

Manual del Acumulador de Orgón

hígado que se extendía rápidamente. El médico le dijo que pusiera sus asuntos en orden ya que iba a morir en unos 6 meses.

El granjero construyó un acumulador con dos barriles de acero, quitándoles las tapas superior e inferior, puliendo el interior hasta dejar el metal al aire, y soldando la parte superior de uno con la parte inferior del otro. Enrolló varias capas de lana de acero y lana de vidrio alrededor del cilindro de acero que había construido. Con el acumulador en forma de tubo colocado longitudinalmente sobre el suelo, entraba dentro y echaba una cabezada de vez en cuando. El me dijo: *"Dr. DeMeo, no estoy de acuerdo con su advertencia de no estar dentro de un acumulador más de 30 a 45 minutos. ¡Yo he estado dentro de él durante 7 horas ininterrumpidamente sin ningún problema cuando me dormí dentro de él!"*.Pues bien, yo no sabía qué hacer con este hombre, ya que cuando lo conocí estaba muy débil, se movía lentamente y necesitaba ayuda para moverse. Parecía tan bajo de energía, que, en este caso no había peligro de sobrecarga. Así que usando el acumulador, consiguió superar la fecha de muerte que le había pronosticado su médico. Le deseé lo mejor y le pedí que me informara de sus progresos.

Pasaron varios años y recibí una deliciosa carta del granjero, diciendo que le gustaría asistir a uno de mis talleres. Cuando finalmente nos encontramos otra vez, yo estaba asombrado de su estado. Pesaba unas 40 libras más, su cara estaba sonrosada y bronceada, se mantenía firme y fuerte sobre sus piernas y estaba a rebosar de energía. Sin embargo, algunas veces tenía la cara muy roja, como si fuera a explotar y cuando empezaba a hablar, no podía hacerle callar; había pasado de una situación de carga muy baja a otra situación de sobrecarga. Le señalé este peligro y redujo sus tratamientos con el acumulador. De cualquier manera, la historia no termina aquí. Al parecer volvió a ver a su médico de familia que vio el cambio en su estado y no pudo encontrar ningún rastro de su cáncer de hígado. El doctor se volvía loco con él y le acusó de "haber ido a un gran hospital de la ciudad a por una droga maravillosa". Él le habló al doctor acerca del acumulador, pero el doctor no le creyó. Como este hecho ocurrió en una ciudad pequeña en el Medio Oeste, donde un granjero sobrevivió a una sentencia de muerte del más afamado doctor de la ciudad y que vivió en lugar de morir, fue causa de mucho interés y discusión. En el presente, me han informado que en esa ciudad escasean los barriles de aceite de

Observaciones Personales

acero, la fibra de vidrio y la lana de vidrio, ¡ya que sus amigos y vecinos están muy atareados construyéndose sus propios acumuladores!

Manual del Acumulador de Orgón

13. Algunos Experimentos Simples y no tan Simples con el Acumulador de Orgón

Después de haber construido uno o varios de los tipos de acumuladores de orgón mencionados en este *Manual*, usted mismo puede hacer algunos experimentos sencillos para confirmar sus efectos. Asegúrese de monitorizar las condiciones ambientales durante estos experimentos así como los factores descritos anteriormente. Consulte las referencias dadas en este libro para tener más información.

A) <u>Confirmación de las Sensaciones Subjetivas</u>: Si usted es el tipo de persona que trabaja con la manos, que está generalmente relajada, con una respiración profunda y plena, entonces usted podrá, probablemente, confirmar los siguientes efectos. Introduzca su mano por la abertura del acumulador, dejándola relajada a unos 2 centímetros de las paredes metálicas. Usted debe sentir una sensación de calor suave, penetrante, o un ligero hormigueo. Este efecto también se puede confirmar con el embudo metálico del *disparador de orgón*, que puede sacar la carga de orgón del acumulador al que esté unido de una manera direccional; o por el *tubo disparador*, que es un pesado tubo de ensayo de cristal relleno de lana de acero y que se ha cargado en un acumulador. Si estos instrumentos disparadores se mantienen cercanos a la mano, a su labio superior o a su plexo solar o a otra parte sensible de su cuerpo, se percibirán sensaciones claramente discernibles. Asegúrese de efectuar este experimento en un día claro y soleado, en el que la carga orgónica de la superficie de la tierra es fuerte. En los días húmedos y lluviosos, el efecto será mínimo o inexistente. Las personas con la respiración poco profunda, que trabajan más con su cerebro que con sus manos o aquellas que tienen fuertes tensiones emocionales, necesitarán más tiempo y esfuerzo para confirmar esas sensaciones. Por lo general, si usted percibe las perturbaciones negativas producidas por un televisor con tubo de rayos catódicos (CRT), o de las pantallas CRT de los computadores, o de los tubos de luz fluorescente, es probable que usted también pueda percibir estos sutiles efectos orgónicos.

B) Observaciones en Habitaciones Oscuras: Mucha gente recuerda de su infancia la habilidad para ver formas borrosas o "puntos que bailan", que son fenómenos luminiscentes en habitaciones oscuras. Reich demostró que estos fenómenos eran reales y no imaginarios y que no estaban localizados solo "en el ojo". Para reproducir estos fenómenos uno tiene que tener la capacidad de diferenciar entre los fenómenos energéticos y la suciedad que flota en el interior o en la superficie de sus ojos. Reich identificó un tipo de energía en *forma de neblina,* y otra en *forma de puntos,* que era expresión de una mayor excitación. Desde el siglo XVII hasta nuestros días, ha habido testimonios de personas sensibles que hablan de campos de energía radiante alrededor de seres vivos y otros objetos, en la oscuridad o semi-oscuridad. También, algunas personas muy sensibles han observado en la oscuridad campos energéticos alrededor de imanes o de cables eléctricos con débil carga. Estos efectos se intensifican por la presencia de una fuerte carga orgónica, como es el caso cuando hay acumuladores presentes. Hay fenómenos energéticos dentro del acumulador que también se pueden observar directamente. Para verlos correctamente, deje que sus ojos se acostumbren a la oscuridad durante 30 minutos aproximadamente. Para proporcionar a estas observaciones una base científica, el lector debe remitirse a los detalles originales explicados por Reich en *La Biopatía del Cáncer.*

C) Observaciones en el Cielo Diurno: Un fenómeno de la unidad orgónica o de "puntos danzantes" es también observable en el cielo a la luz del día. Este fenómeno se puede ver mejor sobre un fondo sólido y homogéneo de nubes o con un cielo de color azul intenso. Los árboles a menudo parecen despedir esta energía hacia el cielo, o atraerla hacia ellos, a la manera de un cuadro de Van Gogh. Para realizar estas observaciones se debe encontrar uno relajado; se debe también relajar la mirada y dirigirla al espacio abierto que hay entre uno mismo y el infinito. Estos fenómenos se pueden observar mejor a través de un tubo hueco de metal, plástico o cartón. El fenómeno es más evidente a través de paneles de plástico y tragaluces, y especialmente mirando por

Experimentos con el Acumulador de Orgón

las ventanas de plexiglas de un avión reactor a alta altura. Se debe siempre recordar que algunos de estos fenómenos pueden estar teniendo lugar en el globo ocular, aunque esto no es así en la mayoría de los casos. Según mi experiencia, la mitad de la población puede ver estos fenómenos si les han sido señalados. Algunos los rechazarán inmediatamente diciendo "esto es algo que flota en mis ojos", mientras que otros estarán fascinados. Conocí a una señora que asistía a mis seminarios de verano sobre la investigación del orgón, que me contó una triste historia en la que me decía que ella había visto estos fenómenos desde niña y se lo había contado a su madre. Su madre, preocupada la llevó a un oftalmólogo que no le encontró nada anómalo. Después su madre la llevó a un psiquiatra que le diagnosticó alucinaciones psicóticas, recetándole medicación anti-psicótica. Así que esta pobre señora estuvo medicada durante años, con píldoras que alteran la mente, antes de que pudiera leer acerca del descubrimiento de la energía orgónica por Wilhelm Reich y de los fenómenos luminosos subjetivos. Dejó de tomar las pastillas y la única consecuencia fue que descubrió su capacidad para sanar a personas con sus manos, y su capacidad de transferir su propia energía vital a otras personas. Esto también se explica razonablemente con los descubrimientos de Reich. Es interesante señalar que también Van Gogh fue diagnosticado como "psicótico" en una de las publicaciones médicas de los modernos psiquiatras dispensadores de pastillas, en parte por su vida turbulenta y por proclamar que "veía cosas". Nosotros esperamos que el descubrimiento de Reich de la energía vital se pueda incorporar al pensamiento científico, médico y popular, lo suficiente como para apreciar en lugar de

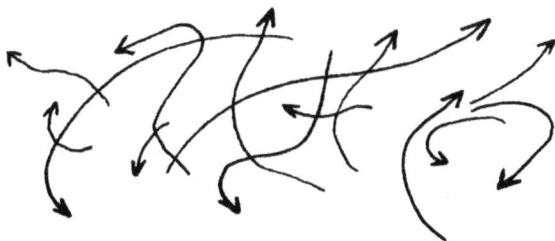

Las unidades lumínosas de orgón pulsan y se mueven aleatoriamente en el cielo con un periodo de vida de un segundo.

161

Manual del Acumulador de Orgón

condenar, a aquellos de entre nosotros que pueden directamente sentir, ver y aún proyectar la energía vital con sus manos.

D) Experimentos de Aumento del Crecimiento de las Plantas: Los efectos positivos sobre la vida producidos por el acumulador, pueden verse cuando se han cargado semillas con él, y viendo cómo crecen las plantas después de sembrarlas. Tome sus semillas para el jardín y divida cada tipo en dos grupos separados, etiquetados con las letras A y B. Introduzca las semillas etiquetadas con A en el acumulador de orgón durante un día o dos, o incluso semana, antes de plantarlas. Almacene las semillas etiquetadas con B en un lugar lejano del acumulador pero con las mismas condiciones de luz, temperatura y humedad. Usted puede mantener las semillas en su envoltorio de plástico o de papel mientras hace el experimento, pero asegúrese de que ninguno de los grupos está cerca de un televisor, ordenador, luz fluorescente, horno de microondas o cualquier otro dispositivo que produzca los efectos oranur y dor. Después de cargarlas, plante las semillas de tal forma que usted pueda identificar los dos grupos. Controle y mida el crecimiento de ambos grupos tomando notas y fotografías. Contabilice o mida las producciones de las plantas de cada grupo. El grupo que ha pasado por el acumulador debe haber crecido más y debe tener una producción mayor. Estudios controlados realizador por agricultores ecológicos, particularmente los realizados por Jutta Espanca en Portugal, han demostrado efectos muy significativos de la carga orgónica. Espanca ha encontrado que la carga de las semillas de jardín es mejor si se hace solo un día o solo una pocas horas, pero que esto únicamente se debe hacer en un día claro, limpio y soleado cuando la carga orgónica de la superficie de la Tierra y en el acumulador es muy fuerte y viva. Si no es así el periodo de carga puede que deba tener lugar durante más días. Tenga en cuenta que las semillas pueden sobrecargarse; los intentos de cargar las semilla por periodos de 30 días o más conducen muchas veces a solo unas pequeñas diferencias entre el grupo de control y el cargado, o incluso pueden resultar en un mal desarrollo de la planta.

Carga Orgónica de Plantas en Maceta: Esto puede hacerse cargando las semillas antes de ponerlas en la maceta como se ha visto antes, o cargando el agua y la tierra antes de usarlas en la maceta. También se puede hacer un acumulador usando un bote

Experimentos con el Acumulador de Orgón

de metal con ambos extremos abiertos envuelto en capas de plástico y lana de acero alrededor de la parte exterior. Asegúrese que la capa más exterior de plástico sea bastante gruesa y no use materiales de aluminio. Deje la lana de acero esponjosa, no la comprima.

Experimentos Caseros de Germinación de Semillas: Los efectos positivos que sobre la vida ejerce el acumulador pueden observarse por la manera en que favorece la germinación de las semillas. Construya un acumulador para colocar dentro su equipo de germinación. Sitúe un contenedor de germinación en una zona oscura alejada del acumulador y el otro contenedor dentro del acumulador de orgón, que estará oscuro. Asegúrese de que la temperatura, ventilación y exposición a la luz de ambos contenedores sean iguales, y de nuevo, mantenga ambos contenedores alejados de dispositivos que produzcan efectos oranur y dor. Mida la cantidad de semillas que van en cada contenedor y asegúrese de que la cantidad de agua es la misma en ambos contenedores. Observe y anote cualquier diferencia subsiguiente en el crecimiento y en el sabor. El grupo del acumulador tendrá un crecimiento y dará una producción mayor.

Experimentos de Laboratorio de Germinación de Semillas: Consiga dos recipientes de cristal poco profundos y con fondo plano, o dos recipientes de laboratorio de vidrio para cultivos, de unos 10,16 cm de diámetro y 2 cm de profundo. Coloque en cada recipiente unas 20 ó 30 semillas secas de judias mungo (soja verde) formando una sola capa sobre el fondo. Añada una cantidad de agua previamente medida que cubra hasta, más o menos, la mitad de las semillas. La parte superior de las semillas debe permanecer en contacto con el aire mientras que la parte inferior debe estar en agua. Coloque uno de los recipientes en un pequeño pero potente acumulador de orgón y el otro recipiente en una caja de madera o de cartón que se pueda cerrar, con similares dimensiones a las del acumulador pero sin metal. Cubra el acumulador y la caja con plástico negro para impedir la entrada de luz. Coloque ambos en una zona bien ventilada, de igual temperatura, pero a salvo de la luz solar directa. Tanto el acumulador como la otra caja deben tener las mismas condiciones ambientales de luz y temperatura, pero la distancia entre ambas debe superar 1 metro aproximadamente. Ningún dispositivo productor de efectos oranur y dor tiene que estar cerca. Cada día abra las dos cajas y reponga la cantidad de agua necesaria para

Manual del Acumulador de Orgón

Un Experimento Controlado de Carga de Semillas de Judías-Mungo (soja verde). Arriba: Las semillas en el recipiente de la izquierda germinaron mientras se mantenían dentro de un acumulador con un volumen de unos 28 dm³, similar al descrito en los capítulos 16 y 17, mientras que el otro germinó en un recinto de control.abajo: Histogramas de los análisis durante tres años de los datos experimentales obtenidos. Las semillas cargadas germinan hasta unos 200 mm en promedio, mientras que las semillas del recinto de control crecen hasta 149 mm en promedio, o sea, un aumento de crecimiento del 34% de las semillas orgónicamente cargadas, con un nivel de significancia estadística p < 0.0001. (J. DeMeo: "Orgone Accumulator Stimulation of Mung Beans" Pulse of Planet 5: 168-175,2002)

Germinación de semillas cargadas de judía-mungo (soja verde).3-ensayos combinados (n =600)

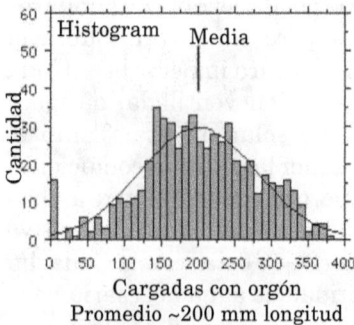

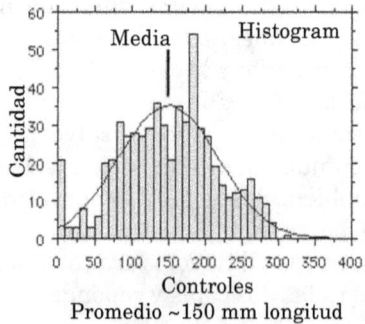

Control (sin carga) de germinación de semillas de judía-mungo (soja verde). 3 –ensayos combinados (n = 600)

Cargadas con orgón
Promedio ~200 mm longitud

Controles
Promedio ~150 mm longitud

Experimentos con el Acumulador de Orgón

que estén la mitad de las semillas cubiertas de agua. Si en uno de los recipientes las semillas empiezan a crecer más rápidamente, necesitarán más agua que deberá ser proporcionada. Cuando en uno de los recipientes las semillas hayan crecido unos 10 cm de altura, anote sus observaciones sobre la tasa de germinación, longitud o peso de las semillas, su aspecto general y otras características. Compare los dos grupos de semillas. El grupo de semillas introducidas en el acumulador tendrá un crecimiento mayor y una mayor tasa de germinación. Para hacer este experimento y que resulte de interés, consultar primero los protocolos en mi publicación de investigación citada en la página anterior.

E) El Efecto Diferencial de Temperatura en el Acumulador: Reich demostró que la sensación de calor vivo que se sentía dentro del acumulador era un aspecto objetivo que podía ser medido con un termómetro sensible. Un acumulador hermético calienta espontáneamente el aire de su interior unas décimas de grado hasta varios grados. El aumento de temperatura hará que el aire interior sea ligeramente más caliente que el aire circundante, o que el aire interior de una caja de control térmicamente equilibrada en la que no se hayan usado metales en su construcción. Este experimento, llamado $T_0\text{-}T$ (temperatura en el acumulador de orgón menos temperatura del control) fue considerado por Reich como una prueba de la existencia de la energía orgónica y una violación de la segunda ley de la termodinámica. Albert Einstein reprodujo el experimento y lo calificó de "la bomba en la física"; hay un folleto fascinante titulado *The Einstein Affair* que documenta la correspondencia entre Reich y Einstein sobre este tema. Para una valoración definitiva del experimento $T_0\text{-}T$ se necesita la construcción de un acumulador y una caja de control térmicamente equilibrados, monitorizar cuidadosamente la temperatura ambiental y del tiempo atmosférico, termómetros sensibles capaces de registrar hasta décimas de grado y mediciones sistemáticas y prolongadas. Aquellos que deseen reproducir el experimento deben de consultar los detalles en los informes publicados en la sección de Referencias de este libro. Es un área lista para investigaciones innovadoras y animo a los que les guste experimentar indagar a fondo en este efecto.

Manual del Acumulador de Orgón

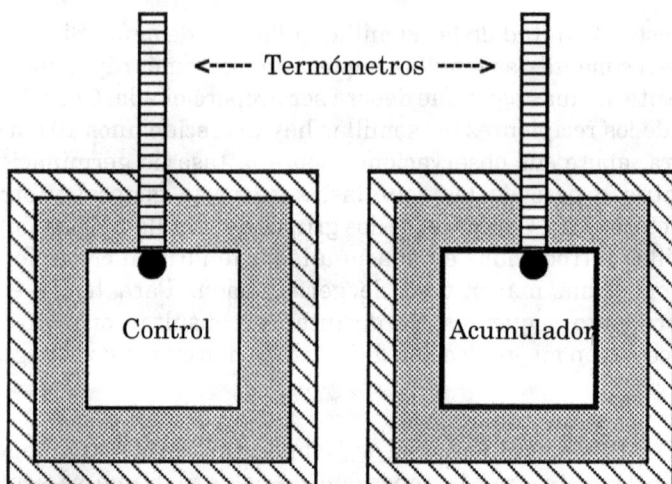

<----- Termómetros ----->

Control

Acumulador

Fibra vulcanizada en el exterior

Fibra de vidrio (control) o fibra de vidrio o lana mineral (acumulador)

Lámina metálica interior, se usa solo en el acumulador de orgón

Anomalía térmica dentro del acumulador de orgón, con picos al mediodía solar de 0.5ºC mayores que dentro de una caja de control, durante 11 días en agosto 2006. Nótese la naturaleza positiva predominante de la anomalía y su reducción en días nublados o lluviosos.

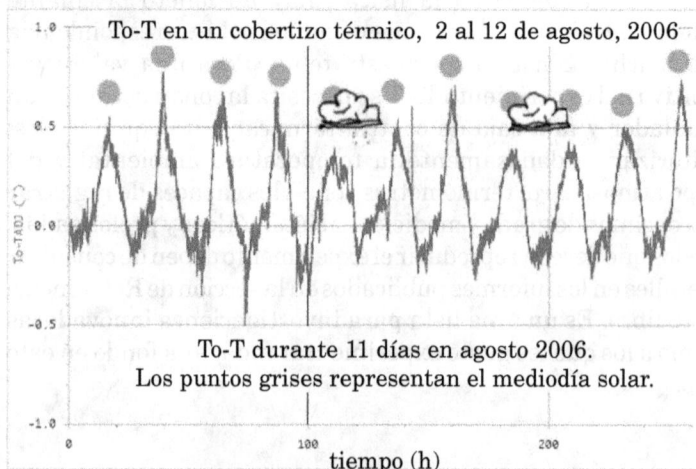

To-T en un cobertizo térmico, 2 al 12 de agosto, 2006

To-T durante 11 días en agosto 2006.
Los puntos grises representan el mediodía solar.

tiempo (h)

Experimentos con el Acumulador de Orgón

F) <u>Efectos Electroestáticos del Acumulador de Orgón</u>: Consiga o construya un simple electroscopio de láminas aluminio o de láminas de oro. Si usted no sabe lo que es esto, puede encontrar instrucciones en una buena biblioteca. Asegúrese de que el electroscopio esta calibrado con marcas de grado de 0 a 90, de tal manera que el grado de su deflexión pueda ser medido con precisión. Pasando un tubo de plástico o un peine por su cabello seco usted puede recoger una carga eléctrica estática considerable y transferirla al electroscopio. Usando un cronómetro o un reloj con segundero, usted puede ver cuánto tiempo tarda el electroscopio en perder su carga, que pasará al aire, para un ángulo de deflexión determinado.

Por ejemplo, se puede querer saber cuánto tarda el electroscopio en descargarse desde un ángulo de 50 grados hasta un ángulo de 30 grados. Para ello deberá cargar el electroscopio hasta una deflexión mayor de 50 grados y esperar hasta que llegue a la marca de 50 grados. A partir de ese momento, cuente los segundos transcurridos hasta que se alcance el ángulo de 30 grados. El tiempo transcurrido es el índice de descarga del electroscopio. En días soleados, la descarga será bastante lenta mientras que en los días lluviosos será muy rápida, a veces tan rápida que usted no podrá llegar a medirla. Si se mide el índice de descarga de un electroscopio dentro de un acumulador, se encontrará que dentro del acumulador la descarga es más lenta que al aire libre. La diferencia entre el índice de descarga dentro de acumulador y el obtenido al aire libre se llama *diferencial del índice de descarga electroscópica*. Este diferencial será grande en días claros y soleados y mínimo o cero en días nublados y lluviosos. En raras ocasiones, un electroscopio débilmente cargado o completamente descargado puede – si se puede poner dentro de un acumulador de orgón – cargarse espontáneamente hasta un nivel mayor. Todos estos efectos no se presentarán en días nublados y lluviosos. Para más detalles, ver las citas correspondientes en la sección "Referencias".

G) <u>El Efecto de la Supresión de la Evaporación en el Acumulador</u>: Este experimento requiere una balanza de precisión capaz de medir fracciones de gramo. También se requiere un acumulador y una caja de control de similares dimensiones, ambos térmicamente equilibrados. Para el interior de la caja de control no hay que usar materiales que absorban el agua; al

Manual del Acumulador de Orgón

contrario, use materiales no metálicos que repelan el agua, tales como plástico, barniz o esmalte. Consiga y pese dos pequeños e idénticos recipientes de vidrio de aproximadamente 10 cm de diámetro y 2 cm de altura. Pese los recipientes cuando estén vacíos, secos y limpios. Después añada la misma cantidad de agua a ambos recipientes, llenándolos hasta la mitad y péselos otra vez calculando, por medio de una resta, el peso del agua en cada uno de los recipientes. Coloque uno de los recipientes dentro del acumulador sobre un pequeño bloque de madera, de tal forma que el fondo del recipiente de cristal no entre en contacto con la pared interior metálica del acumulador. La parte superior del acumulador debe estar cerrada, pero con una abertura para que pueda circular el aire. Sin embargo no debe estar colocado en una zona ventosa o iluminada por el sol. Coloque de la misma forma el otro recipiente de cristal con agua en la caja de control, sobre un pequeño bloque de madera y con una tapa con una abertura. Póngalo en un sitio alejado por lo menos 1 metro del acumulador

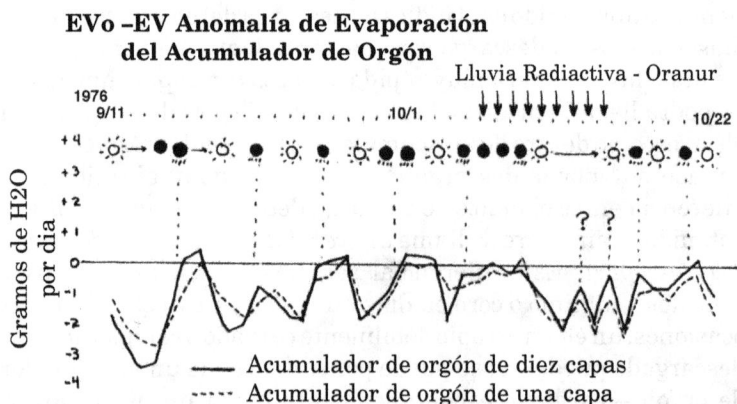

Anomalía en la Evaporación de Agua en el Acumulador de Orgón. Cantidad de agua evaporada de un recipiente abierto dentro de un acumulador (EV$_0$) menos la evaporación en una caja de control (EV) en gramos de agua por día. El acumulador suprime la evaporación en días soleados y luminosos. Nótese que la anomalía se interrumpió cuando apareció en el área del laboratorio un polvillo radiactivo procedente de una prueba nuclear china en la atmósfera. (J. DeMeo: "Water Evaporation Inside the Orgone Accumulator", Journal of Orgonomy, 14: 171-175, 1980)

Experimentos con el Acumulador de Orgón

pero con iguales características de temperatura, luz y viento. Puede cubrir con un plástico negro el acumulador y la caja de control para evitar ligeras diferencias en la iluminación de ambos. Espere exactamente 24 horas para sacar los dos recipientes teniendo cuidado de no tirar nada de agua. Pese ambos recipientes y anote las pérdidas por evaporación en ambos durante este periodo de 24 horas. Repita esta medición una vez al día, preferiblemente al final de la tarde, de tal manera que usted pueda determinar la cantidad de agua evaporada en cada recipiente por día. Deberá encontrar que la caja de control evapora más en días soleados y el recipiente del acumulador ha suprimido la evaporación. En días lluviosos, cuando el acumulador no se carga, la evaporación en el acumulador y en la caja de control son casi iguales. Reste la cantidad de agua evaporada en el acumulador de orgón de la cantidad de agua evaporada en la caja de control por cada periodo de 24 horas. Esta cantidad, denominada EV_0 – EV revelará la cantidad de carga de energía orgónica intercambiada entre la atmósfera local y la del acumulador. Los valores de la evaporación en un día cualquiera son menos interesantes que la manera dinámica en que el diferencial de evaporación aumenta y disminuye, de acuerdo con la carga de energía orgónica en la superficie de la Tierra.

H) <u>Experimento del Medidor de la Energía Vital Orgónica</u>: Para hacer este experimento, se tendrá que construir el propio medidor de energía orgónica, siguiendo las instrucciones de Reich en el libro *The Cancer Biopathy*. Usted necesitará una bobina de inducción o bobina tipo Tesla, algunas placas metálicas, paneles aislantes y un fotómetro de fotógrafo. En muchos aspectos, este medidor se parece a un aparato de tipo "Kirlian", excepto que no se miden los campos de energía con una placa fotográfica, pero sí que se mide con una lectura de tipo analógico basada en cuán intensamente su campo de energía personal puede causar que una bombilla se ilumine. Algunas pruebas serán necesarias para encontrar el tipo de bombilla adecuado, ya que descubrí hace algunos años que solo algunos tipos funcionaban (parece adecuado el tipo de bombilla de bajo voltaje). Pero usted puede comprar el *Medidor Experimental del Campo de la Energía Vital* mostrado previamente en una foto al final del capítulo 4. Este aparato está hecho con la tecnología de circuitos integrados para reproducir la invención original de Reich y funciona bastante bien. Es el único instrumento que conozco que demuestra la fuerza relativa o la carga del campo de energía humano de manera sostenida. Muestra variaciones de una persona a otra, y si es diestra (o zurda) esa mano tendrá más carga que la otra. Las personas sanas y con mucha vitalidad dan lecturas más altas que las personas débiles o enfermas, al igual que la prueba de sangre de Reich revelaba el parámetro energético subyacente a la salud y la enfermedad. Las aguas vivas de fuentes naturales dan lecturas algo más altas que las aguas desvitalizadas de las canalizaciones de agua potable de las ciudades. Mi predicción es que en algún siglo lejano, los descubrimientos de Reich serán el núcleo alrededor del cuál se desarrollarán nuevos tipos futuros de diagnóstico y tratamiento, tipo "Star Trek".

14. Preguntas y Respuestas

P.: Si la energía orgónica realmente existe, ¿por qué no oímos hablar de ella a los científicos que trabajan en las universidades?

R.: Científicos que trabajan en las universidades y en instituciones de investigación han verificardo las investigaciones acerca de los biones, el acumulador orgónico, el rompe-nubes (cloudbuster) y sobre los aspectos bio-eléctricos de la vida, de las que Reich fue un pionero. Por ejemplo, el Dr. James DeMeo, autor de este *Manual*, investigó acerca de los descubrimientos de Reich relacionados con el clima de mientras era un estudiante graduado e instructor en la Universidad de Kansas. Continuó sus investigaciones mientras era profesor en la Illinois State University y en la University of Miami. Müschenich y Gebauer, de la Universidad de Marburg en Alemania Occidental finalizaron un estudio controlado a doble ciego sobre los efectos fisiológicos del acumulador orgónico en humanos. Dr. Bernard Grad, uno de los asociados a Reich continuó en trabajo pionero sobre biones y energía vital, bastante abiertamente y durante décadas en la McGill University en Canadá. Otros académicos con investigaciones o interés histórico en los trabajos de Reich han ocupado posiciones en la Universidad de Harvard, la Universidad de Temple, la Universidad Estatal de New York, la Universidad de York, la Universidad d Rutgers, la Universidad de Viena y en otros lugares. Actualmente se organizan talleres y cursos dedicados a los trabajos de Reich en algunas instituciones y universidades en América del Norte y Europa. No obstante, la historia de la ciencia muestra repetidas veces que las grandes instituciones no se acomodan fácilmente a la investigación innovadora que puede forzar a cambios radicales en las más importantes teorías de la ciencia.

P.: Puede usarse un acumulador durante un día húmedo o nublado?

R.: El uso de un acumulador durante las condiciones de tiempo húmedo no será perjudicial, pero será menos efectivo, ya que la carga en esos ambientes húmedos es significativamente más baja o inexistente. Lo mejor es usarlo durante los días claros y soleados, cuando la energía orgónica atmosférica es potente y expansiva y la carga en la superficie de la Tierra es mayor.

P.: *Estos equipos de acumulación son simples de construir. ¿Hay muchos de ellos construidos accidentalmente?*
R.: Se construyen muchos "acumuladores" sin que la gente que lo hace lo sepa. Cada casa-móvil o casa con el exterior de metal o con paneles metálicos acumulará una carga, que será tóxica si el metal usado es aluminio. El efecto oranur y otros efectos tóxicos aparecen fácilmente en este tipo de casas, que están llenas, además, con todos los modernos aparatos electromagnéticos que perturban al orgón, tales como televisores, hornos de microondas, luces o tubos fluorescentes y demás. Hasta la fecha no se ha llevado a cabo ningún estudio epidemiológico sobre tales observaciones.

P.: *Tengo un termo viejo para bebidas frías de espuma de poliestireno. ¿Puedo enrollarle una lámina de aluminio y hacer un acumulador?*
R.: Puede intentarlo, pero no espere ningún resultado sólido hasta que entienda y tome en consideración todos los procedimientos y advertencias que se dan en este *Manual*. La espuma de poliestireno y el aluminio son materiales que acumulan energía vital negativa. Si usted hace un experimento biológico con este material, solo conseguirá demostrar los efectos negativos para la vida. Para un científico interesado en la energía orgónica, estas consideraciones son aún más cruciales y no pueden ser ignoradas.

P.: *Mi acumulador me daba una carga muy buena los primeros meses que lo usé, pero ahora no consigo una buena carga nunca. ¿Por qué pasa esto?*
R.: Es probable que el acumulador esté contaminado con dor. Algunos investigadores han notado este efecto, en el que el acumulador está temporalmente "muerto". Entonces lo colocan al aire libre, protegido de la lluvia, con las puertas o tapas abiertas, de tal manera que el aire fresco pueda circular libremente. También se puede reactivar un acumulador "muerto" pasando un paño húmedo por dentro y por fuera cada día durante una semana, más o menos. Mantenga también un recipiente con

agua o un cubo con agua y con tubos de extracción dentro del acumulador cuando no se use. Renueve cada día el agua de los recipientes. Asegúrese también de que el acumulador no está cerca de cualquiera de los dispositivos que producen los efectos "oranur" descritos anteriormente y que su entorno está libre de "oranur" en la medida de lo posible. El acumulador puede cargarse por la acción del sol, dejándolo directamente a la luz del sol durante unos días. Estas acciones deberían eliminar cualquier tendencia al dor y "reavivar" la carga.

P.: *He oído que el sentarse dentro de acumulador puede hacer que una persona sea más potente sexualmente. ¿Es cierto? También he visto un film una vez en el que se dice que Reich era muy pornográfico.*

R.: Los enemigos de Reich propagaron muchos falsos rumores en artículos difamatorios durante los años 1940 a 1950, diciendo de él que era un lunático, que el acumulador era una "caja de sexo", y en los que ponían falsas palabras en boca Reich acerca de la capacidad del acumulador para devolver la potencia sexual perdida. Sin embargo, Reich nunca afirmó tal cosa; de hecho el siempre remarcó los fundamentos emocionales y psicológicos de la disfunción sexual, la cual no podía ser modificada con el tratamiento en el acumulador. Reich también estaba contra la pornografía y la consideraba como algo atractivo tan solo para los reprimidos sexuales. El film al que usted se refiere será probablemente *WR Mysteries of the Organism,* que fue dirigido por un director pornográfico y comunista que odiaba a Reich y que parodió deliberadamente su trabajo. Más información sobre este film en: www.orgonelab.org/makavejev.htm

P.: *¿Qué son las pirámides de orgonita, los generadores de orgón y los "chembusters"? ¿Pueden ellos traerme realmente más "dinero, sexo y potencia" como he visto en un anuncio en internet? ¿Nos protegen realmente de las radiaciones de las torres de emisión de telefonía móvil?*

R.: Desgraciadamente no. Estas son propiedades falsas de aparatos desarrollados por místicos o gente confundida desde 1995 aproximadamente, y muy vendidos a través de internet. Pero no fueron desarrollados por el Dr. Reich ni por ninguno de los profesionales asociados con él. La gente que fabrica y vende estas cosas abusa del nombre de Reich y de sus obras sin ninguna

Manual del Acumulador de Orgón

justificación y hace una larga e insoportable lista de afirmaciones acerca de los supuestos "poderes" de sus aparatos. Para más detalles, ver: www.orgonelab.org/orgonenonsense.htm y www.orgonelab.org/chemtrails.htm.

P.: *Es cierto que el Dr. Reich fue atacado por el ala derecha, "macartista" de los conservadores en los EEUU?*
R.: No de modo significativo. Como se detalla en la Introducción de este libro, *Nueva Información sobre el Proceso de Reich*, los artículos originales que calumniaban y atacaban a Reich fueron escritos por la escritora comunista Mildred Brady y fueron publicados en la revista radical de izquierda *New Republic* que era editada por el agente soviético Michael Straight. El izquierdista Martin Gardner también escribió un libro contra Reich que tuvo mucha repercusión. Los artículos calumniosos tuvieron mucha difusión y llamaron la atención de la liberal, orientada a la izquierda y "activista en pro del consumidor", FDA. Uno de los abogados de Reich era en realidad un simpatizante soviético encubierto. En años más recientes, organizaciones "escépticas" de izquierdas se han puesto en contra de los múltiples y diferente métodos naturalistas existentes y de los descubrimientos científicos heterodoxos, así como contra los científicos y médicos que se han atrevido a investigar seriamente los hallazgos de Reich. Mientras que entre los colaboradores de Reich había liberales de corte antiguo y conservadores moderados, los mayores detractores eran, decididamente, "activistas" de izquierda, mercenarios del Comintern y espías soviéticos. Fueron ellos los que intentaron matar a Reich en Europa y en EEUU, y ellos manipularon engañosamente a las instituciones sociales americanas para conseguir sus objetivos.

P.: *¿No es la energía orgónica la misma cosa que el Chi o Prana? ¿No hacen básicamente lo mismo los sanadores psíquicos que trabajan con intenciones conscientes?*
R.: La energía orgónica es una energía vital física y tangible y como se ha visto, sentida y usada por diferentes culturas en todo el mundo. Esto es verdad tanto en China como en India, donde *Chi* y *Prana* son parte de sus tradiciones místicas y curativas. Sin embargo, en estas tradiciones místicas, se afirma a menudo que esa energía no es realmente tangible, en el "aquí

y ahora". En consecuencia, uno se ve forzado a aproximarse a ella mediante largos ejercicios espirituales, o a estudiar con un gurú para poderla entender en profundidad. Reich es el único que ha efectuado demostraciones científicas sobre la energía vital, como una cosa real, no como algo del Mas Allá, ni del mundo de los espíritus, demonios o ángeles. Él hizo de la energía vital algo que cualquier persona puede usar, sin ninguna referencia a creencias religiosas. Cualquiera puede usar la manta o el acumulador orgónico, incluso o especialmente aquellas personas "ignorantes de lo espiritual", y ciertamente sin tener que pasar por rendir culto a ídolos vivos o de piedra.

Los experimentos con intenciones conscientes, como se entienden y publican en la literatura parapsicológica, son fascinantes y pueden, de hecho, funcionar en virtud de la influencia directa humana sobre la energía vital. Por ejemplo, en el Laboratorio PEAR de la Universidad de Princeton, un trabajo realizado con Generadores de Sucesos Aleatorios (REGs) muestra que la gente normal puede influir mentalmente en estos dispositivos, produciendo variaciones altamente ordenadas y estadísticamente significativas en su salida, que normalmente, produce números puramente aleatorios. Sin embargo, también se ha demostrado que la gente que expresa emociones fuertes, como llanto o enojo, produce efectos más fuertes que con solo la potencia del cerebro. Esto sugiere que la expresión espontánea de las emociones – que, como sabemos por Reich, son la expresión directa de la energía orgánica en el cuerpo – ejerce una mayor influencia que la intención efectuada desde la contemplación o la meditación.

Entre los sanadores psíquicos, la energía vital está reconocida abiertamente como una "energía sutil", particularmente por aquellos que usan los métodos de *"posar las manos" o "pasar las manos"*, lo que nos remite a los trabajos de Franz Mesmer sobre magnetismo animal. En algunas ocasiones, se han documentado efectos a larga distancia en experimentos estrictamente controlados. Hoy en día, hay escuelas que intentan enseñar estos métodos, y mucha gente normal puede usarlos para producir efectos curativos en otros. Nuestros cuerpos están cargados con energía vital, y con simples y viejos métodos podemos aprender a transferir esta carga a otras personas. Algunos grupos de enfermeras que han empezado a aplicar los métodos simples de poner las manos o pasar las manos a los pacientes, han llevado algunas veces, la manta orgónica a las habitaciones del hospital, a escondidas, sin decírselo a los médicos. Esto puede igualar o aumentar la magnitud de los efectos. Todo esto se aclarará más cuando la ciencia y la medicina toleren investigaciones serias y abiertas. Mientras que la curación psíquica de poner las manos parece una influencia de la transferencia de energía, la curación psíquica a larga distancia parece menos clara y por eso se explica con la teoría de la *intención consciente*. Pero los efectos biológicos de estás curaciones a larga distancia no han sido claramente demostrados como para separarlos claramente de los efectos psicosomáticos o placebo que, por sí solos pueden ser bastante poderosos. Por eso se han desarrollado experimentos dirigidos a incrementar el crecimiento de las plantas. Estos estudios también documentan efectos psíquicos, pero necesita de 100 a 1000 sanadores profesionales, ocupados en pensamientos intensos y profundos o meditaciones con "cerebros sudantes" para producir el mismo aumento del 30% al 40% en la germinación de semillas, que es lo que se consigue regularmente en el instituto OBRL dentro de un solo y potente acumulador de energía orgónica, y sin ninguna meditación ni ejercicio de intención consciente o como se llame (ver las fotos del capítulo 13). Esto sugiere que la intención consciente y la meditación producen solo influencias indirectas sobre la energía-vital, mientras que el acumulador – que es el producto de las investigaciones científicas, naturales y funcionales sobre la bioenergía llevadas a cabo por Reich –influyen en la vida de una manera más directa. Como tal, el acumulador de energía orgónica está más cercano a otros métodos funcionales de curación por medio de la medicina de la energía natural, como la acupuntura y la homeopatía, que tampoco requieren meditaciones o intencionalidades.

P.: *Es legal el acumulador de energía orgónica? ¿Puedo tener problemas con la ley si construyo o uso uno?*
R.: No hay ninguna ley en contra de la energía orgónica o contra el acumulador de energía orgónica. Usted puede construir, poseer y usar abiertamente el acumulador o la manta en su casa o donde sea, como prefiera. Puede usarlos legalmente para auto-tratamiento de cualquier condición relacionada con la salud, así como usted también puede hacer sopas benéficas, comprar vitaminas, o bañarse, sin preguntar a su doctor o a la policía.

Preguntas y Respuestas

Además, en el tiempo en el que se hacía la apelación en la Corte Suprema de EEUU, un grupo de médicos rellenaron una petición de avocación para que se interviniera en este caso, argumentando que cualquier prohibición del acumulador orgónico afectaría negativamente a su práctica médica y a la salud de sus pacientes. El tribunal sentenció, de acuerdo con el demandante, la Administración de Alimentos y Drogas de EEUU, (FDA), que no le importaba lo que otra gente hiciera con el acumulador orgónico, únicamente lo que con él hacía el Dr. Reich. Esta sentencia clarificó primeramente que la FDA iba a por Reich y no le interesaba saber si la energía orgónica y el acumulador funcionaban o no y tampoco le interesaba la quema de sus libros decretada por el gobierno. Pero también despejó el camino para que cada cual lo usara libre y abiertamente.

Sin embargo hay que entender que las fuerzas dentro de la comunidad médica, dentro de la industria farmacéutica y el gobierno están trabajando duramente para hacer que sea ilegal para usted hacer estas cosas. Cuando la FDA hace una redada en una clínica de curación natural, obviamente, no tienen interés en saber si el nuevo producto o método de tratamiento es beneficioso, solo les interesa efectuar un uso abusivo del sistema legal y usarlo como un acicate para someter a la gente. Si usted está preocupado en proteger las libertades relativas a su salud, debe unir fuerzas con esas organizaciones sociales que están trabajando para preservar o ampliar esas libertades. ¡El precio de la libertad es la vigilancia eterna! Para más información, ver mi artículo *Anti-Constitucional Activities and Abuse of Police Power by the U.S. Food and Drug Administraction and other Federal Agencies*, (Actividades anticonstitucionales y abuso de la Fuerza Policial por parte de la Administración de Alimentos y Drogas de los EEUU y otras Agencias Federales) aquí:

www.orgonelab.org/fda.htm

Parte III: Planos para la Construcción de Instrumentos Acumuladores de Orgón

15. Construcción de una Manta de 2-capas de Energía Orgónica

De entre todos los dispositivos que cargan y acumulan energía orgónica, la manta de energía orgónica es el dispositivo más simple de construir. Puede tener cualquier tamaño y ser fácilmente transportada. Para descansar se pueden usar las mantas pequeñas, mientras que las grandes son para ponerlas por encima y por debajo de una persona que esté inmovilizada en la cama. De la misma forma que los acumuladores normales, las mantas orgónicas no deben usarse durante periodos prolongados, pero uno puede descansar o echar una siesta con una de ellas. Según mi experiencia, la gente se quita de encima la manta cuando está durmiendo y se siente incómoda, igual que lo haría con una manta normal. A continuación se explica paso a paso cómo hacer una manta que acumula energía orgónica con unas dimensiones de 61 cm x 61 cm.

A)	Conseguir suficiente tejido de 100% pura lana o de fieltro de lana, para hacer 3 cuadrados de 61 cm x 61 cm. El tejido no tiene por qué tener un acabado de gran calidad, pero sí debe tener una textura algo rugosa, como una manta confortable de camping. Obtener varios paquetes de almohadillas de lana de acero muy fina ("000" ó "0000"), del tipo que no tiene jabón, o un carrete de lana de acero.

B)	Colocar una pieza de 61 cm x 61 cm sobre una superficie plana. Cubrir la superficie superior del tejido (la que está expuesta), con una capa de lana de acero del carrete de lana de acero o varias almohadillas deshechas. Extienda la lana de acero, de tal manera que forme una capa no demasiado gruesa. Se tienen que poder ver los bordes del tejido de lana, que está debajo, por todos los lados.

C)	Sobre la capa de lana de acero que acaba de hacer, poner otro trozo de tejido de lana de 61 cm x 61 cm.

Manual del Acumulador de Orgón

Confección de una manta orgónica. Extender el tejido de lana, colocar encima una capa fina y no compacta de lana de acero. Extenderla dejando unos bordes exteriores según se muestra.

D) Cubra la superficie superior de la tela expuesta de este segundo trozo de lana que acaba de poner con otra capa de lana de acero.

E) Termine con otro trozo de tejido de lana de 61 cm x 61 cm puesta encima de la última capa de lana de acero. En este momento usted debe tener 3 trozos de tejido de lana con dos capas intermedias de lana de acero, como si fuera un sándwich.

F) Recorte, cosa y termine los bordes de acuerdo con su gusto y sus habilidades en la costura.

G) Guarde y use la manta en un ambiente adecuado, similar al que se necesita para un acumulador normal, es decir, lejos de televisores, hornos de microondas, luces fluorescentes u otros dispositivos electromagnéticos o radiactivos. No usar nunca la manta orgónica junto con una manta eléctrica. Puede guardarse en un cobertizo al aire libre, o incluso dentro de un acumulador más grande para que adquiera una carga mayor.

Una Manta de 2-capas de Energía Orgónica

Los rollos de lana de acero pueden ser comprados en www.naturalenergyworks.net o en grandes ferreterías o almacenes de pinturas. Extienda la lana de acero dos o tres veces la anchura que tiene en el rollo. Use el grado de finura "000" ó "0000" y deje que los aceites residuales se sequen desenrollando el rollo y dejándolo al sol durante un día o dos. Durante la construcción se debe usar una mascarilla para no aspirar el polvo fino del acero. También hay que usar mascarilla cuando se fabrican los paneles del acumulador con fibra de vidrio.

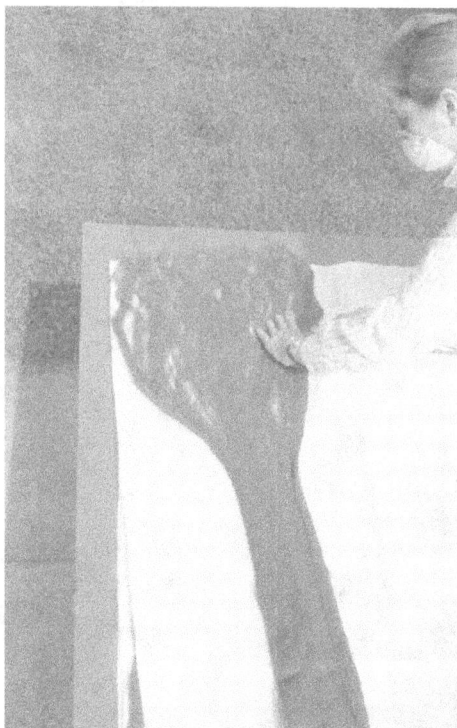

Derecha:
Una manta
funcional
acumuladora de
orgón dejando ver
las capas alternas
de lana de acero y
tela de lana.

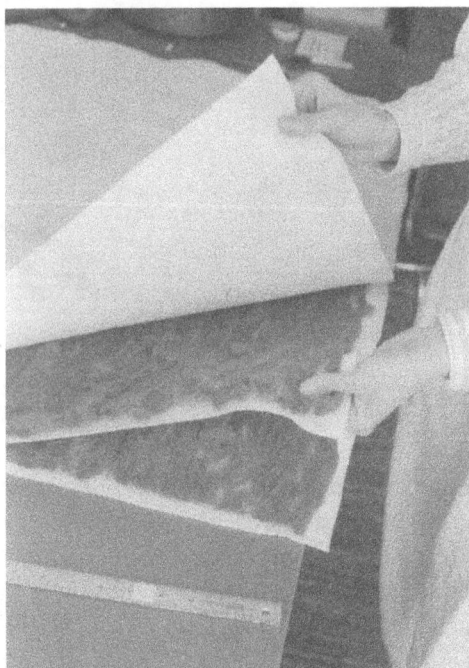

Debajo:
Acabe su manta
con un dobladillo
para mantener
todo junto. Hay
que añadir algunas
puntadas para que
el interior no se deslice de
un lado a otro.

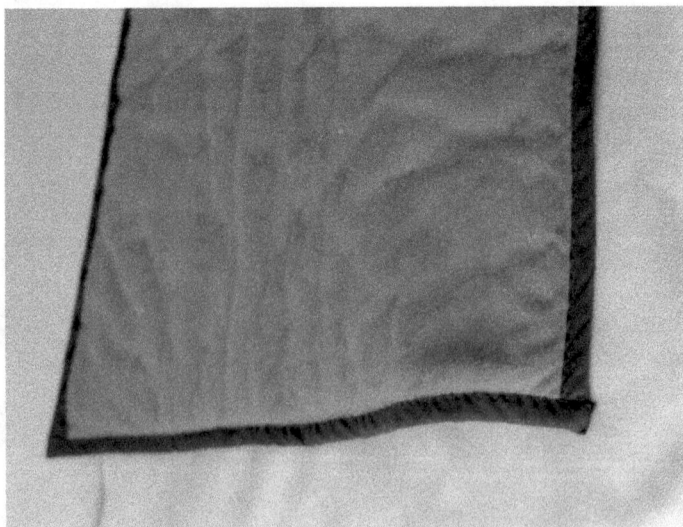

Una Manta de 2-capas de Energía Orgónica

H)   ¡No lave nunca o limpie en seco la manta orgánica ya que la lana de acero se oxidará! Limpie las manchas solo con una esponja ligeramente humedecida.

I)   En una ocasión Reich construyó unas mantas orgónicas muy pesadas compuestas de una malla de hilos de acero galvanizado alternándolas con capas de lana y lana de acero. Aunque funcionan muy bien, yo las encuentro incómodas y difíciles de usar y no parecen ser más eficaces que las hechas con el simple diseño que se ha dado.

Antes de construir cualquier cosa, debe de estar seguro que ha repasado la Parte II de este Manual acerca de la Seguridad y el Uso Eficaz de los Dispositivos Acumuladores de Orgón.

16. Construcción de un Cargador de Semillas de Jardín 5 Capas – Acumulador "Bote de Café"

Se puede hacer un sencillo cargador para semillas de plantas de jardín a partir de una lata limpia de alimentos, o de un bote o lata de café, usando lana de acero adicional y tela.

A)   Vacíe una lata grande de café u otro envase de alimentos metálico de acero o acero/hojalata, (¡use un imán para estar seguros de que el envase no es de aluminio!), límpielo, quítele todas las etiquetas y séquelo muy bien. Debe ser de material ferromagnético y tener un volumen de unos 3 dm^3 (20 cm de alto x 15 cm de diámetro).   Asegúrese de que también conserva las tapas, o haga unas de otras latas, o de una lámina de acero galvanizado. Use una lata del tamaño adecuado para alojar todas las semillas que usted quiera cargar.

B)   Obtenga varios metros de tela de 100% pura lana o fieltros de lana de igual pureza. Usted necesitará suficiente tejido para rodear la lata unas 5 veces y además 5 piezas redondas para las tapas superior e inferior.

C)   Compre varios paquetes de almohadillas de lana de acero muy fina (grado "000" ó "0000") o un gran rollo de lana de acero. Necesitará suficiente lana de acero para cubrir toda la superficie de tejido. De nuevo, desenrolle las almohadillas de lana de acero según las vaya necesitando y extiéndalas.

D)   Corte el tejido en tiras muy largas con un ancho igual a la altura de la lata. La longitud de esas tiras deberá ser unas 6 veces la circunferencia de la lata. Como es posible que no tenga las tiras de esa longitud, usted puede empalmar varias piezas y unirlas con cinta adhesiva para mantenerlas juntas. Puede dejar

Acumulador "Bote de Café"

la cinta adhesiva y cubrirla ya que no interfiere con la función del acumulador orgónico.

E) Coloque las tiras largas sobre una superficie plana y ponga una capa delgada y extendida de lana de acero sobre ella. Ponga la lata vacía sobre un extremo de la tira con el tejido de lana y la capa de lana de acero y vaya enrollándola sobre la lata. Pare cuando haya enrollado unas cinco veces o más la lata. Añada una o dos capas finales más de tejido de lana en el exterior y cósalo o ponga cinta adhesiva en el sitio adecuado para que no se deshaga.

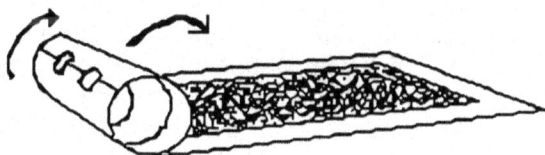

F) Mida el diámetro a lo largo de la parte superior de la lata incluyendo todas las envolturas de tejido de lana con la capa intermedia de lana de acero. Corte diez círculos de tejido de lana, todos del mismo diámetro, cinco para la tapa superior y cinco para la tapa inferior.

G) Coloque lana de acero entre los círculos de tela de tal forma que usted tenga cuatro capas de lana de acero entre cinco círculos de tela. Hacer dos sándwiches de tela/lana de acero de este tipo, uno de los cuales se usará para tapar la parte inferior de la lata y el otro para tapar la parte superior.

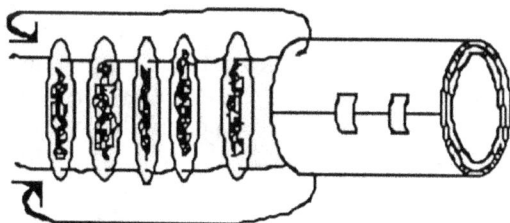

H) Coja el disco de metal recortado de la tapa superior de la lata y lime los bordes para que sean suaves. Haga dos agujeros con un clavo, cerca del centro y separados entre sí aproximadamente un centímetro. Usando una aguja grande de tapicero o de hacer punto, ensartar un cordel de cáñamo o hilo grueso por el centro de uno de los sándwiches de lana de acero/tela y llevar el cordel a través de los agujeros hasta la tapa metálica. Asegurar la tapa de la lata al centro del sándwich tela/lana de acero. El sándwich de tejido/lana de acero debe tener un diámetro mayor (alrededor de cinco centímetros), que el diámetro de la tapa metálica de la lata.

I) Usando un hilo grueso, dé unas puntadas sueltas a los bordes del sándwich de tela/lana de acero superior (el que está cosido a la tapa metálica de la lata). Cosa, también holgadamente, los bordes del sándwich de tela/lana de acero inferior y coser el resultado al extremo inferior de la tira de tela/lana de acero. Excepto por la abertura superior, la lata de metal estará ahora encerrada en el material de tela/lana de acero.

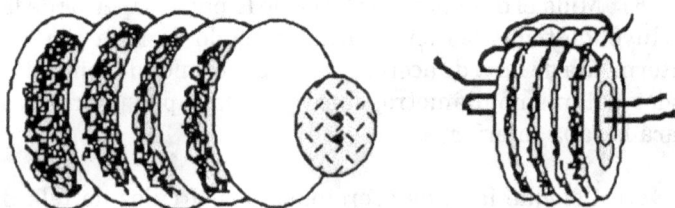

J) Consiga una funda de almohada fuerte o bolsa de tela de lavandería u otra bolsa grande y cilíndrica y no metálica en la que guardar todo el acumulador. Si usted es habilidoso con la aguja y el hilo, cosa usted mismo una funda de tela para cubrir el acumulador. Lo más importante es que la capa más exterior de tejido y cualquier abertura en los extremos que muestre algo de la lana de acero, no esté sujeta a golpes ni expuesta a de humedad, ya que la lana de acero podría llegar a deshacerse u oxidarse.

K) Repase la sección sobre la carga de semillas en el capítulo "Experimentos Sencillos" para ver más instrucciones e ideas adicionales sobre el uso del cargador. O como alternativa a la construcción de este acumulador, usted puede almacenar sus

Acumulador "Bote de Café"

semillas dentro de una gran lata metálica de galletas a la que se le enrollará una gran manta acumuladora de orgón, o bien se puede colocar un acumulador cilíndrico dentro de otro más grande. Debe caer en la cuenta de que cuantas más capas tenga y cuantos más materiales su usen en la construcción de la "pila" del acumulador, mayor será su capacidad de carga. Por ejemplo, en el laboratorio del autor hay un pequeño acumulador de 5 capas hecho con una lata de café, que está dentro de otro acumulador de diez capas con capacidad de 28 dm³, que a su vez está dentro de otro acumulador de 3 capas más grande. Esto hace un total de dieciocho capas, que proporciona una carga bastante sensible.

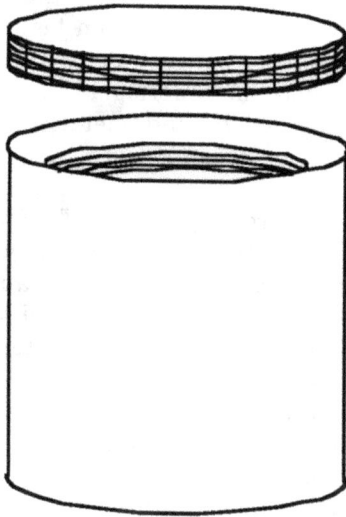

Antes de construir cualquier cosa, repase la Parte II, sobre el Uso Seguro y Efectivo de los Dispositivos Acumuladores de Orgón.

17. Construcción de un Acumulador de Energía Orgónica de 10 capas. Caja Cargadora

Se puede fabricar un acumulador muy potente de unos 28 decímetros cúbicos de capacidad y 10 capas siguiendo las instrucciones que se exponen a continuación.

A)   Corte 6 láminas cuadradas metálicas de acero galvanizado de unos 0.6 mm de espesor, en cuadrados que midan 30 cm x 30 cm. Usar cinta adhesiva fuerte solo en las paredes metálicas exteriores, para construir un cubo de metal. Dejar abierta la parte superior del cubo y no ponerle nada de cinta adhesiva. La parte interior del cubo deberá ser de metal limpio y no debe verse la cinta adhesiva.

B)   Usar lana de acero muy fina ("000" ó "0000") y un plástico acrílico fuerte transparente protector de alfombras (o material plástico estireno) para construir las capas. El plástico transparente y fuerte, protector de alfombras, es el mismo material que se usa en los hogares y que protegen las alfombras del desgaste; se vende en rollos en grandes ferreterías y almacenes. No es barato, pero funciona muy bien. Este plástico protector tiene unas hileras de pequeñas terminaciones en forma de punta en la cara que normalmente va sobre la alfombra; estas terminaciones van muy bien para sujetar la lana de acero en su sitio. Fibra vulcanizada, aislante acústico o aglomerado de virutas de madera, es lo que se debe usar para la capa final exterior, con tiras de madera exteriores para las esquinas. La fibra vulcanizada exterior puede ser recubierta de cera de abejas y/o de laca para incrementar la carga.

C)   Diez capas alternantes de plástico y lana de acero miden aproximadamente 5 cm de espesor. Siendo así, usted debe de construir la cubierta exterior de fibra vulcanizada con la forma del cubo, cuyas dimensiones interiores serán 40 cm x 40 cm x 40

Acumulador de Energía Orgónica Caja Cargadora

cm. Cortar seis de estos paneles de fibra vulcanizada con las siguientes dimensiones:

Paneles de fibra vulcanizada
Arriba: 40 cm x 40 cm
Abajo: 40 cm x 40 cm
2 laterales: 40 cm x 38 cm
2 laterales: 38 cm x 38 cm
Las dimensiones aproximadas!
Sobre la base de los materiales
disponible en los EE.UU.

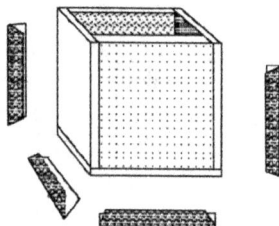

D)   Utilice clavos pequeños y cola para madera para unir cinco de los seis paneles de fibra vulcanizada, para formar un cubo. De nuevo, al igual que con la caja de metal, no pegue el panel superior. Añada más cola en los bordes interiores y exteriores de la caja cúbica de fibra vulcanizada y déjela secar bien antes de continuar.

E)   Utilizando una caja de ingletes, cortar tiras de madera para las esquinas y aristas exteriores de la caja de fibra vulcanizada. Clávelas o atorníllelas y encole también estas tiras de madera para las esquinas y las aristas de la caja o cubo de fibra vulcanizada para reforzarla. Tendrá que hacer agujeros para clavos o tornillos para que no se rajen las tiras de madera.

F)   Corte 20 piezas cuadradas del plástico transparente protector de alfombras de unos 38 cm x 38 cm. Aparte diez de esas piezas cuadradas para usarlas más tarde. Ponga las otras diez piezas cuadradas de una en una sobre el fondo de la caja o cubo de fibra vulcanizada con las hileras de pequeñas terminaciones de cara hacia arriba. Entremedio de cada pieza cuadrada de plástico extienda una capa de lana de acero deshaciendo las

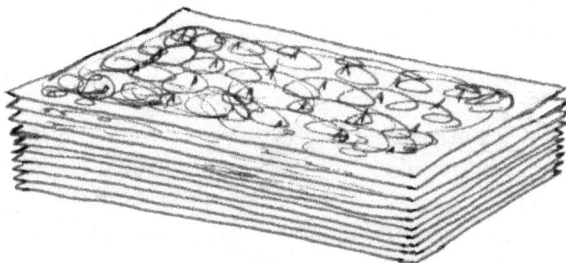

almohadillas que compró. Cuando termine, la parte superior de la última pieza cuadrada de plástico transparente estará hacia arriba y deberá cubrirla también con la lana de acero.

G) Coloque el cubo de acero galvanizado dentro de la caja de fibra vulcanizada, sobre las diez capas de plástico transparente y lana de acero. Si usted ha construido correctamente la caja de fibra vulcanizada, el borde superior del cubo metálico estará unos 5 cm por debajo del borde superior de la caja de fibra vulcanizada y habrá un espacio de unos 5 cm entre los lados del cubo metálico y la cara interior de la caja de fibra vulcanizada.

H) Corte 20 piezas de plástico, de aproximadamente 30 cm x 40 cm y 20 piezas más de 30 cm x 30 cm. Estas serán utilizadas para rellenar los espacios laterales entre el cubo de metal y la caja de fibra vulcanizada. Coloque una capa de lana de acero sobre cada pieza de plástico y apílelas en montones de diez capas cada uno. Hacer esto sobre una superficie plana antes de intentar ponerlos en posición vertical, entre los lados de la caja metálica y los lados de fibra vulcanizada.

I) Poner las dos pilas de plástico/lana de acero de aproximadamente 40 cm x 30 cm entre los lados de la caja metálica y los lados de fibra vulcanizada, pero en lados opuestos. Una capa exterior de plástico deberá apoyarse sobre la cara interna de la caja de fibra vulcanizada, mientras que una capa interna de lana de acero debe apoyarse sobre la cara externa de la caja metálica. El borde superior del plástico debe casi enrasar con el borde superior del cubo de metal, y permanecer ambos unos 5 cm por debajo del borde superior de la caja de fibra vulcanizada.

J) Poner las otras dos pilas de plástico/lana de acero de 30 cm x 30 cm entre los otros dos espacios que quedan entre la caja de fibra vulcanizada y el cubo de metal, como se ha dicho en el apartado anterior.

K) Coger las otras diez piezas que quedan de 38 cm x 38 cm de plástico protector de alfombras y hacer las capas de lana de acero. Apílelas y póngalas aparte. Sin embargo, a diferencia de las otras pilas, no termine la última capa con lana de acero.

Acumulador de Energía Orgónica Caja Cargadora

L)   Coja el cuadrado de metal galvanizado que queda y taladrar o practicar agujeros en cada esquina, a unos 1,25 cm de cada esquina. Los agujeros tienen que ser los suficientemente grandes para pasar dos tornillos estrechos pero largos.

M)   Consiga una superficie áspera de madera o enmoquetada donde trabajar. Coloque el montón de cuadrados de plástico/lana de acero sobre la última pieza de fibra vulcanizada. Centre la pila sobre la fibra vulcanizada; debe haber cerca de 1,25 cm de fibra vulcanizada libre alrededor de la pila. Ahora ponga la pieza cuadrada metálica (con los agujeros) sobre la pila de plástico/lana de acero y fibra vulcanizada. Céntrela también. Debe haber aproximadamente 5 cm de plástico extendiéndose más allá del borde del cuadrado metálico en cada parte. Use cinta adhesiva para unir temporalmente la pila de fibra vulcanizada/plástico/acero.

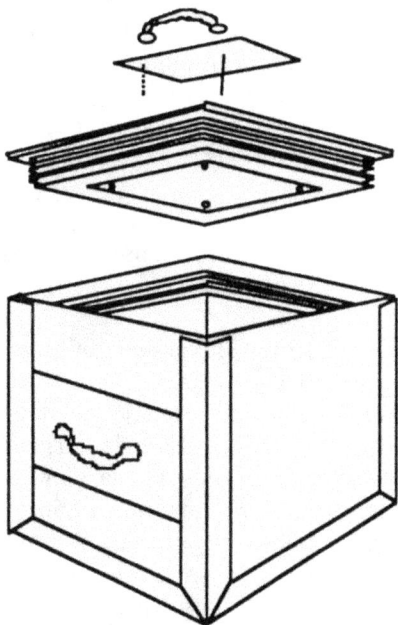

N)   Usando un picador de hielo con cuidado, hacer cuatro agujeros verticales a través de la pila plástico/lana de acero y también atravesando la fibra vulcanizada utilizando los cuatro agujeros de las esquinas de la pieza metálica como guía. No use un taladrador ya que la lana de acero se enrollaría alrededor de la broca.

Manual del Acumulador de Orgón

O) Use cuatro tornillos muy finos junto con sus tuercas y arandelas grandes para asegurar el cuadrado metálico y la pila de plástico/lana de acero a la fibra vulcanizada. Los tornillos no deben ser largos ya que sus extremos no deben sobresalir mucho. Cuando esté todo ensamblado, esta tapa recién montada debe ajustar cómodamente sobre la parte superior de la caja de fibra vulcanizada. La placa de metal unida a la tapa debe coincidir, aunque no perfectamente, con el cubo de metal interior. Cuando la tapa esté en su sitio, solo el metal debe dar al interior del acumulador.

P) En cuanto a unas asas, primero hay que encolar firmemente una tira de madera lisa, ancha y larga en dos cara opuestas de la caja de fibra vulcanizada, cerca de la parte superior. Cuando estén completamente secas, atornille asas de madera o metálicas a esas tiras de madera. También debe de colocarse un asa en la cara exterior de la tapa usando un procedimiento similar. La fibra vulcanizada es muy ligera para aceptar solo clavos o tornillos. También pude montar una bisagra entre la tapa y la caja de fibra vulcanizada, o ponerle ruedas en la cara inferior, pero esto no es necesario.

Q) Para obtener una potencia de carga mayor, puede darle varias capas protectoras de barniz natural a los lados exteriores de la caja de fibra vulcanizada.

R) Para obtener una mayor potencia de carga, almacene este acumulador cúbico sobre el fondo de un acumulador más grande, de tamaño humano, debajo del banco sobre el que normalmente usted se sienta. La caja cargadora no soportará normalmente su peso, así que no se siente encima de ella. Asegúrese de mantener un entorno limpio y no contaminado para el acumulador, según los puntos desarrollados en capítulos precedentes. Mantenga la tapa abierta cuando no use el acumulador y guárdela en un sitio limpio y seco sin contaminación electromagnética o nuclear.

Antes de construir cualquier cosa, repase la Parte II, sobre el Uso Seguro y Efectivo de los Dispositivos Acumuladores de orgón.

Acumulador de Energía Orgónica Caja Cargadora

Un acumulador orgónico caja cargadora de 10 capas y unos 28 dm³ de capacidad, con embudo disparador incorporado.

18. Construcción de un Embudo Disparador de Orgón

El embudo disparador es similar a otros tipos de acumuladores, pero tiene una cara abierta que permite la irradiación externa de objetos. A menudo está conectado a una caja acumuladora más grande, pero no es absolutamente necesario.

A) Consiga un embudo de acero galvanizado de unos 15 cm en su extremo más ancho, en una ferretería, una tienda de suministros agrícolas o en una tienda de repuestos para automóviles. Las tiendas de repuestos para automóviles suelen vender a veces estos embudos con un tubo metálico flexible ya acoplado para poder echar aceite en un motor de automóvil. Esto puede ayudar, posteriormente, en su unión a una caja acumuladora. Compruebe con un imán que no haya aluminio.

B) Envolver la superficie exterior del embudo con una capa de cera de abejas derretida (precaución: hacer esto al aire libre sobre una placa metálica caliente, debido al peligro de fuego,) o con cinta aislante eléctrica negra, dejando al descubierto la superficie metálica del interior del embudo.

C) Si se desea, la abertura pequeña de drenaje del embudo puede sujetarse a un delgado tubo hueco de 2 cm ó 3 cm, flexible, de acero galvanizado (¡no de aluminio!). La otra parte del cable se introduce en el interior de una pequeña caja acumuladora a través de un agujero en un lado o en la tapa, (ver capítulos 4 y 17). Enrolle la superficie exterior del cable metálico flexible con cinta negra plástica aislante. Su embudo disparador extraerá el orgón a través del cable hacia la abertura del embudo, incrementando la potencia de irradiación. O simplemente, almacene el embudo disparador dentro de un acumulador tipo caja para mantenerlo cargado.

19. Construcción de un Tubo Disparador de Orgón

El tubo disparador es un medio muy sencillo para demostrar las sensaciones subjetivas de la radiación orgónica y sirve también para irradiar energía orgónica en las cavidades del cuerpo. Simplemente, guarde el disparador tubular en un acumulador mantenido en buen estado y sáquelo para utilizarlo cuando sea necesario. En condiciones de relajación, la mayoría de la gente puede mantener este tubo en la mano, o ponerlo sobre su plexo solar o sobre su labio superior y sentir enseguida el suave calor radiante de la energía orgónica.

A) Consiga un tubo de ensayo grueso (pyrex o similar) de cerca de unos 2 cm ó 3 cm de diámetro y de unos 15 cm a 23 cm de longitud, de un laboratorio o empresa de artículos médicos.

B) Llenar el tubo de ensayo con lana de acero muy fina (grado "000" ó "0000"); comprimirla hasta alcanzar una firmeza razonable.

C) Tapar el extremo abierto del tubo con un tapón de goma y mantenerlo cerrado con cinta plástica aislante eléctrica.

D) Antes de usarlo, colocar el tubo disparador dentro de un pequeño acumulador de orgón por varios días o semanas. Mantenerlo dentro del acumulador cuando no se utilice.

E) Si utiliza el tubo disparador para irradiar la garganta u otra cavidad, o si el tubo pyrex de vidrio se ensucia, limpie el tubo de vidrio y el interior del acumulador con alcohol isopropílico y deje que se airee antes de almacenarlo de nuevo dentro del acumulador. Cuando se necesiten unas buenas condiciones sanitarias, deberá limpiarse siempre con alcohol y dejarlo secar al aire libre antes de ser nuevamente colocado en el interior de acumulador para cargarse.

20. Construcción de un Acumulador Grande de Energía Orgónica de tres Capas para Personas

Este acumulador es suficientemente grande para sentarse dentro de él y se compone de 6 paneles rectangulares grandes. Cada panel está hecho de un marco de madera, una lámina de acero galvanizado de unos 0,5 mm de espesor, lana de acero, fibra de vidrio y fibra vulcanizada. Cada cara del marco de madera tiene por un lado la placa de acero galvanizado, por el otro lado la fibra vulcanizada, el aislante acústico o el aislante de mampostería, y en el medio se colocan las tres capas alternantes de fibra de vidrio y lana de acero formando un sándwich.

A) Primero calcule el tamaño de los paneles para un acumulador que se ajuste a necesidades personales, añadiendo las dimensiones necesarias para superponer varios paneles. Los paneles laterales y el panel posterior deben asentarse físicamente sobre los bordes del panel inferior. El panel posterior debe acomodarse entre los dos paneles laterales. El panel superior debe superponerse y reposar sobre los paneles laterales y el posterior, cubriéndolos. El panel que hace de puerta, debe, al igual que el panel trasero, acomodarse sobre los paneles laterales cuando esté cerrado. Creo que éste es el modo de construcción más sencillo y eficiente. Las dimensiones se dan a continuación para acumuladores que puedan adaptarse a personas sentadas de distinta altura, pero de peso medio. A medida que aumenta la distancia desde la superficie del cuerpo a las paredes metálicas habrá una disminución de la eficacia del acumulador. Las dimensiones del acumulador tienen que ser cuidadosamente seleccionadas para que sean adecuadas a sus necesidades. Hay que añadir 1,2 cm más a la medida de la anchura (6 mm a cada lado) para que la puerta abra y cierre libremente. *Hay que tener en cuenta, que las dimensiones dadas aquí son para de los materiales en EEUU, y deben considerarse como aproximadas para otros países.*

Acumulador Grande de Energía Orgónica

Panel Dimensiones	*Grande Tamaño*	*Mediano Tamaño*	*Pequeño Tamaño*
Superior:	75cm x 89cm	67cm x 81cm	60cm x 71cm
Inferior:	75cm x 89cm	67cm x 81cm	60cm x 71cm
Izquierdo:	89cm x 147cm	81cm x 137cm	71cm x 127cm
Derecho:	89cm x 147cm	81cm x 137cm	71cm x 127cm
Atrás:	64cm x 147cm	56cm x 137cm	49cm x 127cm
Puerta:	64cm x 132cm	56cm x 122cm	49cm x 112 cm

Dimensiones interiores			
Altura:	147 cm	137 cm	127 cm
Anchura:	64 cm	56 cm	49 cm
Profundidad:	78 cm	70 cm	60 cm

Usted necesitará

Altura = altura sentado erecto en una silla + 5-10 cm aproximadamente.

Anchura = anchura de hombros + 10 cm aproximadamente (unos 5 cm por cada lado).

Profundidad = sentado, distancia de la rodilla a la espalda + 10 cm aproximadamente.

La mayoría de la gente elige el acumulador de mayores dimensiones, pues de esa manera lo pueden utilizar todos los de la familia. Incluso las personas de menor tamaño y los niños se benefician de las dimensiones grandes.

B) Haga marcos de madera de pino de 2 cm x 4 cm, (llamados "uno por dos" en los almacenes de maderas), como marcos de cuadros, de manera que los bordes exteriores se ajusten a las dimensiones calculadas para los paneles del acumulador. Clave y encole todas las juntas.

C) Monte todos los marcos de madera abiertos, de la misma forma como estarán cuando el acumulador esté terminado y compruebe que todas las dimensiones han sido correctamente calculadas y que se han cortado las maderas adecuadamente. Si hay un error en sus cálculos, ahora es el momento de averiguarlo, antes de cortar la fibra vulcanizada y la plancha de acero galvanizado.

D) Corte la fibra vulcanizada o los paneles de mampostería según lo calculado, de una placa de 1cm ó 2 cm de espesor que cubra completamente un lado de cada marco de madera. Clave y encole los paneles de fibra vulcanizada a cada marco de madera. Use madera contrachapada de 0,6 – 1 cm en lugar de la fibra vulcanizada para el panel del suelo (y solo para el panel de suelo).

E) Corte trozos de unos 0,6 cm de espesor de material de fibra de vidrio para colocar una capa dentro de cada marco abierto de cada panel. Use guantes y máscara para protegerse. No lo comprima. Evite bultos y agujeros. Usted puede usar pelusa de lana, lana de bateo, mantas de lana para camping o pelusa de algodón, si lo desea, pero para un acumulador de este

Una vez que se han clavado o atornillado los seis marcos de madera, únalos temporalmente con cinta adhesiva para darle cierta estabilidad. Si se ha equivocado en las medidas, aquí lo descubrirá y podrá corregirlo, antes de cortar la plancha de acero galvanizado, que es cara, o las hojas de fibra vulcanizada o de mampostería.

Acumulador Grande de Energía Orgónica

*Corte transversal de los paneles laterales, tapa superior,
panel trasero y puerta del acumulador*

Este lado al interior del acumulador

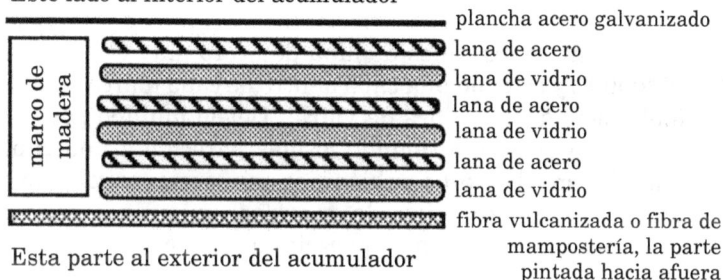

plancha acero galvanizado
lana de acero
lana de vidrio
lana de acero
lana de vidrio
lana de acero
lana de vidrio
fibra vulcanizada o fibra de mampostería, la parte pintada hacia afuera

marco de madera

Esta parte al exterior del acumulador

Sección final del panel del suelo del acumulador.

Este lado al interior del acumulador

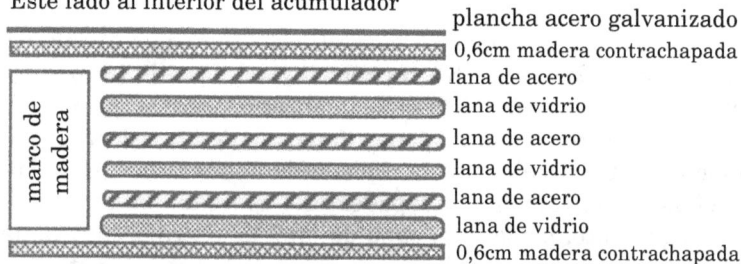

plancha acero galvanizado
0,6cm madera contrachapada
lana de acero
lana de vidrio
lana de acero
lana de vidrio
lana de acero
lana de vidrio
0,6cm madera contrachapada

marco de madera

Este lado hacia el suelo

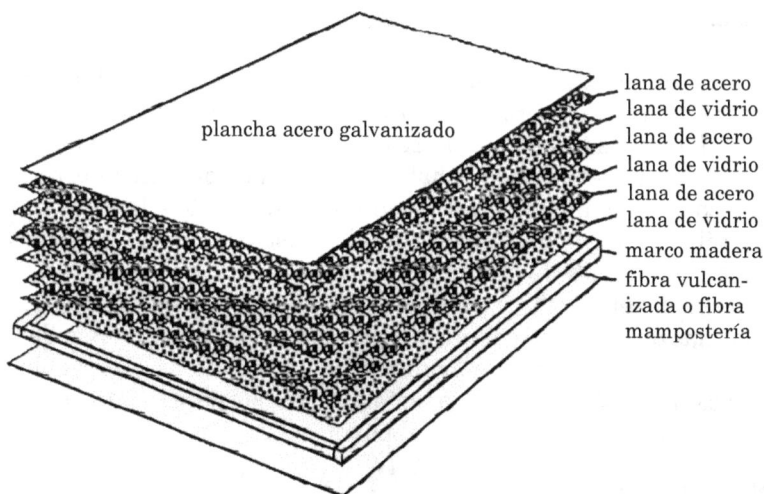

plancha acero galvanizado

lana de acero
lana de vidrio
lana de acero
lana de vidrio
lana de acero
lana de vidrio
marco madera
fibra vulcan-
izada o fibra
mampostería

199

tamaño, los costes serán mayores y la acumulación no será mucho más intensa. Estos otros materiales puede que confieran una sensación diferente a la carga orgónica y, si esto es importante para usted, el precio puede está justificado.

F)   Desenrolle los rollos de lana de acero muy fina (grado "000" ó "0000") y coloque una capa dentro de cada marco abierto de panel, encima de la fibra de vidrio. Déjelo mullido pero no excesivamente grueso, formando lo más parecido a una capa uniforme. La lana de acero también viene en carretes o rollos que acelerarían la construcción de grandes acumuladores. La estratificación es similar a la preparación de una manta orgónica.

G)   Repita los pasos E y F colocando otra nueva capa de fibra de vidrio encima de la capa previa de lana de acero y otra capa de lana de acero sobre la anteriormente hecha.

H)   Repita de nuevo los pasos E y F, poniendo otra nueva capa de fibra de vidrio sobre la capa previa de lana de acero y otra capa de lana de acero encima de la anterior. Nótese que en mis instrucciones recomiendo poner una capa de fibra de vidrio al lado de la fibra vulcanizada o panel de mampostería exterior, doblando efectivamente las capas exteriores orgánico-dieléctricas. Análogamente, pongo una capa de lana de acero al lado de la plancha de acero galvanizado, duplicando las capas metálicas interiores. Yo encuentro que esto añade más potencia al acumulador.

I)   Ahora usted debe tener tres capas alternas de fibra de vidrio y lana de acero en cada lado abierto del marco de cada panel. La capa final que usted está viendo debe de ser de lana de acero. Los paneles deben de haberse rellenado y pueden necesitar un poco de compresión antes de poner sobre ellos la plancha metálica de acero galvanizado final. Si usted ha usado otro tipo de material distinto de la fibra de vidrio y si ese material está algo suelto en el marco puede tener problemas de que se caigan algunas de las capas cuando ponga los paneles de pie y los selle. En este caso, ahora es el momento de hacer algo para prevenir esa caída; puede usarse una pistola de grapas para asegurar los tejidos en la parte superior del panel.

Acumulador Grande de Energía Orgónica

Vista frontal de un acumulador de 3 capas

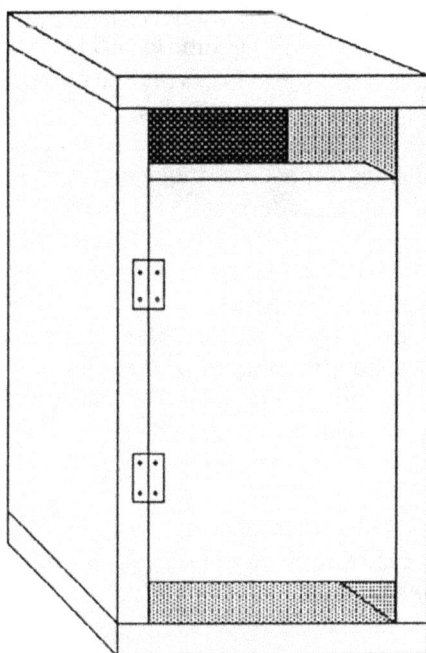

Para climas cálidos y tropicales: *Use una puerta con aberturas de ventilación de 8 cm arriba y abajo. Si lo necesita, puede clavar rejillas en cada abertura de arriba y abajo para evitar que entren insectos.*
Para climas fríos o frescos: *Use una puerta entera con solo una pequeña ventana. La puerta puede oscilar dentro del ORAC, como se muestra aquí, o estar sujeta al exterior y cerrar suavemente, (ver comparaciones en con las fotos del acumulador en el capítulo 4 y con la foto al final de este capítulo). Antes de montar la puerta haga unas aberturas cuadradas de unos 15 cm aproximadamente en la hoja de metal y en la fibra vulcanizada, centradas a la altura de la cara. Ponga un marco de tiras de madera en cada abertura de 2,5 cm x 5 cm). Complete el montaje según las instrucciones.*

Use bisagras con tornillos de bisagra renovables para un fácil montaje y desmontaje. Sujete el interior de la puerta con corchetes. Ver fotos a pag.43, 47 y 204.

J) Corte la plancha metálica de acero al tamaño que sea adecuado para cubrir la parte abierta de cada panel, cubriendo completamente los marcos de madera. Use la plancha u hoja metálica más ligera disponible, como la de 0,5 mm de espesor que puede ser recortada con tijeras y, sin embargo, refuerza y da una cierta rigidez estructural a los paneles. Para el panel del suelo, añada una capa de 0,6 cm de madera contrachapada bajo de la lámina de metal para que soporte mejor el peso. Clávelo de forma segura en los marcos de madera usando una pequeña perforadora si es necesario. Las pequeñas tachuelas de acero deberán penetrar a través de la hoja de metal. Después de clavar, use una lima o unas tijeras para eliminar todas las esquinas afiladas de metal. Como una alternativa a la hoja de acero galvanizado, algunas personas han usado eficazmente una rejilla de hilos de acero galvanizado o una malla. Esto es más barato y puede sujetarse al marco de madera con una pistola de grapas potente. La lana de acero debe ser visible a través de la malla o la rejilla.

K) Junte y asegure todos los paneles. Empiece por fijar un panel lateral al panel inferior del suelo utilizando un refuerzo metálico en forma de "L" en la parte frontal y trasera del panel lateral, cerca del suelo. Utilice tornillos, de forma que el acumulador se pueda desmontar en un futuro para trasladarlo fácilmente. Fije el otro panel de manera similar, y luego el panel trasero. El panel trasero debe asegurarse de manera independiente por medio de pequeños refuerzos metálicos colocados entre los marcos de madera del panel inferior y posterior. Añada el panel superior y asegúrelo a los laterales y al panel trasero de forma similar. El acumulador será ahora bastante robusto y está casi terminado.

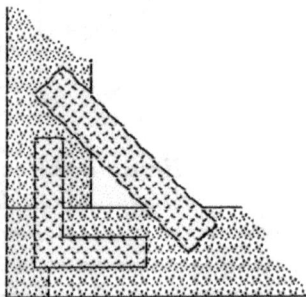

L) Marque y perfore cuidadosamente los agujeros para las bisagras de la puerta y sujételas en el panel lateral y en la puerta. Asegúrese de centrar la puerta de manera que exista el mismo espacio arriba y abajo, para las aberturas de ventilación por convección (tipo de puerta con ventilación), o como holgura para permitir que la puerta oscile libremente al abrir o cerrar (para el tipo de puerta completa con ventana). Use bisagras con tornillos desmontables para poder desmontar la puerta cuando traslade el acumulador. Tras fijar la puerta al panel lateral, la puerta debe abrirse completamente y encajar bien al cerrarla, sin impedimentos.

M) Ponga un corchete u otro tipo de cierre en la puerta y en el panel lateral opuesto a la bisagra para que la persona sentada dentro pueda mantener la puerta cerrada. Finalmente añada varias capas de barniz natural a las paredes exteriores de fibra vulcanizada para protegerlas de la humedad y añadir más fuerza de acumulación.

N) Su acumulador ya está acabado, pero falta un asiento. Debe tener un asiento que le permita tener otros acumuladores más pequeños debajo. Para este propósito, puede que desee construir especialmente un banco de madera. La madera es un buen material para utilizar ya que no absorbe significativamente la energía orgónica y no está frío al tacto. Sin embargo, no use madera que se hayan impregnado de líquidos conservantes o de formaldehído. Las sillas metálicas son adecuadas, pero resultarán frías para sentarse a no ser que las cubra con alguna tela ligera.

O) Es posible que también quiera construir una almohada orgónica o una tabla para el pecho para usarlos dentro del acumulador. Al sentarse, notará una gran distancia entre su pecho y la pared metálica frontal. Esta gran distancia impide la irradiación orgónica en su pecho. Otro pequeño panel adicional, similar al construido para una pared, puede construirse para su uso en el interior del acumulador grande y así acercar la radiación al pecho. Sin embargo, una forma más sencilla es utilizar un fardo de algodón, lana o fieltro acrílico enrollado en forma de almohada grande con capas iguales de lana de acero. La capa final exterior será de lana de acero y el fardo entero se introduce, entonces, en una funda fina de algodón. La funda debe de ser lo suficientemente grande para albergar cómodamente ese fardo. Sujetando esta almohada orgónica contra su pecho, mientras está sentado en del acumulador, esta irradiará esas áreas frontales de su cuerpo que no están bien irradiadas por las paredes del acumulador. Deje la almohada orgónica dentro del acumulador

Un acumulador de Orgón de veinte capas en el OBRL hecho por la empresa orgonics.com. Intente hacer esto solo después de tener una considerable experiencia con todos los demás acumuladores.

Acumulador Grande de Energía Orgónica

cuando no la use para mantenerla cargada. Puede usar esta almohada fuera del acumulador, de manera similar a la manta orgónica, con resultados igualmente buenos.

P)   No conecte ningún aparato eléctrico al acumulador. Siga las advertencias dadas en los capítulos precedentes. Puede leer un libro mientras está dentro del acumulador, pero, debe utilizar una fuente de luz externa potente (que ilumine el interior desde fuera) o bien puede usar una luz para leer que funcione a pilas. Una vez más, ¡no use luces fluorescentes, televisores, mantas calefactoras u otros aparatos eléctricos o electromagnéticos!

De nuevo: Antes de construir cualquier cosa, repase la Parte II, sobre el Uso Seguro y Efectivo de los Dispositivos Acumuladores de Orgón.

Manual del Acumulador de Orgón

Referencias Seleccionadas

Ver también la Bibliografía Sobre Orgonomía en:
www.orgonelab.org/bibliog.htm

Libros de Wilhelm Reich vueltos a publicar por Farrar Straus & Giroux:

American Odyssey: Letters & Journals 1940-1947
Beyond Psychology: Letters & Journals 1934-1939
The Bioelectrical Investigation of Sexuality and Anxiety
The Bion Experiments
The Cancer Biopathy (Discovery of the Orgone, Volume 2)
Character Analysis
Children of the Future: On the Prevention of Sexual Pathology
Cosmic Superimposition: Man's Orgonotic Roots in Nature
The Early Writings of Wilhelm Reich
Ether, God and Devil
The Function of the Orgasm (Discovery of the Orgone, Volume 1)
Genitality in the Theory and Therapy of Neurosis
The Invasion of Compulsory Sex-Morality
Listen, Little Man!
The Mass Psychology of Fascism
The Murder of Christ (Emotional Plague of Mankind, Volume 2)
Passion of Youth: Wilhelm Reich, an Autobiography 1897-1922
People in Trouble (Emotional Plague of Mankind, Volume 1)
Record of a Friendship, Correspondence of Wilhelm Reich and A.S. Neill
Reich Speaks of Freud
Selected Writings
The Sexual Revolution
Where's The Truth? Letters & Journals 1948-1957

Libros Relevantes e Informes Especiales de Wilhelm Reich disponibles en el Museo Wilhelm Reich:

The Orgone Energy Accumulator, Its Scientific and Medical Use, Orgone Institute Press, Maine, 1951.

The Oranur Experiment, First Report (1947-1951), Wilhelm Reich Foundation, Maine, 1951.

The Einstein Affair, 1939-1952, Wilhelm Reich Biographical Material, History of the Discovery of the Life Energy, Documentary Volume A-IX-E, Orgone Institute Press, Rangeley, Maine, 1953.

Contact With Space: Oranur 2nd Report, CORE Pilot Press, NY 1957.

Manual del Acumulador de Orgón

Artículos de Investigación Relevantes
escritos por Wilhelm Reich:

"Orgonotic Pulsation: The Differentiation of Orgone Energy from Electromagnetism", *Int. J. Sex-Economy & Orgone Research*, III:74-79, 1944.

"Orgone Biophysics, Mechanistic Science and 'Atomic Energy'", *Int. J. Sex-Economy & Orgone Research*, IV:200-201, 1945.

"Orgonotic Light Functions 1: Searchlight Phenomena in the Orgone Energy Envelope of the Earth", *Orgone Energy Bulletin*, I(1):3-6, 1949.

"Orgonotic Light Functions 2: An X-Ray Photograph of the Excited Orgone Energy Field of the Palms", *Orgone Energy Bulletin*, I(2):49-51, 1949.

"Orgonotic Light Functions 3: Further Characteristics of Vacor Lumination", *Orgone Energy Bulletin*, I(3):97-99, 1949.

"Meteorological Functions in Orgone-Charged Vacuum Tubes", *Orgone Energy Bulletin*, II(4):184-193, 1950.

"The Storm of November 25th and 26th, 1950", *Orgone Energy Bull.*, III(2):76-80, 1951.

"Three Experiments with Rubber at the Electroscope", *Orgone Energy Bulletin*, III(3):144-145, 1951.

"The Anti-Nuclear Radiation Effect of Cosmic Orgone Energy", *Orgone Energy Bulletin*, III(1):61-63, 1951.

"'Cancer Cells' in Experiment XX", Orgone *Energy Bulletin*, III(1):1-3, 1951.

"The Leukemia Problem: Approach", *Orgone Energy Bulletin*, III(2):139-144, 1951.

Libros sobre Orgonomía y Wilhelm Reich
escritos por otros autores:

Baker, E.F.: *Man in the Trap,* Macmillan, NY, 1967.

Bean, O.: *Me and the Orgone,* St. Martin's Press, NY, 1971.

DeMeo, J. (Editor): On Wilhelm Reich and Orgonomy (Pulse *of the Planet #4),* Natural Energy Works, Ashland, Oregon 1993.

DeMeo, James (Ed.): *Heretic's Notebook: Emotions, Protocells, Ether-Drift and Cosmic Life Energy, With New Research Supporting Wilhelm Reich (Pulse of the Planet #5)* Natural Energy Works, Ashland, Oregon 2002.

DeMeo, J. & Senf, B.(Editors), *Nach Reich: Neue Forschungen zur Orgonomie: Sexualökonomie, Die Entdeckung Der Orgonenergie* Zweitausendeins Verlag, Frankfurt, 1998.

Herskowitz, M.: *Emotional Armoring*, Transactions Press, NY, 1998.

Kavouras, J.: *Heilen mit Orgonenergie, Die medizinische Orgonomie,* Turm Verlag, 74321 Bietigheim, Germany, 2005.

Referencias Seleccionadas

Müschenich, S.: *Der Gesundheitsbegriff im Werk des Arztes Wilhelm Reich (The Concept of Health in the Works of Dr. Wilhelm Reich)*, Verlag Görich & Weiershäuser, Marburg 1995.

Ollendorff, I.: *Wilhelm Reich, A Personal Biography*, St. Martin's Press, NY, 1969.

Raknes, O.: *Wilhelm Reich and Orgonomy*, St. Martin's, NY, 1970.

Reich, P.: *A Book of Dreams*, Harper & Row, NY, 1973.

Sharaf, M.: *Fury on Earth*, St. Martin's-Marek, NY, 1983.

Wyckoff, J.: *Wilhelm Reich, Life Force Explorer*, Fawcett, Greenwich, CT, 1973.

Publicaciones que se refieren a la campaña de calumnias en 1950´s y a los ataques de la FDA contra Wilhelm Reich:

Baker, C.F.: "An Analysis of the United States Food & Drug Administration's Scientific Evidence Against Wilhelm Reich, Part II, the Physical Concepts", *Journal of Orgonomy*, 6(2):222-231, 1972; "...Part III, Physical Evidence", *Journal of Orgonomy*, 7(2):234-245, 1973.

Blasband, D.: "United States of America v. Wilhelm Reich, Part I", *Journal of Orgonomy*, 1(1-2):56-130, 1967; "...Part II, the Appeal", *Journal of Orgonomy*, 2(1):24-67, 1968.

Blasband, R.A.: "An Analysis of the United States Food and Drug Administration's Scientific Evidence Against Wilhelm Reich, Part I, the Biomedical Evidence", *Journal of Orgonomy*, 6(2):207-222, 1972.

DeMeo, J.: *In Defense of Wilhelm Reich: Opposing the 80-Years' War of Mainstream Defamatory Slander Against One of the 20th Century's Most Brilliant Natural Scientists*, Natural Energy Works, Ashland 2013.

DeMeo, J.: "Postscript on the F.D.A's. Experimental Evidence Against Wilhelm Reich", *Pulse of the Planet*, 1(1):18-23, 1989.

Greenfield, J.: *Wilhelm Reich Versus the USA*, W.W. Norton, NY, 1974.

Martin, J.: *Wilhelm Reich and the Cold War*, Flatland Books, Medocino, CA 2000.

Reich, W.: *Conspiracy: An Emotional Chain Reaction*, Wilhelm Reich Biographical Material, History of the Discovery of the Life Energy (American Period, 1942-54), documentary volume A-XII-EP, Orgone Institute Press, Maine, 1954.

Wilder, J.: "CSICOP, Time Magazine and Wilhelm Reich", in *Heretic's Notebook*, J.DeMeo, Ed., OBRL, p.55-66, 2002.

Wolfe, T.: *Emotional Plague Versus Orgone Biophysics: The 1947 Campaign*, Orgone Institute Press, NY, 1948.

Manual del Acumulador de Orgón

Artículos de Investigación Seleccionados sobre la Energía Orgánica:

Anderson, W.A.: "Orgone Therapy in Rheumatic Fever", *Orgone Energy Bulletin,* II(2):71-73, 1950.

Atkin, R.H.: "The Second Law of Thermodynamics and the Orgone Accumulator", *Orgone Energy Bulletin,* I(2):52-60, 1949.

Baker, C.F.: "The Orgone Energy Continuum", *Journal of Orgonomy,* 14(1):37-60, 1980.

Baker, C.F.: "The Orgone Energy Continuum: the Ether and Relativity", *Journal of Orgonomy,* 16(1):41-67, 1982.

Baker, C.F., et al: "The Reich Blood Test", *Journal of Orgonomy,* 15(2):184-218, 1981.

Baker, C.F., et al: "The Reich Blood Test: 105 Cases", *Annals, Institute for Orgonomic Science,* 1(1):1-11, 1984.

Baker, C.F., et al.: "Wound Healing in Mice, Part I", "...Part II", *Annals, Institute for Orgonomic Science,* 1(1):12-32, 1984; 2(1):7-24, 1985.

Baker, C.F., et al.: "The Reich Blood Test: Clinical Correlation", *Annals, Institute for Orgonomic Science,* 2(1):1-6, 1985.

Baker, C.F. (pseud: Rosenblum, C.F.): "The Red Shift", *J. Orgonomy,* 4:183-191, 1970.

Baker, C.F. (pseud: Rosenblum, C.F.): "The Electroscope - Parts I - IV", *Journal of Orgonomy,* 3(2):188-197, 1969; 4(1):79-90, 1970; 10(1):57-80, 1976; 11(1):102-109, 1977.

Baker, C.F. (pseud: Rosenblum, C.F.): "The Temperature Difference: An Experimental Protocol", *Journal of Orgonomy,* 6(1):61-71, 1972.

Blasband, R.A.: "Thermal Orgonometry", *Journal of Orgonomy,* 5(2):175-188, 1971.

Blasband, R.A.: "The Orgone Energy Accumulator in the Treatment of Cancer Mice", *Journal of Orgonomy,* 7(1):81-85, 1973.

Blasband, R.A.: "Effects of the ORAC on Cancer in Mice: Three Experiments", *Journal of Orgonomy,* 18(2):202-211, 1985.

Blasband, R.A.: "The Medical DOR-Buster in the Treatment of Cancer Mice", *Journal of Orgonomy,* 8(2):173-180, 1974.

Bremmer, K.M.: "Medical Effects of Orgone Energy", *Orgone Energy Bulletin,* V(1-2):71-83, 1953.

Brenner, M.: "Bions and Cancer, A Review of Reich's Work", *Journal of Orgonomy,* 18(2):212-220, 1984.

Cott, A.A.: "Orgonomic Treatment of Ichthyosis", *Orgone Energy Bulletin,* III(3):163-166, 1951.

DeMeo, J.: "Effect of Fluorescent Lights and Metal Boxes on Growing Plants", *Journal of Orgonomy,* 9(1):95-99, 1975.

DeMeo, J.: "Seed Sprouting Inside the Orgone Accumulator", *Journal of Orgonomy,* 12(2):253-258, 1978.

DeMeo, J.: "Orgone Accumulator Stimulation of Sprouting Mung Beans", in *Heretic's Notebook,* J.DeMeo, Ed., p.168-176, 2002.

Referencias Seleccionadas

DeMeo, J.: "Water Evaporation Inside the Orgone Accumulator", *Journal of Orgonomy*, 14(2):171-175, 1980.

DeMeo, J.: "Bion-Biogenesis Research and Seminars at OBRL: Progress Report", in *Heretic's Notebook*, J.DeMeo, Ed., OBRL, p.100-113, 2002.

Dew, R.A.: "Wilhelm Reich's Cancer Biopathy", in *Psychotherapeutic Treatment of Cancer Patients*, J.G. Goldberg, ed., Free Press, NY, 1980.

Espanca, J.: "The Effect of Orgone on Plant Life, Parts I - VII", *Offshoots of Orgonomy*, 3:23-28, Autumn 1981; 4:35-38, Spring 1982; 6:20-23, Spring 1983; 7:36-37, Autumn 1983; 8:35-43, Spring 1984; 11:30-32, Fall 1985; 12:45-48, Spring 1986.

Espanca, J.: "Orgone Energy Devices for the Irradiation of Plants", *Offshoots of Orgonomy*, 9:25-31, Fall 1984.

Grad, B.: "Wilhelm Reich's Experiment XX", *Cosmic Orgone Engineering*, VII(3-4):203-204, 1955.

Grad, Bernard: "The Accumulator Effect on Leukemia Mice", *Journal of Orgonomy*, 26(2):199-218, 1992.

Hamilton, A.E.: "Child's-Eye View of the Orgone Flow", *Orgone Energy Bulletin*, IV(4):215-216, 1952.

Harman, R.A.: "Further Experiments with Negative To Minus T", *Journal of Orgonomy*, 20(1):67-74, 1986.

Hebenstreit, Günter: *"Der Orgonakkumulator Nach Wilhelm Reich. Eine Experimentelle Untersuchung zur Spannungs-Ladungs-Formel"*, Diplomarbeit zur Erlangung des Magistergrades der Philosophie an der Grung- und Integrativ-wissenschaftlichen Fakultat der Universitat Wien, 1995.

Hoppe, W.: "My First Experiences With the Orgone Accumulator", *International Journal for Sex-Economy & Orgone Research*, IV:200-201, 1945.

Hoppe, W.: "My Experiences With the Orgone Accumulator", *Orgone Energy Bulletin*, I(1):12-22, 1949.

Hoppe, W.: "Further Experiences with the Orgone Accumulator", *Orgone Energy Bulletin*, II(1):16-21, 1950.

Hoppe, W.: "Orgone Versus Radium Therapy in Skin Cancer, Report of a Case", *Orgonomic Medicine*, I(2):133-138, 1955.

Hoppe, W.: "The Treatment of a Malignant Melanoma with Orgone Energy", contained in *In the Wake of Reich*, D. Boadella, ed., Coventure Press, London, 1976.

Hughes, D.C.: "Some Geiger-Muller Counter Observations After Reich", *Journal of Orgonomy*, 16(1):68-73, 1982.

Konia, C.: "An Investigation of the Thermal Properties of the ORAC, Part I & II", *J. Orgonomy*, 8(1):47-64, 1974; 12(2):244-252, 1978.

Lance, L.: "Effects of the Orgone Accumulator on Growing Plants", *Journal of Orgonomy*, 11(1):68-71, 1977.

Manual del Acumulador de Orgón

Lassek, H.: "Orgone Accumulator Therapy of Severely Diseased Persons", *Pulse of the Planet,* 3:39-47, 1991.

Lappert, P.: "Primary Bions Through Superimposition at Elevated Temperature and Pressure", *J. Orgonomy,* 19(1):92-112, 1985.

Levine, E.: "Treatment of a Hypertensive Biopathy with the Orgone Accumulator", *Orgone Energy Bull,* III(1):53-58, 1951.

Mannion, M.: "Wilhelm Reich, 1897-1957: A Reevaluation for a New Generation", *Alternative & Complementary Therapies,* 3(3):194-199, June 1997.

Müschenich, S. & Gebauer, R.: "The (Psycho-) Physiological Effects of the Reich Orgone Accumulator", Dissertation, University of Marburg, West Germany, 1985.

Opfermann-Fuckert, D.: "Reports on Treatments With Orgone Energy: Ten Selected Cases", *Annals, Institute for Orgonomic Science,* 6(1):33-52, September 1989.

Raphael, C.M.: "Confirmation of Orgonomic (Reich) Tests for the Diagnosis of Uterine Cancer", *Orgonomic Med.* II(1):36-41, 1956.

Raphael, C.M. & MacDonald, H.E.: *Orgonomic Diagnosis of Cancer Biopathy,* Wilhelm Reich Foundation, Maine, 1952.

Sharaf, M.: "Priority of Wilhelm Reich's Cancer Findings", *Orgonomic Medicine,* I(2):145-150, 1955.

Seiler, H.: "New Experiments in Thermal Orgonometry", *Journal of Orgonomy,* 16(2):197-206, 1982.

Silvert, M.: "On the Medical Use of Orgone Energy", *Orgone Energy Bulletin,* IV(1):51-54, 1952.

Sobey, V.M.: "Treatment of Pulmonary Tuberculosis with Orgone Energy", *Orgonomic Medicine,* I(2):121-132, 1955.

Sobey, V.M.: "A Case of Rheumatoid Arthritis Treated with Orgone Energy", *Orgonomic Medicine,* II(1):64-69, 1956.

Southgate, L.: "Chinese Medicine and Wilhelm Reich", *European Journal of Chinese Medicine,* Vol 4(4): 31-41, 2003. Also by Lambert Academic Publishing, London 2009.

Tropp, S.J.: "The Treatment of a Mediastinal Malignancy with the Orgone Accumulator", *Orgone Energy Bull.,* I(3):100-109, 1949.

Tropp, S.J.: "Orgone Therapy of an Early Breast Cancer", *Orgone Energy Bulletin,* II(3):131-138, 1950.

Trotta, E.E. & Marer, E.: "The Orgonotic Treatment of Transplanted Tumors and Associated Immune Functions", *Journal of Orgonomy,* 24(1):39-44, 1990.

Wevrick, N.: "Physical Orgone Therapy of Diabetes", *Orgone Energy Bulletin,* III(2):110-112, 1951.

Referencias Seleccionadas

Investigación sobre Fuerzas Naturales Similares al Orgón:

Alfven, H.: *Cosmic Plasmas,* Kluwer, Boston, 1981.

Arp, H., et al: *The Redshift Controversy,* W.A. Benjamin, Reading, MA, 1973.

Arp, H.: *Quasars, Red Shifts, and Controversies,* Interstellar Media, Berkeley, CA, 1987.

Becker, R.O. & Selden, G.: *The Body Electric: Electromagnetism and the Foundation of Life,* Wm. Morrow, NY, 1985.

Bortels, V.H.: "Die hypothetische Wetterstrahlung als vermutliches Agens kosmo-meteoro-biologischer Reaktionen", *Wissenschaftliche Zeitschrift der Humboldt-Universität zu Berlin,* VI:115-124, 1956.

Brown, F.A.: "Evidence for External Timing in Biological Clocks", contained in *An Introduction to Biological Rhythms,* J. Palmer, ed., Academic Press, NY, 1975.

Burr, H.S.: *Blueprint For Immortality,* Neville Spearman, London, 1971; *The Fields of Life,* Ballantine Books, NY, 1972.

Cope, F.W.: "Magnetic Monopole Currents in Flowing Water Detected Experimentally...", *Physiological Chemistry & Physics,* 12:21-29, 1980.

DeMeo, J.: "Dayton Miller's Ether Drift Research: A Fresh Look", in *Heretic's Notebook,* J.DeMeo, Ed., OBRL, p.114-130, 2002.

DeMeo, J.: "A Dynamic and Substantive Cosmolotical Ether", in *Proceedings of the Natural Philosophy Alliance,* Cynthia Whitney, Ed., 1(1):15-20, Spring 2004.

Dewey, E.R., ed.: *Cycles, Mysterious Forces that Trigger Events,* Hawthorn Books, NY, 1971.

Dudley, H.C.: *Morality of Nuclear Planning,* Kronos Press, Glassboro, NJ, 1976.

Eden, J.: *Animal Magnetism and the Life Energy,* Exposition Press, NY, 1974.

Kervran, L.C.: *Biological Transmutations,* Beekman Press, Woodstock, NY, 1980.

Miller, D.: "The Ether-Drift Experiment and the Determination of the Absolute Motion of the Earth", *Reviews of Modern Physics,* 5:203-242, July, 1933.

Moss, T.: *The Body Electric, A Personal Journey into the Mysteries of Parapsychological Research,* J. P. Tarcher, Los Angeles, 1979.

Nordenstrom, B.: *Biologically Closed Electric Circuits:,* Nordic Medical Press, Stockholm, 1983.

Ott, J.: *Health and Light,* Devin Adair, Old Greenwich, CT, 1973.

Piccardi, G.: *Chemical Basis of Medical Climatology,* Charles Thomas Publishers, Springfield, IL, 1962.

Manual del Acumulador de Orgón

Ravitz, L.J.: "History, Measurement, and Applicability of Periodic Changes in the Electromagnetic Field in Health and Disease", *Annals, NY Acad. Sciences,* 98:1144-1201, 1962.

Sheldrake, R.: *A New Science of Life: The Hypothesis of Causative Formation,* J.P. Tarcher, Los Angeles, 1981.

Sobre los *Efectos Oranur* de las pruebas de la Bomba Atómica & Radiación Atómica:

DeMeo, J.: "Oranur Effects from the Three Mile Island Nuclear Power Plant Accident", *Pulse of the Planet,* 3:26, 1991; and "Weather Anomalies and Nuclear Testing", in *On Wilhelm Reich and Orgonomy,* J.DeMeo, Ed., 1993, p.117-120.

DeMeo, J.: "Oranur Report: Drought Crisis Following Underground Nuclear Bomb Tests in India and Pakistan, May 1998. www.orgonelab.org/oranur.htm

Eden, J.: "Personal Experiences with Oranur", *Journal of Orgonomy,* 5(1):88-95, 1971.

Gould, J.M.: *The Enemy Within: The High Cost of Living Near Nuclear Reactors,* Four Walls Eight Windows, NY, 1996; and *Deadly Deceit: Low-Level Radiation, High Level Cover-Up,* Four Walls Eight Windows, NY 1991.

Graeub, R.: *The Petkau Effect: Nuclear Radiation, People and Trees,* Four Walls Eight Windows, NY, 1992.

Katagiri, M.: "Three Mile Island: The Language of Science versus the People's Reality", *Pulse of the Planet,* 3:27-38, 1991. and: "Three Mile Island Revisited", in *On Wilhelm Reich and Orgonomy,* J.DeMeo, Ed., 1993, p.84-91.

Kato, Y.: "Recent Abnormal Phenomena on Earth and Atomic Bomb Tests", *Pulse of the Planet* 1:5-9, 1989.

Milian, V.: "Confirmation of an Oranur Anomaly", *Pulse of the Planet* 5:182, 2002.

Sternglass, E.: *Secret Fallout,* McGraw Hill, NY, 1986; and *Low Level Radiation,* Ballentine Books, NY, 1972.

Wassermann, H.: *Killing Our Own,* Doubleday, NY, 1985.

Whiteford, G.: "Earthquakes and Nuclear Testing: Dangerous Patterns and Trends", *Pulse of the Planet,* 2:10-21, 1989.

Referencias Seleccionadas

Nuove pubblicazioni

DeMeo, J.: *In Defense of Wilhelm Reich: Opposing the 80-Years' War of Mainstream Defamatory Slander Against One of the 20th Century's Most Brilliant Natural Scientists*, Natural Energy Works, Ashland 2013.

DeMeo, J., et al.: "In Defense of Wilhelm Reich: An Open Response to *Nature* and the Scientific /Medical Community", *Water: A Multidisciplinary Research Journal*, V.4, p.72-81, 2012. www.waterjournal.org/volume-4

DeMeo, J.: "Water as a Resonant Medium for Unusual External Environmental Factors", *Water: A Multidisciplinary Research Journal*, V.3, p.1-47, 2011. www.waterjournal.org/volume-3

DeMeo, J.: "Report on Orgone Accumulator Stimulation of Sprouting Mung Beans", *Subtle Energies and Energy Medicine*, 21(2):51-62, 2010. www.orgonelab.org/DeMeoSeedsSubtleEnergies.pdf

DeMeo, J.: "Following the Red Thread of Wilhelm Reich: A Personal Adventure", *Edge Science,* p.11-16, October-December 2010. www.orgonelab.org/DeMeoEdgeScience.pdf

DeMeo, J.: "Experimental Confirmation of the Reich Orgone Accumulator Thermal Anomaly", *Subtle Energies and Energy Medicine,* 20(3):17-32, 2009. www.orgonelab.org/DeMeoToTSubtleEnergies.pdf

DeMeo, J.: *Saharasia: The 4000 BCE Origins of Child Abuse, Sex-Repression, Warfare and Social Violence, In the Deserts of the Old World*, Revised 2nd Edition, Natural Energy Works, 2006.

DeMeo, J. (Editor): *Heretic's Notebook: Emotions, Protocells, Ether-Drift and Cosmic Life Energy, with New Research Supporting Wilhelm Reich*, Orgone Biophysical Research Lab, Ashland, 2002.

DeMeo, J. (Editor): *On Wilhelm Reich and Orgonomy*, Orgone Biophysical Research Lab, Ashland, 1993.

Jones, P.: *Artificers of Fraud: The Origin of Life and Scientific Deception*, Orgonomy UK,Preston 2013.

Maglione, R.: *Methods and Procedures in Biophysical Orgonometry*, ilmioilibro, Rome 2012.

YouTubes:

Wilhelm Reich and the Orgone Energy
www.youtube.com/watch?v=sPV-JExUPns
Wilhelm Reich's Bion-Biogenesis Discoveries
www.youtube.com/watch?v=-PVnS72IIY8

Manual del Acumulador de Orgón

FUENTES DE INFORMACIÓN
Sobre Wilhelm Reich y la Orgonomía
For additional listings, see: www.orgonelab.org/resources.htm

Orgone Biophysical Research Lab, *Greensprings*
Research and Educational Center: PO Box 1148,
Ashland, Oregon 97520 USA. Websites:
www.orgonelab.org www.saharasia.org
Email: info@orgonelab.org
OBRL News: www.orgonelab.org/OBRLNewsletter.htm

Natural Energy Works: PO Box 1148, Ashland, Oregon 97520
USA Email: info@naturalenergyworks.net
Website: http://www.naturalenergyworks.net
– Mail-order sales of books, products, accumulator
construction supplies, research instruments, radiation
detection meters.

Wilhelm Reich Museum: PO Box 687, Rangeley, Maine 04970
USA. Email: wreich@rangeley.org
Website: www.wilhelmreichmuseum.org
– Preserves Wilhelm Reich's home and laboratory (called
Orgonon) for public viewing and tours. Publishes a *Newsletter*,
and *Orgonomic Functionalism*. Sells xerox copies of various
out-of-print books, journals, and pamphlets by Wilhelm
Reich. Occasional seminars and symposia.

Orgonics: Website: www.orgonics.com
– Sells quality experimental orgone blankets, seed-chargers
& full-size accumulators.

E.S.T.E.R. www.esternet.org Valencia, Spain

Fundación Wilhelm Reich www.wilhelm-reich.org
Girona, Spain

Instituto Wilhelm Reich Europa
www.institutowilhelmreich.com Valencia, Spain

Apéndice:

Un Éter Dinámico, Sustantivo y Cosmológico*
por James DeMeo, PhD

Resumen: Los experimentos sobre la deriva del éter de Dayton Miller (c.1906 – 1929) usando un interferómetro de haz de luz de Michelson muy sensible, demostraron efectos positivos sistemáticos. Los trabajos posteriores de Michelson –Pease – Pearson (1929), Galaev (2001 – 2002) y otros han confirmado experimentalmente los resultados de Miller, que sugieren: 1) el éter cosmológico es sustantivo con una leve masa y puede ser bloqueado o reflejado por materiales densos del entorno, 2) tiene lugar el arrastre de la Tierra, y las mejores detecciones fueron hechas en lugares a gran altitud, 3) los cálculos de Miller de la deriva del éter relacionado con el movimiento neto del eje de la Tierra concuerdan con los hallazgos de diferentes disciplinas, incluidas la biología y la física, sobre fenómenos similares al éter con fluctuaciones siderales diarias y estacionales. Estos resultados tampoco parecen reconciliables con la idea de un éter intangible y estático, o incluso tangible pero estancado. La solución alternativa es un éter dinámico actuando como "fuerza motriz cósmica". Pero esto requiere que el éter tenga una ligera masa y unos movimientos específicos en el espacio. Una solución se encuentra en la investigación bioenergética de Wilhelm Reich (1934 – 1957), quien demostró la existencia de un continuum de energía, con distintas propiedades biológicas y meteorológicas, existente en el vacío, que interacciona con la materia, que es reflejada por los metales y con movimientos auto-atractivos (o sea, gravitacionales) y de desplazamiento en espiral. Giorgio Piccardi (c. 1950 – 1970) y sus seguidores también demostraron la existencia de una energía modulada por el Sol y reflejada por metales que afectaba a la química del agua, a las reacciones químicas y a las tasas de desintegración atómica, y que estaba correlacionada con el movimiento en espiral de la Tierra a través del espacio cósmico. Investigaciones más recientes sobre las variaciones anuales del "viento de la materia oscura" es una forma de sustituto malentendido del éter sustantivo y cosmológico.

* Publicado originalmente en: *Proceedings, Natural Philosophy Alliance*, 1(1):15-20, Spring 2004. Para más detalles ver: www.orgonelab.org/miller.htm

Manual del Acumulador de Orgón

Experimentos sobre la Deriva Positiva del Éter en los años 1900s

El trabajo de Dayton Miller sobresale como el más notable de todos los experimentos sobre la deriva del éter, [1] con resultados claros y positivos sobre más de 12,000 vueltas de un interferómetro de haces de luz de Michelson, con más de 200,000 lecturas individuales tomadas en diferentes meses del año, empezando en 1902 con Edward Morley en Case School en Cleveland (hoy Universidad de Case-Western Reserve), y terminando en 1926 con sus experimentos en el Monte Wilson. Miller también hizo rigurosos experimentos de control en el Departamento de Física de Case School, desde 1922 a 1924. Más de la mitad de las lecturas de Miller se hicieron en Monte Wilson entre 1925 - 1926 obteniendo los resultados más importantes. El interferómetro de Miller fue el más grande y sensible jamás construido, con unos brazos de la cruz de hierro de 4,3 metros y una altura de 1,5 metros, flotando en un tanque de mercurio para poder girar fácil y suavemente. Se montaron cuatro juegos de espejos en los extremos finales de cada brazo de la cruz para reflejar horizontalmente los haces de luz 16 veces, y tener así para la luz un trayecto de 64 metros, entre ida y vuelta [2]. Miller también se convenció durante el transcurso de sus experimentos, y dado el pequeño valor (pero nunca "nulo") observado previamente por Michelson-Morley (M-M) [3], de un efecto de arrastre de la Tierra, que requería usar el aparato a mayores altitudes y solo dentro de estructuras donde las paredes a la altura de la trayectoria de la luz estaban abiertas al aire, cubiertas solo con materiales ligeros. Sólo se usaron lona, vidrio o papel para cubrir la trayectoria de los haces de luz en el interferómetro de Miller, eliminando la madera, la piedra o el metal como blindaje. Sus experimentos del Monte Wilson transcurrieron en un refugio especial construido para tal fin a 1,800 metros de altura, sin ninguna obstrucción geográfica cercana. [1,2]

En comparación, el interferómetro original de M-M tenía un camino de ida y vuelta de la luz de solo 22 metros [3, p.153] y los experimentos se llevaron a cabo con una cubierta opaca de madera sobre el instrumento que estaba situado en el sótano de uno de los grandes edificios del Case School en Cleveland (~100 m. de altura). Los resultados publicados de este poco citado experimento de M-M, reflejan tan solo 6 horas de recogida de

Apéndice: Un Éter Dinámico

datos en cuatro días (8, 9, 10, y 11 de julio) en 1887 y con un total de solo 36 vueltas de su interferómetro. Aun así, M-M originalmente obtuvieron un resultado ligeramente positivo, y expresaron la necesidad de realizar más experimentos en diferentes épocas del año para evitar "incertidumbres". Miller usó un interferómetro con aproximadamente tres veces más sensibilidad del trayecto del haz de luz que el de M-M, con unas 333 veces más giros del interferómetro [2].

En 1928 y como consecuencia de sus resultados medidos con el interferómetro de un desplazamiento de ~10km/s, Miller calculó que la Tierra se movía a una velocidad de 208 km/s hacia un vértice en el Hemisferio Norte Celeste, hacia la constelación del Dragón, ascensión recta de 17 hrs. (255º), declinación +68º,

Interferómetro de Haz de Luz de Dayton Miller, el mayor y más sensible instrumento de este tipo jamás construido, situado en una cabaña especial de montaña en la cúspide del Monte Wilson. Durante sus experimentos en 1925-1926, Miller detectó una clara señal del efecto de arrastre del éter, publicando sus hallazgos en las más importantes revistas científicas. Sin embargo, fue ignorado por muchos físicos, que en aquel tiempo estaban cautivados por las teorías de Albert Einstein, que demandaban la no existencia de un éter cósmico o un efecto de arrastre del éter. Sin ser refutado, Miller murió completamente ignorado excepto por Michelson, que confirmó una señal similar de arrastre del éter en experimentos separados (con Pease-Pearson) en la cima del Monte Wilson poco después de Miller.

Manual del Acumulador de Orgón

dentro de 6º del polo de la eclíptica y 12º del vértice de rotación del Sol [4].

Miller creía que la Tierra estaba empujando "hacia el norte" a través de un éter estacionario pero arrastrado por ella en esa dirección particular. En 1933 y por razones que veremos más abajo, cambió su punto de vista y dijo que, mientras sus cálculos de velocidad y eje de arrastre eran correctos, *la dirección del movimiento a lo largo del eje* era hacia un vértice en el Hemisferio Sur Celeste, hacia Dorado, el Pez Espada, ascensión recta 4 hrs 54 min, declinación -70º 33´ (sur), en medio de la Gran Nube de Magallanes y a 7º del Polo Sur de la Eclíptica [1, p.234].

Mientras vivió, el trabajo de Miller fue considerado muy seriamente, incluido Einstein, que entendió correctamente que su teoría de la relatividad estaba amenazada (2, p. 114). Trabajos siguientes hechos por otros, incluido Michelson, corroboraron los hallazgos de Miller. Por ejemplo:

1. Hacia el final de la década de 1920, Michelson-Pease-Pearson [5] (M-P-P) usaron el interferómetro de cruz giratoria de Michelson; las dos primeras pruebas, usando un interferómetro de 22 m y 33 m de camino de ida y vuelta del haz de luz, pero en altitudes bajas, dio como resultado, *"ningún desplazamiento del orden anticipado"*; la tercera prueba en la cima del Monte Wilson usando un interferómetro de 52 m de trayectoria del haz de luz, más parecido al de Miller, dio un resultado positivo, con un desplazamiento medido de "no mayor de"~ 20 km/s. Sin embargo, este resultado fue rechazado por M-P-P debido aparentemente a su, a-priori injustificado rechazo a un éter arrastrado por la Tierra que les llevaba a esperar un resultado mayor.

2. En 1932, Kennedy y Thorndike informaron de un resultado de ~24 km/s, pero también lo rechazaron debido a que rechazaban a-priori un éter sustantivo y arrastrado por la Tierra, afirmando de manera prejuiciosa, que su resultado era "cero"[6].

3. En 1933, M-P-P efectuaron medidas estándar de la "velocidad de la luz" en un tubo de acero parcialmente vacío de 1,6 km de longitud [7], y apoyado sobre el suelo, pero incluso en estas condiciones tan inapropiadas para la detección del arrastre del éter, observaron –aunque solo lo admitieron ante un periodista-variaciones de ~20 km/s [8].

Tras la muerte de Michelson en 1931, y la de Miller en 1941, se hizo el silencio sobre la cuestión del arrastre del éter y sobre si había un éter sustantivo y cosmológico en el espacio. El mundo

Apéndice: Un Éter Dinámico

de la ciencia seguía a Einstein y su Teoría de la Relatividad que requería un espacio libre de cualquier éter con propiedades tangibles [9] y mucho menos con variaciones en la velocidad de la luz.

"De acuerdo con la teoría general de la relatividad, el espacio está dotado de cualidades físicas; en este sentido, por consiguiente, existe un éter.... Pero este éter no tiene que ser pensado como dotado con las propiedades características de los medios ponderables, como compuestos de partículas cuyos movimientos pueden ser seguidos, ni tampoco se le podrá aplicar el concepto de movimiento."
- Albert Einstein, *Meine Weltbild* [9; p.111]

Debido a los requerimientos teóricos de Einstein, los experimentos de la deriva del éter que tuvieron resultados positivos fueron simplemente ignorados o nunca mencionados, como si nunca se hubieran llevado a cabo. Finalmente, en 1955, con el estímulo cooperativo de Einstein, un equipo liderado por uno de los anteriores alumnos de Miller, Robert Shankland, llevó a cabo una revisión del análisis de los datos de la deriva del éter de Miller, que desembocó en un incompetente e intersado estudio post-mortem [10]. La consideración primordial ignorada por el equipo de Shankland fue la naturaleza altamente estructurada de los datos de Miller, que para las cuatro épocas estacionales señalaban hacia el mismo conjunto de coordenadas siderales para la deriva del éter – que desaparecían si los datos se organizaban por el tiempo civil- demostrando una influencia cósmica muy real [4, pp. 362-363]. Yo ya he discutido los graves problemas sobre la crítica a Miller [2] de Shankland et al., y no voy a repetir los argumentos aquí, excepto para enfatizar que su afirmación de "refutar" a Miller es *falaz*, basándose en datos seleccionados de manera parcial, con presunciones negativas que Miller ya había rechazado años antes y malentendidos en interferometría básica sobre la deriva del éter.

A finales de la década de 1990, Maurice Allais también hizo una re-investigación del trabajo de Miller sobre la deriva del éter, hallando patrones adicionales no aleatorios en los datos de Miller que él relacionó con su propio trabajo sobre el comportamiento anómalo del péndulo durante los eclipses solares [11].

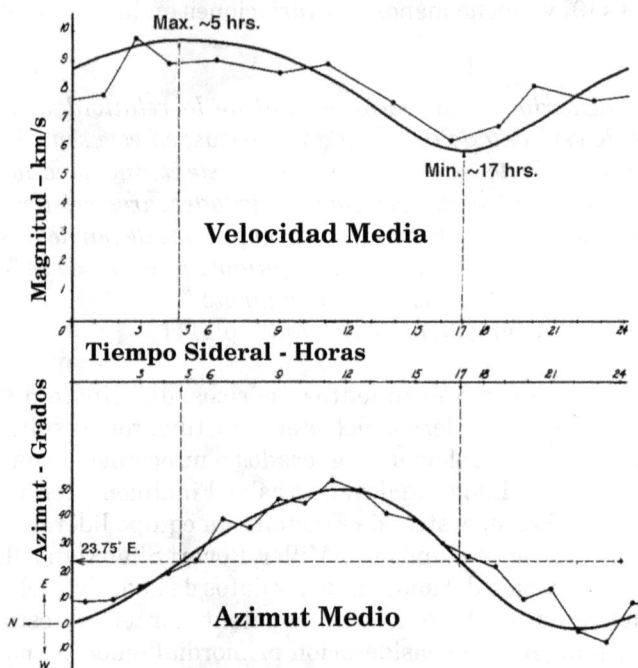

Figura 1: Velocidad Media y Azimut de los Datos de la Deriva del Éter, de los experimentos de Miller en el Monte Wilson (1928) *Gráfico superior*: Variaciones promedio en las magnitudes observadas en la deriva del éter en las cuatro épocas estacionales de las medidas en tiempo sideral. El máximo de la velocidad del éter ocurre a ~5 horas y el mínimo a ~17 horas, tiempo sideral. *Gráfico inferior*: Promedio de lecturas azimutales en tiempo sideral, con la línea–base como la tomó Miller en 1933 de sus promedios estacionales revisados – ver Figura 2 en la derecha [4, p.365; 1, p.234]. Los promedios totales de las cuatro épocas estacionales, nos llevan a un desplazamiento medio de 23,75° de este a norte, muy cercano a la inclinación del eje de la Tierra de 23,5°. ¿Coincidencia?

Apéndice: Un Éter Dinámico

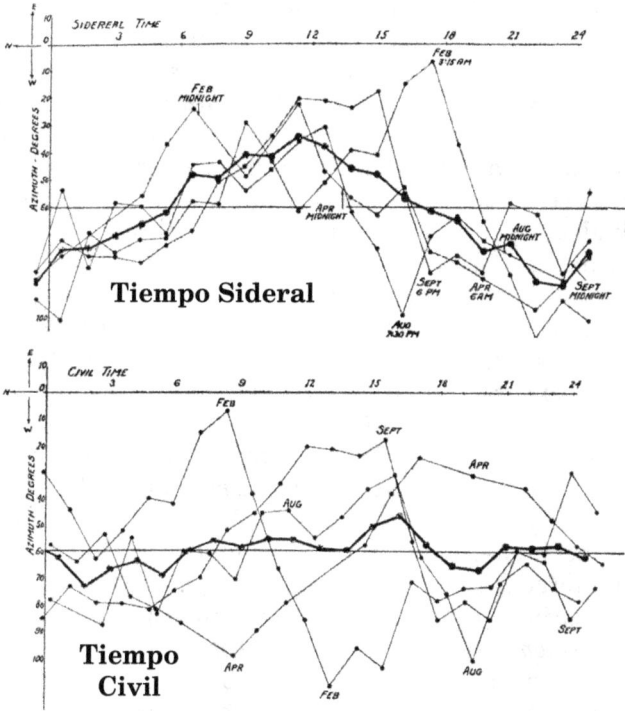

Figura 2: Presentación de los Datos de la Deriva del Éter en función del Tiempo Civil y del Tiempo Sideral, de los experimentos de Miller en el Monte Wilson (1928). *Gráfico superior*: Los datos de Miller organizados de acuerdo con las coordenadas de tiempo sideral, mostrando una variación estructurada anómala en los datos. El azimut de la señal se desplaza de un máximo con componente este a las 12 horas, tiempo sideral, a un mínimo con componente oeste a las 22.5 horas, tiempo sideral (comparable a la gráfica inferior de la Figura 1, en la página anterior).*Gráfico inferior*: Los mismos datos organizados según las coordenadas de tiempo civil que no muestran ningún patrón estructurado de los datos. Si las variaciones de la señal fueran debidas a algún factor diurno tal como el calor del Sol, el gráfico del tiempo civil mostraría una estructura anómala con una tendencia.

Manual del Acumulador de Orgón

El desarrollo más significativo desde Miller han sido los experimentos de Yuri Galaev en el Instituto de Radiofísica y Electrónica en Ucrania. Galaev hizo mediciones independientes de la deriva del éter usando las bandas de radiofrecuencia [12] y óptica [13]. Su investigación no solo *"confirma los resultados de Miller hasta en los detalles"* [14] sino que permite calcular el incremento de la deriva del éter con la altitud sobre la superficie de la Tierra (calculado en 8,6 m/s por metro de altura). Los resultados dependientes de la altura de Miller sugieren una deriva del éter en el Monte Wilson de ~5.14% de la velocidad estimada del "viento del éter" en el espacio abierto (factor de reducción de Miller "k", [1 p.234-235]), aunque con variaciones estacionales y diarias siderales, como se verá más adelante.

Estos experimentos sugieren el viejo concepto de éter cosmológico como un medio fluido, un "material" tangible, que puede ser arrastrado y frenado cuando se mueve cerca de la superficie de la Tierra. Esta propiedad fundamental del éter, que se muestra repetidas veces en los resultados experimentales, -de ser un medio sustantivo y fluido, con una ligera masa y, que por tanto interacciona con la materia, que puede ser frenado si la materia se interpone en su trayectoria y que puede *proporcionar un ligero momento a la materia que le obstruye el camino* – es de central importancia para integrar la teoría del éter en la moderna cosmología. Podemos construir un modelo derivado directamente de estos resultados, que no requiere ninguna referencia a construcciones metafísicas, tales como la curvatura espacio-tiempo de la teoría de la relatividad, o las contracciones de Lorentz de nuestras barras de medida. Para hacerlo así, tenemos que tomar como referencias a otros científicos que, como Miller, descubrieron un fenómeno cosmológico de cualidad "etérea" pero que, sin embargo tiene una sustancia que se puede medir.

El Éter, Similar al Orgón Dinámico de Reich

Desde 1934 a 1957, Reich hizo una serie de informes experimentales documentando la existencia de una forma excepcional de energía, llamada orgón [15, 16]. Sus hallazgos nos dicen que la energía orgónica carga los tejidos de los organismos vivos jugando un papel fundamental en los procesos de la vida. Se determinó que existía en forma dinámica, moviéndose libremente en la atmósfera y dentro de los tubos de alto vacío.

Apéndice: Un Éter Dinámico

Como consecuencia de estos experimentos, Reich postuló que el orgón llena el espacio cósmico [17, 18]. Estas propiedades del orgón de Reich son extraordinariamente similares al éter cósmico de Miller:

A)   La energía sin masa del orgón llenaba el espacio, de manera parecida a como lo hace el éter, pero estaba en movimiento constante, organizado y predictible, con movimientos fluidos o en corrientes, capaces de concentrarse o formarse en un sitio y de rarificarse o disminuir en otro. El orgón puede penetrar la materia fácilmente, pero interaccionado débilmente con ella, siendo atraída por, y cargando toda la materia. Los metales la descargan rápidamente o la reflejan, permitiendo así que pueden construirse entornos cerrados especiales metálico-dieléctricos (acumuladores de energía orgónica). Estos nos proporcionan la estimulación del crecimiento de las plantas, efectos de regeneración y saneamientos de tejidos y efectos anómalos físicos, tales como la producción de calor, la tasa decreciente en la descarga electroscópica y un efecto de ionización anómala en los tubos cargados de alto vacío y tubos Geiger [16, 19, 20, 21, 22] Casi todas las afirmaciones experimentales de Reich, han sido repetidas y confirmadas independientemente por otros científicos [22].

B)   Reich postuló la existencia de grandes corrientes en espiral de orgón en el espacio cósmico basándose en sus observaciones sobre la *envoltura de la Tierra por la energía orgónica*, que rotaba de Oeste a Este a mayor velocidad que la de la rotación de la Tierra, y en la existencia de una discreta corriente de energía moviéndose del Suroeste al Noreste dentro de la atmósfera. Notó también una corriente a lo largo del plano de la Vía Láctea (llamada *Corriente Galáctica*) con corrientes secundarias fluyendo paralelamente al plano de la eclíptica del Sistema Solar y al Ecuador de la Tierra (llamada *Corriente Ecuatorial*). Basándose en observaciones atmosféricas y con telescopios, Reich argumentó además que estas corrientes de energía se atraerían mutuamente, superponiéndose en forma espiral y condensando para crear nueva materia fuera del substrato de la energía cósmica [18]. Reich describió estas ondas espirales y les dio el nombre alemán de *Kreiselwelle* (*onda espiral* o, literalmente, "onda giroscópica"). Él creía que en ellas estaba la base de varios movimientos biológicos, atmosféricos y cósmicos [18, 23]. Según la teoría de Reich de la *Superposición Cósmica*

Manual del Acumulador de Orgón

[18], los movimientos de la rotación de los planetas sobre sus ejes, los movimientos de los planetas alrededor de sus soles y de las lunas alrededor de sus planetas eran todos productos de una gigantesca superposición de corrientes de energía cósmica.

C) Reich no citó nunca el trabajo de Miller, pero consideró la vieja teoría del éter como un "concepto útil". Al igual que Miller, Reich notó que la energía orgónica se movía más deprisa y era más activa en altitudes mayores e identificó como periodos de mayor carga orgónica el equinoccio de primavera en el hemisferio norte así como el punto de mayor cantidad de manchas solares.

Los hallazgos de Reich y la teoría de la *Superposición Cósmica* están de acuerdo con la astronomía que conocemos en lo que se refiere a la descripción de los movimientos de las estrellas y las orbitas de los planetas como movimientos en grandes espirales abiertas en el espacio. Sin embargo, no se resalta especialmente nada sobre este hecho, dada la suposición de un "espacio vacío". Solo unos pocos libros de texto lo mencionan. Por el contrario, Reich dedujo sus propias ecuaciones funcionales sobre la gravedad y el comportamiento del péndulo, [25], basadas en sus ideas sobre la onda en espiral y el espacio lleno de un sustrato rico en energía. Sus hallazgos son muy compatibles con el concepto de éter dinámico que además jugarían el papel de ser la *fuerza motriz cósmica,* pero no sería compatible con el concepto *de éter estático o estancado e inmóvil* ni con el concepto de Miller de *éter pasivo arrastrado por la Tierra*. El universo de Reich estaba animado por corrientes de energía cósmica orgónica fluida y pulsante, que movería los planetas y los soles en sus caminos en los cielos, como se movería una pelota flotando en el agua siguiendo sus olas [18].

El Éter: ¿Estático, Arrastrado por la Tierra o Dinámico?

Desde Isaac Newton, muchos físicos consideraron el éter como un fenómeno estático o estancado, algo que existe en el cosmos, pero que, principalmente, es un *medio de fondo inmóvil y estancado.* Para Newton, ya mayor, fue necesario introducir un éter estático o "Espacio Absoluto", y eliminó básicamente todas sus propiedades tangibles, excepto aquella por la que era capaz de transmitir las ondas de luz. Esto fue así, en gran medida, para reconciliar sus *leyes del movimiento* matemáticas con su teología.

Apéndice: Un Éter Dinámico

Newton pareció motivado para "sanar el cisma" entre la ciencia y la Iglesia que se había desarrollado desde Galileo al *desproveer al universo de cualquier noción de fuerza motriz cósmica que no fuera un dios.*[§] El éter, por consiguiente, se declaró muerto, estático y sin propiedades tangibles (por las que podría influir el movimiento celeste) y Dios fue rescatado de su situación de desempleo, preservando su papel de fuerza motriz universal [24]. Este punto de vista no es evidente a partir de sus matemáticas, pero es una parte de la filosofía subyacente. Por lo tanto, M-M y otros buscaron, pero nunca detectaron, un éter sin sustancia y estático, que no mostraba ninguna propiedad o efecto, y que no era arrastrado por la Tierra mientras ella se trasladaba rápidamente a través de él.

De hecho, el punto de vista de Miller divergía del concepto de éter *estático* tan solo en que era necesario para explicar un fenómeno de arrastre de la Tierra y la capacidad del éter de ser reflejado por materiales muy densos, según demostraron sus medidas empíricas. El éter de Miller era *estanco* pero fluido y con suficiente sustancia para ser arrastrado por la superficie de la Tierra. Consecuentemente, él no aceptó nunca los resultados preliminares de M-M y buscó hacer medidas de la deriva del éter a altitudes mayores y en diferentes estaciones del año. En 1933 concluyó que la Tierra empujaba a un éter estanco pero arrastrado por la Tierra, hacia la constelación de Dorado, cerca del polo sur de la eclíptica. Pero este punto de vista siempre contenía la semilla de una mayor contradicción.

Si uno supone que el éter es estacionario o estancado pero que tiene una ligera masa, y por lo tanto es algo tangible que puede interaccionar con la materia, pudiendo ser "arrastrado" por la superficie terrestre, entonces, por definición, este "éter arrastrado" actuará como *una fuerza en contra que frena los movimientos planetarios con el tiempo.* Con suficiente tiempo, este éter arrastrado pero básicamente estancado o inerte, puede llevar, eventualmente, a parar todos los movimientos cósmicos. Para mantener el universo funcionando, uno está forzado a

---

§ El joven Isaac Newton era un firme creyente en el éter cósmico del Universo. Pero abandonó esa creencia más adelante, cuando materias teológicas ocuparon decididamente sus pensamientos y tiempo. Ver: *Carta de Isaac Newton a Robert Boyle sobre el Éter Cósmico, (Isaac Newton´s Letter to Robert Boyle , on the Cosmic Ether of Space)*, aquí: www.orgonelab.org/newtonletter.htm

Manual del Acumulador de Orgón

postular otro tipo de fuerza energética independiente para crear todo el movimiento cósmico, para oponerse al "freno" del éter estático pero estancado. O bien, se tienen que eliminar todas las propiedades tangibles del éter, y dejarlo como una abstracción. De este modo, uno regresa al mismo postulado de Newton: *la necesidad de una contra-fuerza en la Naturaleza, aparte del éter, para refrescar constantemente el movimiento cósmico,* o al menos conseguir que cada cosa comience en un "big bang". Se ve uno forzado a invocar algún principio metafísico, algo más que la meras fuerzas gravitacionales, que parecen ser insuficientes para salvar completamente el "freno cósmico" a largo plazo que representa el éter estático e inactivo o estancado. O el éter debe ser abstracto e intangible.

Dragón – Veja - Hércules
Polo Norte de la Eclíptica

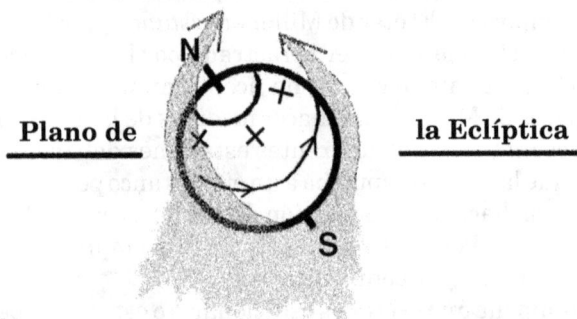

Plano de   **la Eclíptica**

Dorado – Gran Nube de Magallanes
Polo Sur de la Eclípita

Figura 3: Movimiento Relativo de la Tierra y el Éter. ¿Es la Tierra la que empuja hacia el sur a través de un éter estacionario y pasivo, o es el éter dinámico, similar la orgón de Reich fluyendo como una corriente hacia el norte en una onda espiral superpuesta llevando al sistema Tierra-Sol con él? Las marcas "X" en el diagrama de la Tierra representan las cruces del interferómetro de Miller en diferentes horas del día, mostrando cómo el movimiento del éter puede variar según el tiempo solar-civil en diferentes estaciones del año, pero que permanece constante según las coordenadas del día galáctico-sideral.

Apéndice: Un Éter Dinámico

Una tercera solución, que parece ser firmemente evitada por Newton, Michelson, Miller, Einstein, y por casi todos excepto por Reich, consiste en *darle al éter cosmológico no solo propiedades de sustancia y ser tangible, sino que tenga propiedades dinámicas como el movimiento en espiral, que reflejan los movimientos planetarios.*

Conclusiones de Miller en 1928 versus las de 1933

Hay un acuerdo *empírico* asombroso entre Miller y Reich. La figura 3 representa una aproximación de las conclusiones observadas por Miller, que pueden ser interpretadas como proponía Miller o como proponía Reich. Las marcas"X" en el globo, en la figura 3, representan la posición del interferómetro a lo largo del día y uno puede ver cómo el fluir del éter se cruza según diferentes ángulos con los haces cruzados del interferómetro a medida que la Tierra va rotando.

Como se ha mencionado anteriormente, las conclusiones finales de Miller en 1933 fueron que la Tierra tenía una deriva hacia un punto cercano a la constelación de Dorado, cercano al Polo Sur de la Eclíptica [1, p.234]. Sin embargo, en su *primera conclusión* hecha en 1928 a partir de los mismos datos, consideró una dirección del movimiento *de la deriva del éter a lo largo del mismo eje* pero en la dirección *opuesta,* hacia el Polo Norte de la Eclíptica [4]. Los cálculos originales de Miller de este vértice del norte son más compatibles con una teoría dinámica de la deriva del éter, en donde él fluye y se mueve, *generalmente, desde Dorado hacia el Polo Norte de la Eclíptica (Dragón),* un movimiento que llevaría al sistema Sol-Tierra-Luna con él al mismo tiempo que se va moviendo, aunque solo una pequeña parte de la velocidad del éter pueda ser detectada (~ 10 km/s) debido al arrastre de la Tierra. Como él notó, el interferómetro solo puede determinar *"...la línea en la que tiene lugar el movimiento de la Tierra con respecto al éter, pero no determina la dirección del movimiento de esta línea"* [1, p.231].

Hoy en día, la dirección aceptada del movimiento local del Sol es hacia Vega, en la constelación Lyra, que está en medio de un pequeño triángulo formado por las constelaciones de Dragón, Hércules y Cisne. Todas estas constelaciones están razonablemente cercanas al Polo Norte de la Eclíptica y del polo norte del eje de la deriva del éter de Miller. Todas se encuentran

Manual del Acumulador de Orgón

cerca del plano de la Vía Láctea, como si el Sistema Solar se moviera en espiral alegremente, cogido en uno de sus gigantescos movimientos energéticos de una banda de los brazos de la galaxia. Las figuras 3 y 4 muestran estas relaciones a las que se puede añadir los siguientes patrones y estructuras. Los datos de Miller, obtenidos de sus experimentos en le Monte Wilson, nos dan cálculos de velocidad que muestran variaciones horarias con el tiempo sideral, y también variaciones estacionales de acuerdo con las cuatro estaciones del año. Estas variaciones son como sigue:

Variaciones según hora sideral
Miller 1928 (ver fig. 1 superior)
Velocidad máxima ~ 10 km/s a las 5 hrs sideral
Velocidad mínima ~ 6 – 7 km/s a las 17 hrs sideral

Estas *Variaciones según la Hora Sideral* en la velocidad de la deriva del éter se explican fácilmente debido a los efectos de pantalla de la masa de la Tierra sobre el interferómetro a las 17 hrs, y el alineamiento del interferómetro para la máxima detección de la deriva del éter a las 5 hrs. Se puede ver una vasta aproximación de este fenómeno en la fig. 3, donde la"X" indicando el interferómetro en la parte más a la izquierda del diagrama de la Tierra está totalmente expuesto al viento del éter, mientras que la "X" en la parte más a la derecha está muy apantallada por la masa de la Tierra. En realidad, la velocidad y las variaciones azimutales medidas sobre el día sideral siguen ese patrón [25, p.142 -143].

Variaciones estacionales	Miller 1933 [1, p.235]
15 septiembre	9.6 km/s
2 diciembre – velocidad mínima calculada	
8 febrero	9.3 km/s
1 abril	10.1 km/s
2 junio – velocidad máxima calculada	
1 agosto	11.2 km/s

Las *Variaciones Estacionales* en la velocidad de la deriva del éter se entienden fácilmente si se ven como una consecuencia del movimiento combinado de la Tierra alrededor del Sol y del movimiento de traslación del Sol en la galaxia. Las figuras 4 y 5

Apéndice: Un Éter Dinámico

se obtienen de una combinación de las ideas cosmológicas de Miller y Reich de acuerdo con la astronomía conocida. Desde abril hasta agosto, la Tierra recorre una gran distancia por los cielos, mientras que en diciembre y enero recorre una relativamente pequeña distancia en el espacio. Por ejemplo, en la figura 4, la distancia B-C-D desde el 21 de marzo hasta el 21 de septiembre es aproximadamente el doble que la distancia D-A-B, que cubre el periodo desde el 21 de septiembre hasta el 21 de marzo. Hay un periodo en el que la Tierra acelera hasta su velocidad máxima, alrededor del equinoccio de primavera (B hacia C), siguiendo luego otro periodo de deceleración (C hacia D) en el que la Tierra entra en una región en la que se mueve más lentamente con relación al fondo del espacio (D-A-B). Con el ciclo completado, hay una rápida aceleración en el mes de marzo siguiente. Da la impresión de que hay un fuerte impulso energético u onda de energía que le proporciona un impulso a la Tierra, *acelerándola hacia el centro de la Galaxia en los meses inmediatamente posteriores a marzo* y luego la desacelera cuando la Tierra se retira alejándose del centro de la Galaxia después de septiembre. Todos los demás planetas se ven afectados por cambios similares en la velocidad.

Reich notó estas variaciones en la velocidad de la Tierra así como la relación angular de 62º entre el plano galáctico que gira y el plano de la eclíptica del Sistema Solar [18, 25]. De manera similar, el plano de la eclíptica está también inclinado con respecto a la trayectoria del Sol hacia Vega en ~ 60º. Y hay un conjunto similar de relaciones angulares o inclinaciones en las medidas de la deriva del éter de Miller que "... *oscilan hacia atrás y hacia delante en un ángulo de 60º aproximadamente....*". [4, p.357] Miller y Reich destacaron esos movimientos de traslación similares de la Tierra en el espacio cósmico, como requerían sus respectivos hallazgos.

Biometeorología de Piccardi y la "Materia Oscura"

El químico italiano Giorgio Piccardi [26] efectuó un conjunto similar de observaciones relativas a las influencias cósmicas, en los experimentos de laboratorio, sobre cambios de fase en condiciones ambientales constantes, (tales como la precipitación del cloruro de bismuto de una solución, o la congelación del agua superenfriada). Piccardi concluyó eventualmente que el

**Movimientos Planetarios en Espiral
Y Deriva del Éter de Miller**

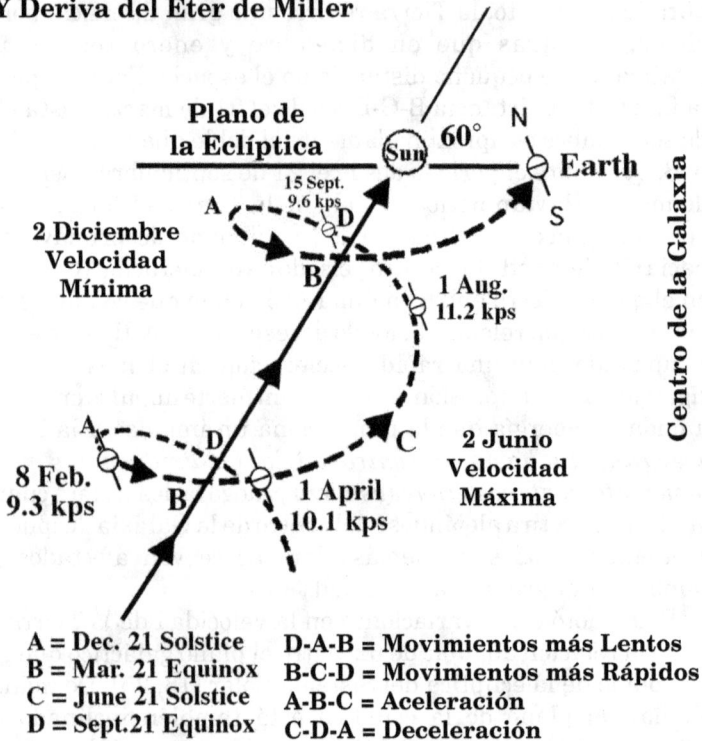

Plano de
la Ecliptica   Sun   60°   N

Earth

Centro de la Galaxia

2 Diciembre
Velocidad
Mínima

15 Sept.
9.6 kps
A
D
B

1 Aug.
11.2 kps

S

8 Feb.
9.3 kps

A
D
B

C

1 April
10.1 kps

2 Junio
Velocidad
Máxima

A = Dec. 21 Solstice
B = Mar. 21 Equinox
C = June 21 Solstice
D = Sept.21 Equinox

D-A-B = Movimientos más Lentos
B-C-D = Movimientos más Rápidos
A-B-C = Aceleración
C-D-A = Deceleración

Figura 4: Movimiento en espiral de la Tierra alrededor del movimiento del Sol. La Tierra recorre una distancia mayor durante el periodo marzo – septiembre (B-C y C-D) que durante el periodo septiembre – marzo (D –A y A –B). Esta aceleración y desaceleración en el transcurso del año parece relacionada con el movimiento hacia el Centro de la Galaxia o alejándose de él. El gráfico incluye las variaciones estacionales en las medidas de las velocidades de la deriva del éter de los experimentos de Miller en el Monte Wilson, que están de acuerdo con el modelo de movimiento en espiral. Nota: estas reflejan solo las medidas en el interferómetro debidas al efecto de arrastre de la Tierra y *no deben de confundirse con la velocidad neta del viento del éter o con la de la Tierra misma en el espacio abierto* [25]

Figura 5: Movimiento en espiral del Sistema Sol –Tierra.
La Tierra (mostrada en su posición en el solsticio de verano) se
mueve alrededor del Sol en una espiral mientras que el Sol se
mueve hacia Vega. La constelación del Dragón marca el lugar
aproximado del polo norte del plano de la eclíptica que está
dentro de los 7° del polo norte del eje calculado para la deriva del
éter por Miller (marcado "X"). El plano de la eclíptica está
inclinado con respecto a la trayectoria del Sol en unos 60° dando
lugar a variaciones estacionales en la velocidad del movimiento
de la Tierra.[25]

Manual del Acumulador de Orgón

movimiento helicoidal de la Tierra alrededor del Sol era la causa determinante en sus variaciones estacionales de sus experimentos, con un máximo en el hemisferio norte en el periodo primavera–verano. El factor cósmico anómalo de Piccardi podía ser influenciado por envolventes metálicas, muy similares a los acumuladores de energía de Reich, o al apantallamiento del éter de Miller, expresado por sí mismo globalmente. Es de decir, que el fenómeno afectaba simultáneamente a los experimentos en ambos hemisferios, Norte y Sur, de la misma manera, indicando que el fenómeno afecta a la Tierra en su totalidad al mismo tiempo y no estaba relacionado con factores ambientales estacionales tales como temperatura o humedad. El anotó:

"Si el espacio estuviera vacío, vacío de campos de materia e inactivo, una consideración de este tipo no tendría importancia. Pero hoy sabemos, en cambio, que ambos, campos y materia existen en el espacio."[26, pág. 97 -98].

De manera análoga, el biólogo Frank Brown trabajando en el Wood´s Hole Institute en Massachussets, notó variaciones en el día sideral cósmico y variaciones estacionales en el reloj biológico de varias criaturas mantenidas bajo las mismas condiciones ambientales, muchas de las cuales están de acuerdo con el modelo cosmológico presentado aquí [27]. Hay abundante literatura interdisciplinar que documenta las anomalías según el día sideral y variaciones según el ciclo estacional, que sugiere influencias del éter cósmico [19].

Finalmente tenemos que reconsiderar las variaciones estacionales recientemente medidas en el "Viento de la Materia Oscura" [28], que está reconocida como una consecuencia del movimiento helicoidal de la Tierra en el Cosmos, aunque sin ninguna referencia a la deriva del éter. Cuando se combina la velocidad de la Tierra de 30 Km/s alrededor del Sol, con los 232 Km/s de la velocidad del Sistema Solar en el espacio, se postula que hay un "Viento de la Materia Oscura", cuyo máximo de velocidad ocurre el 2 de junio y un mínimo que tiene lugar el 2 de diciembre, según los diagramas de las *figuras 4, 5 y 6*. La "Materia Oscura" siempre nos ha recordado a una entidad esquiva sugerida por anormalidades gravitacionales indicando una masa muy ligera en el espacio abierto, pero esencialmente transparente a las ondas de luz excepto en lo que se ve en los

Figura 6: Modelo animado de Piccardi sobre el movimiento helicoidal de la Tierra alrededor del Sol, como se presentó en la Exposición Mundial de Bruselas en 1958 [26, p.98]. La Tierra se mueve más rápidamente en el Cosmos en junio que en diciembre.

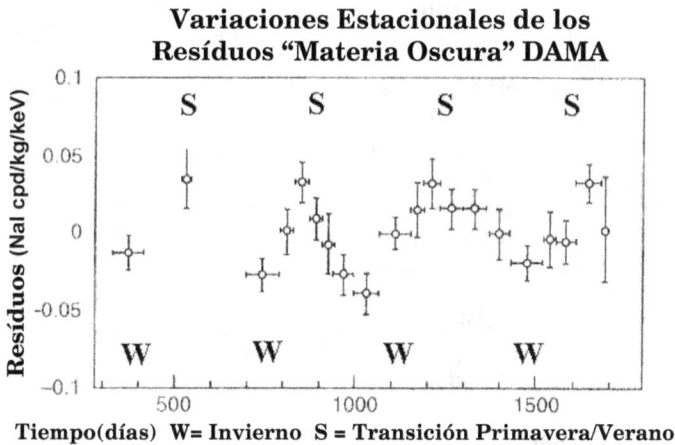

Variaciones Estacionales de los Resíduos "Materia Oscura" DAMA

Tiempo(días) **W= Invierno S = Transición Primavera/Verano**

Figura 7: Variaciones Anuales (Hem. N.) en el "Viento de la Materia Oscura", del proyecto DAMA en Italia (según Bernabei) [28]. El viento cósmico, sea materia oscura o energía orgónica, aumenta en junio cuando la velocidad de la Tierra alcanza su máximo y va disminuyendo hacia el mínimo en diciembre.

235

Manual del Acumulador de Orgón

halos galácticos. Yo sugiero que la "materia oscura" – que ahora muestra tener un pico de "velocidad del viento" de acuerdo con los movimientos cosmológicos de éter, como se determina de la integración de las teorías de Miller, Reich y Piccardi – no es nada más que el *éter sustancial y dinámico del espacio*.

Citas del Artículo de la Deriva del Éter

[1] D. Miller, *Rev. Modern Physics,* Vol.5(2), p.203-242, July 1933.
[2] J. DeMeo "Dayton Miller's Ether-Drift Research: A Fresh Look", *Pulse of the Planet,* 5, p.114-130, 2002. http://www.orgonelab.org/miller.htm
[3] A.A. Michelson & E. Morley, *Am. J. Sci.,* 3rd Ser., Vol.XXXIV (203), Nov. 1887.
[4] D. Miller, *Astrophys. J.,* LXVIII (5), p.341-402, Dec. 1928.
[5] A.A. Michelson, F.G. Pease, F. Pearson, "Repetition of the Michelson-Morley Experiment", *Nature,* 123:88, 19 Jan. 1929; also in J. Optical Soc. Am., 18:181, 1929.
[6] J. Kennedy, E.M. Thorndike, *Phys. Rev.* 42 400-418, 1932.
[7] A.A. Michelson, F.G. Pease, F. Pearson, "Measurement of the Velocity of Light in a Partial Vacuum", *Astrophysical J.,* 82:26-61, 1935.
[8] D. Deitz, "Case's Miller Seen Hero of 'Revolution'. New Revelations on Speed of Light Hint Change in Einstein Theory", *Cleveland Press,* 30 Dec. 1933.
[9] A. Einstein, "Relativity and the Ether", *Essays in Science,* 1934, (translated from the German, c.1928?, published in *Meine Weltbilt,* 1933.)
[10] R.S. Shankland, et al., "New Analysis of the Interferometer Observations of Dayton C. Miller", *Rev. Modern Physics,* 27(2):167-178, April 1955.
[11] M. Allais, *L'Anisotropie de L'Espace,* Clément Juglar, Paris, 1997.
[12] Y.M. Galaev, "Ethereal Wind in Experience of Millimetric Radiowaves Propagation", *Spacetime and Substance,* V.2, No.5 (10), 2000, p.211-225. http://www.spacetime.narod.ru/0010-pdf.zip
[13] Y.M. Galaev, "The Measuring of Ether-Drift Velocity and Kinematic Ether Viscosity Within Optical Waves Band", *Spacetime and Substance,* Vol.3, No.5 (15), 2002, p.207-224. http://www.spacetime.narod.ru/0015-pdf.zip
[14] Y.M. Galaev, personal communication to author, 6 April 2004.
[15] W. Reich, *Discovery of the Orgone, Vol.1: Function of the Orgasm,* Farrar, Straus & Giroux, NY, 1973 (reprinted from 1942).

Apéndice: Un Éter Dinámico

[16] W. Reich, *Discovery of the Orgone, Vol.2: The Cancer Biopathy,* Farrar, Straus & Giroux, NY, 1973 (reprinted from 1948)..

[17] W. Reich, *Ether, God & Devil,* Farrar, Straus & Giroux, NY, 1973 (reprinted from 1951).

[18] W. Reich, *Cosmic Superimposition,* Farrar, Straus & Giroux, NY, 1973 (reprinted from 1951).

[19] J. DeMeo, *"Evidence for... a Principle of Atmospheric Continuity",* in Press.

[20] J. DeMeo (editor) *Heretic's Notebook,* Natural Energy, 2002.

[21] W. Reich, *The Oranur Experiment,* Wilhelm Reich Foundation, Rangeley, ME, 1951.

[22] The online *Bibliography on Orgonomy* has hundreds of citations organized for keyword search: http://www.orgonelab.org/bibliog.htm

[23] W. Reich, *Contact With Space,* Farrar, Straus & Giroux, NY, 1957, pp.95-110.

[24] L. Stecchini, "The Inconstant Heavens", in *The Velikovsky Affair: Warfare of Science and Scientism,* A. deGrazia, Ed., University Books, 1966.

[25] J. DeMeo, "Reconciling Miller's Ether-Drift With Reich's Dynamic Orgone", *Pulse of the Planet,* 5:137-146, 2002. http://www.orgonelab.org/MillerReich.htm

[26] G. Piccardi, *Chemical Basis of Medical Climatology,* Charles Thomas, Springfield, 1962.

[27] F. Brown, "Evidence for External Timing of Biological Clocks" in *An Introduction to Biological Rhythms,* J. Palmer (Ed.), Academic Press, NY 1975.

[28] R. Bernabei, "DAMA Experiment: Status and Reports", Sept. 2003 & R. Bernabei, "DAMA/NaI results", Feb. 2004.
http://people.roma2.infn.it/~dama/bernabei_alushta_dama.pdf
http://people.roma2.infn.it/~dama/belli_noon04.pdf
http://www.lngs.infn.it/lngs/htexts/dama/

Para más información sobre el asunto del éter cósmico:

J. DeMeo "Dayton Miller's Ether-Drift Research: A Fresh Look", *Pulse of the Planet,* 5, p.114-130, 2002.
www.orgonelab.org/miller.htm

J. DeMeo, "Reconciling Miller's Ether-Drift With Reich's Dynamic Orgone", *Pulse of the Planet,* 5:137-146, 2002.
www.orgonelab.org/MillerReich.htm

Cosmic Ether-Drift and Dynamic Energy in Space:
www.orgonelab.org/energyinspace.htm

Manual del Acumulador de Orgón

238

ÍNDICE

Manual del Acumulador de Orgón

Manual del Acumulador de Orgón

Manual del Acumulador de Orgón

Acerca del Autor

El Dr. James DeMeo efectuó sus estudios sobre Ciencias de La Tierra, de la Atmósfera y Medioambientales en la Universidad Internacional de Florida y la Universidad de Kansas (KU), donde obtuvo el título de doctor en 1986. En la KU enfocó su trabajo de investigación para obtener su graduación en los controvertidos descubrimientos de Wilhelm Reich, sometiendo esas ideas a un riguroso examen, y obteniendo verificaciones positivas de los descubrimientos originales. Subsiguientemente, DeMeo efectuó investigaciones de campo en los áridos desiertos del suroeste americano, Egipto, Israel, la Eritrea subsahariana y Namibia, en África. Su trabajo sobre la cuestión de *Saharasia* ha constituido el estudio global y transcultural más riguroso efectuado hasta la fecha, relativo a los temas del comportamiento humano, de la familia y de la vida sexual alrededor del mundo. Sus trabajos publicados incluyen decenas de artículos y compendios, y algunos libros, incluyendo *Saharasia y El Manual del Acumulador de Orgón*. Ha sido el editor de *On Wilhelm Reich and Orgonomy* y de *Heretic's Notebook,* editor de la revista *Pulse of the Planet,* and co-editor para el compendio en alemán *Nach Reich: Neue Forschung zur Orgonomie*. DeMeo ejerció en la facultad de Geografía en la Universidad de Kansas, en la Universidad de Illinois, Universidad de Miami y Universidad of Iowa del Norte. Es miembro de la *American Meteorological Association, Society for Scientific Exploration, Arid Lands Society, Natural Philosophy Alliance, Sigma Xi, International Society for the Comparative Study of Civilizations, y de la AAAS,* y un antiguo Investigador Asociado del *American College of Orgonomy.* Es director del *Orgone Biophysical Research Lab,* que fundó en 1978. En 1994 DeMeo puso en marcha el centro *Greenspring Center,* que son unas instalaciones para investigación situadas en las montañas Siskiyou, cerca de Ashland, en Oregón, donde se dispone de *condiciones óptimas* para efectuar experimentos delicados con energía orgónica. Hay una lista completa de sus publicaciones y conferencias en:

http://www.orgonelab.org/demeopubs.htm

o bien a través de ResearchGate:

http://www.researchgate.net/profile/James_DeMeo/

Publicaciones adicionales (en inglés)
disponibles en Natural Energy Works
www.naturalenergyworks.net

*SAHARASIA: The 4000 BCE
Origins of Child-Abuse,
Sex-Repression, Warfare and
Social Violence, In the
Deserts of the Old World,*
by James DeMeo
Dr. DeMeo's *magnum opus* on the
origins of human violence and
biophysical armoring, the first
geographical, cross-cultural study of
human behavior around the world,
using Wilhelm Reich's sex-economic discoveries as a basic starting
point, presenting world maps of different behaviors and social
institutions. Source-regions (Arabia and Central Asia) for
patriarchal authoritarian culture were identified, and migratory-
diffusion patterns were traced, back in time, to pinpoint where
and how the human tragedy began. Solves the riddle of the origins
of human violence and armoring. A breakthrough in the scientific
study of human sexuality, psychology and anthropology, and
must-reading for every parent, student, professor and clinical
worker in the field of human health and behavior. 464 pages, with
over 100 maps, photos, and illustrations. Large format with vivid
full-color cover, extensive bibliography and index.

On Wilhelm Reich and Orgonomy
Edited by James DeMeo
Contains Reich's milestone articles on psychic and somatic (mind-
body) processes, and on the bioelectrical aspects of human emotion
and sexuality, with articles by R.D. Laing on Reich, and a discussion
on Reich's work in Denmark when he fled Nazi terror in Germany
and was also expelled from the International Psychoanalytic
Association. Other papers discuss: Reich's research on biogenesis
and discovery of the microscopical *bion*; the discovery of orgone

(life) energy, and the orgone energy accumulator. Also featured are articles about the Food & Drug Administration's attack upon Reich, and their present-day war against the natural health movement; the deadly effects from nuclear power plants, and an illuminating scientific challenge to the HIV theory of AIDS — plus other reports on current life energy research, weather anomalies from nuclear bomb tests, a cloudbusting desert-greening experiment in Israel, provocative book reviews, and more! 176 pp.

Heretic's Notebook: Emotions, Protocells, Ether-Drift and Cosmic Life-Energy, with New Research Supporting Wilhelm Reich, Edited by James DeMeo
Contains 28 insightful essays and research articles by 17 different authors, on natural childbirth, sexuality, archaeology of early human violence, Reich's orgonomic functionalism, exposés on Reich's detractors, Giordano Bruno's work, bion-biogenesis research, Dayton Miller's ether-drift discoveries, emotional effects in REG (psychokinesis) experiments, new detector for orgone energy, dowsing research, cloudbusting desert-greening experiments in Africa, plant growth stimulation in the orgone accumulator, the orgone energy motor and "free energy", plus UFO research, book reviews, and much more, with color cover photos, text- photos and illustrations.
272 pages

In Defense of Wilhelm Reich: Opposing the 80-Years' War of Mainstream Defamatory Slander Against One of the 20th Century's Most Brilliant Physicians and Natural Scientists,
by James DeMeo, PhD.
269 pages. Illustrated.

Dr. Wilhelm Reich is the man whom nearly everyone loves to hate. No other figure in 20th Century science and medicine could be named who has been so badly maligned in popular media, scientific and medical circles, nor so shabbily mistreated by power-drunk federal agencies and arrogant judges.

Publicly denounced and slandered in both Europe and America by Nazis, Communists and psychoanalysts, placed on both Hitler's and Stalin's death lists but narrowly escaping to the USA, subjected to new public slanders and attacks by American journalists and psychiatrists who deliberately lied and provoked an "investigation" by the US Food and Drug Administration (FDA), imprisoned by American courts which ignored his legal writs and pleas about prosecutorial and FDA fraud, denied appeals all the way up to the US Supreme Court, which rubber-stamped the FDA's demands for the *banning and burning of his scientific books and research journals,* and finally dying alone in prison – who was this man, Wilhelm Reich, and why today, some 50 years after his death, does he continue to stir up such emotional antipathy? It is a literal *80-Years' War* of continuing misrepresentation, slander and defamation.

Who were and are Reich's attackers? Author and Natural Scientist James DeMeo takes on the book-burners, exposing with clarity and documentation their many slanderous fabrications, half-truths and lies of omission. In so doing, he also summarizes the lesser-known facts about Reich's important clinical and life-energetic experimental findings, now verified by scientists and physicians worldwide, and holding great promise for the future.

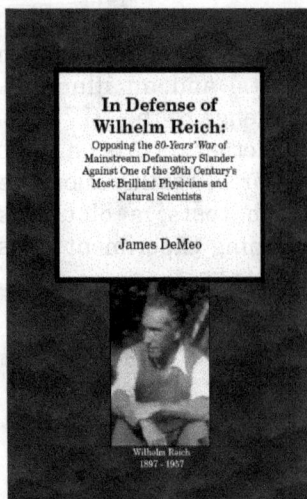

In Defense of
Wilhelm Reich:
Opposing the 80-Years' War of
Mainstream Defamatory Slander
Against One of the 20th Century's
Most Brilliant Physicians and
Natural Scientists

James DeMeo

Wilhelm Reich
1897 - 1957

The History of Modern Morals, By Max Hodann, a central participant in the European Weimar-era sexual reform movement. 350+ pages, with a New Introduction by James DeMeo, PhD.

European Emperors, Kings, Kaisers and Tsars, and their Churches, forbade contraception, women's equality and divorce. Baptismal Certificates and class barriers dictated who could legally marry, attend school or the university, advance socially, and who could not. World War I finally swept them from power, but their dictates frequently remained as law, in a turbulent era of struggle for freedom and democracy, versus resurgent fascism and slavery.

History of
Modern Morals:
By a Central Participant
in the European Weimar-Era
Sexual Reform Movement

Max Hodann

With a New Introduction by James DeMeo

Max Hodann
1894 - 1946

Hodann's *History* contains a clear discussion of these historical developments within the sexual reform and women's rights movements of Weimar Germany and Europe generally, in the early decades of the 1900s. The parallel advance of scientific knowledge on human sexuality is also detailed. Unlike many contemporary works on these subjects, *History of Modern Morals* is authored by a physician who lived the struggle, was a leader in it, got arrested by the Nazis for it, and intimately worked with other professionals who also had personally suffered for their work in the same social-sexual reform movement. His writings are therefore filled with a strong passion and vitality, and with many personal observations, anecdotes, and clarifying information not found elsewhere.

Hodann's *History* is also unique in that he frequently and positively discusses the work of his contemporary and associate, Wilhelm Reich. This is especially important given their life-positive emphasis upon love and emotion in sexuality, and their distinction between natural-healthy *heterosexual genitality* versus neurotic and unhealthy sexual expressions. In the modern era of "politically correct" moral equivalence, this essential distinction has been diminished or erased from public discussion.

John Ott:
Exploring the Spectrum
DVD-Movie
Directed by John Ott

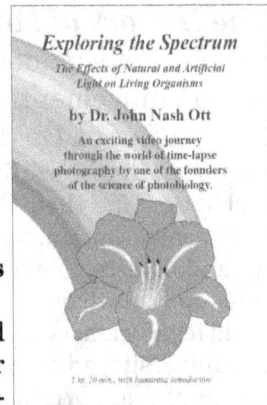

Exploring the Spectrum
The Effects of Natural and Artificial
Light on Living Organisms

by Dr. John Nash Ott

An exciting video journey
through the world of time-lapse
photography by one of the founders
of the science of photobiology.

**An exciting video journey
through the world of time-lapse
photography by one of the founders
of the science of photobiology.**
Do fluorescent lights cause cancer and
childhood learning and behavior
disorders? Can long-term exposure to low-level radiation as from TV sets, computers, fluorescent lights, and similar devices harm your health? Does living behind window glass and with glasses covering our eyes over years affect our health? Is natural sunlight and trace ultra-violet radiation really harmful to our health? Or is it necessary and beneficial? How do cells, plants and animals respond to constant exposure to different light color frequencies? Does *mal-illumination and electrosmog* create nervous agitation and a weakened immune system? These and similar questions were the subject of Dr. John Nash Ott's pioneering investigations in the field of photobiology, using the methods of time-lapse photography. In an era of increasing low-level electromagnetic pollution, where everyone is "wired up" to the internet 24/7, and even children have the latest cell phones, iPods, blueberrys and other Wi-Fi gizmos, with eyeballs glued to display screens, Dr. Ott shows we are paying the price with our health and biology. Our indoor lifestyles and chronic wearing of UV-blocking eye-glasses and contact lenses additionally has deprived us of biologically-necessary natural trace-ultraviolet and bluer frequencies of light, with an irrational and nearly superstitious fear of natural sunlight. Dr. Ott's time-lapse movies, reproduced here, show how plants and animals are deeply affected in movement, growth, form and sexual behavior, by these significant bioenergetic changes in our natural living conditions. This is a wonderful video showing Dr. Ott's original film sequences, including entire plants growing from a seed to fruit in less than a minute. A fascinating nature study for both adults and children. 80 minutes, with humorous introduction. Multi-Region.

***Wilhelm Reich and
the Cold War***
by James E. Martin

Forthcoming!
New Edition
Available soon

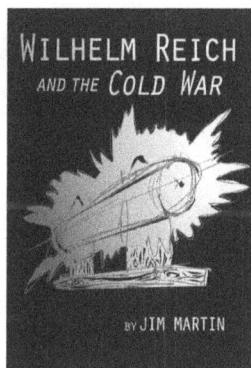

www.ingramcontent.com/pod-product-compliance
Lightning Source LLC
Chambersburg PA
CBHW061722270326
41928CB00011B/2076